2級もくじ

検定試験各部門のポイント　－学習を進めていく前に－	
速度	● 基本的に「入力の正確性」が重視されています。 ● 「審査者によって審査結果が異ならない」審査基準が採用されています。 本冊 上級への橋渡しとして、「チャレンジ問題」を登載しています。
実技	● いくつかあるバリエーションから、実施回によって出題内容が異なります。 本冊 様々なタイプの問題を登載し、どの問題形式にも対応できるようにしています。
筆記	● 実務で必要な「機械・文書」の用語を問う内容が出題されます。 ● ワープロソフトを利用して作文するのに必要な「ことばの知識」を問う内容が出題されます。 本冊 頻出事項を網羅し、「特に注意して覚えたい箇所」を青字で登載しています。
模擬	本冊 実際の検定試験に沿った内容の模擬問題を登載しています。

1　書式・初期設定（Word2019）

①リボンについて

　Word2019（2016）では、ユーザーインターフェースの一部として「リボン」が使用されています。リボンは、常に表示される「タブ」と、表や図などを選択したときに表示される[コンテンツタブ]の２種類に分かれます。

A．ユーザーインターフェースの構成

B．タブ

※ビジネス文書実務検定試験では使用しない[参考資料]･[差し込み印刷]･[校閲]は省略します。

①[ファイル]タブ　ファイルに対する操作（開く・保存・印刷）やオプションの設定を行います。

②[ホーム]タブ　フォントや段落などの編集作業の操作を行います。

③[挿入]タブ　表や画像、図形などの挿入やヘッダーを設定する作業の操作を行います。

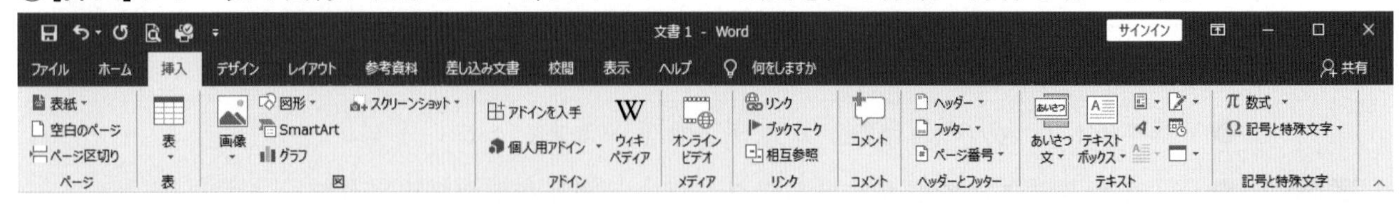

④[デザイン]タブ　透かしを挿入する作業の操作を行います。

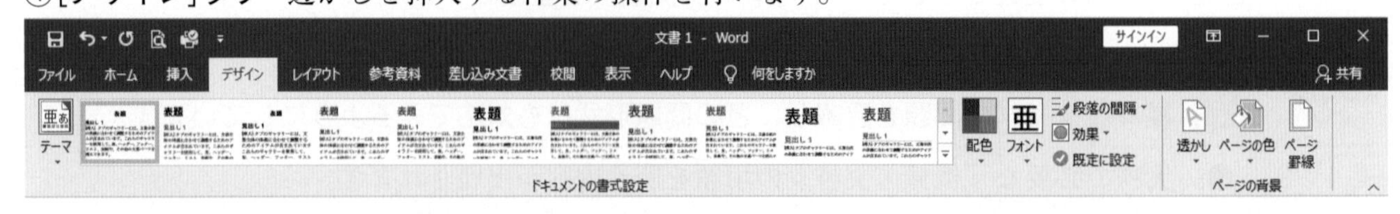

⑤[レイアウト]タブ　書式設定の作業の操作を行います。

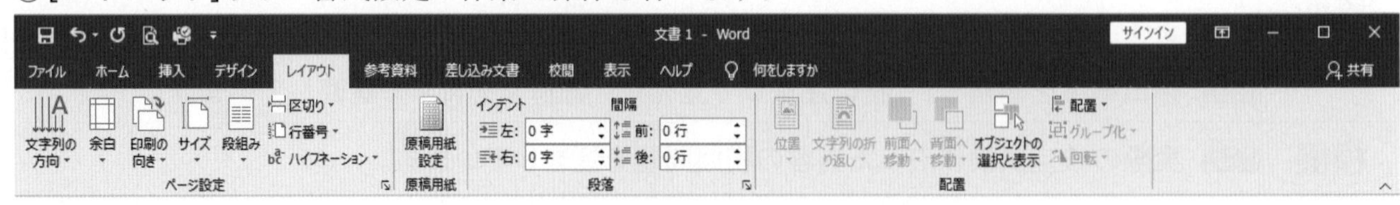

⑥[表示]タブ　画面表示を設定する操作を行います。

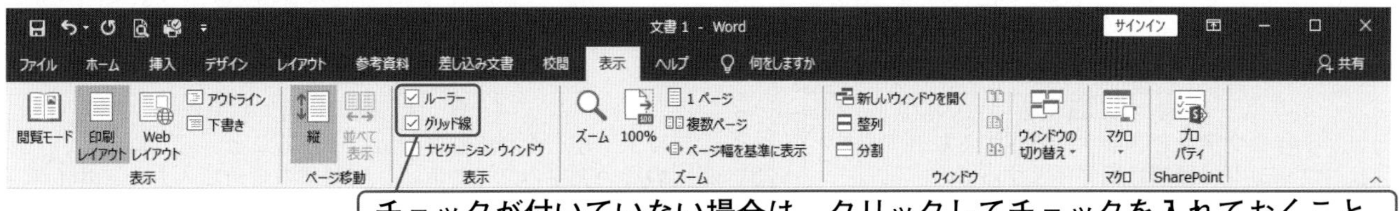

C．コンテンツタブ［表ツール］　※表を選択しているときに表示されます。

①[テーブル デザイン]タブ　罫線の太さの変更や塗りつぶしなどの操作を行います。

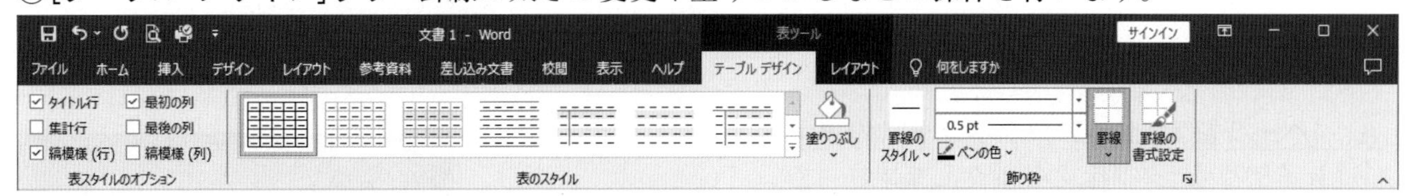

②[レイアウト]タブ　罫線の削除やセルの結合、ソート、計算などの操作を行います。

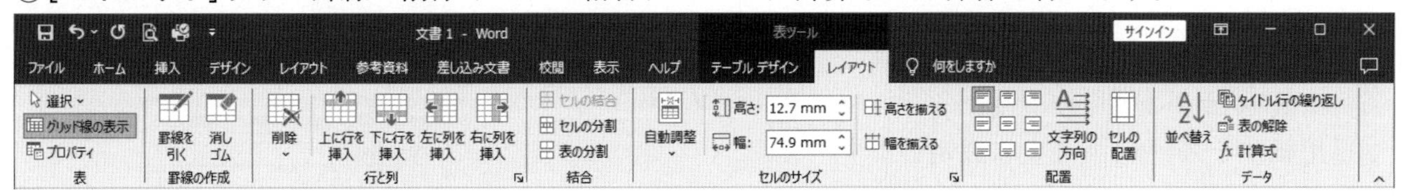

D．コンテンツタブ［図ツール］　※画像（オブジェクト）を選択しているときに表示されます。

○[書式]タブ　図の設定をする作業の操作を行います。

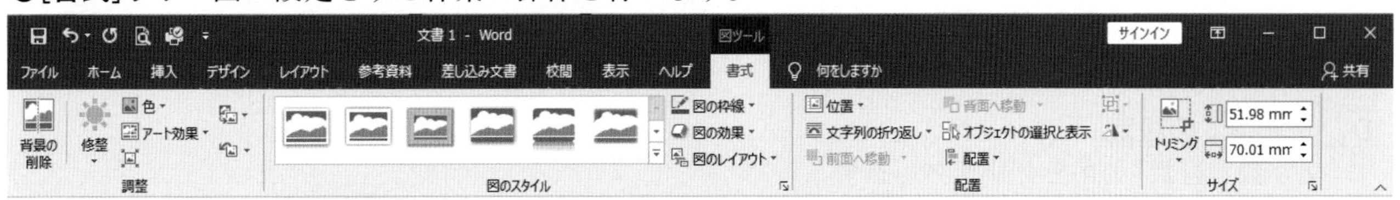

E．コンテンツタブ［描画ツール］　※図形やテキストボックスを選択しているときに表示されます。

○[書式]タブ　図形やテキストボックスの設定をする作業の操作を行います。

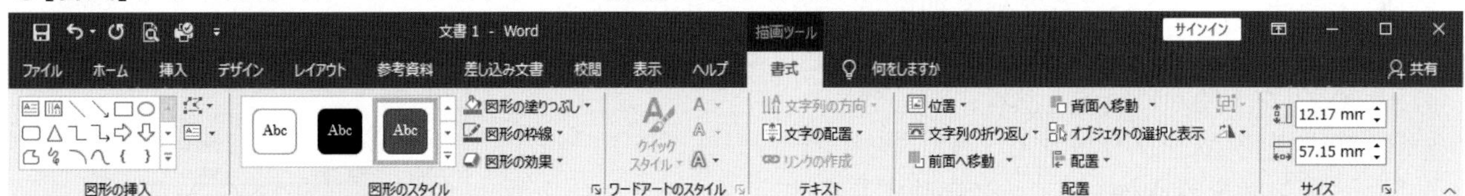

級ごとの操作に必要となるタブ・グループ　※問題によっては使用しない場合もあります。

タブ	グループ	3級	2級	1級
ファイル	–	○	○	○
ホーム	フォント	○	○	○
	段落	○	○	○
挿入	表	○	○	○
	図	–	○(画像のみ)	○
	テキスト	–	–	○
デザイン	ページの背景	–	–	○
レイアウト	ページ設定	○	○	○
表示	表示	○	○	○
表ツール／テーブル デザイン		–	○	○
表ツール／レイアウト		–	○	○
図ツール／書式		–	○	○
描画ツール／書式		–	–	○

②書式設定について

書式設定では、速度問題・実技問題で次のように指示されています。

速度問題

〔 書 式 設 定 〕

a．１行の文字数を３０字に設定すること。
b．フォントの種類は明朝体とすること。
c．プロポーショナルフォントは使用しないこと。

実技問題

〔 書 式 設 定 〕

a．余白は上下左右それぞれ２５ｍｍとすること。
b．指示のない文字のフォントは、明朝体の全角で入力し、サイズは１２ポイントに統一すること。
　ただし、プロポーショナルフォントは使用しないこと。
c．１行の文字数　　３４字　※問題により異なる
d．複数ページに渡る印刷にならないよう書式設定に注意すること。
※　なお、問題文は１ページ２６行で作成されていますが、回答にあたっては、行数を調整すること。 ※問題により異なる

※実技問題の指示が多いので、書式設定は実技問題の基準に合わせ、速度問題はその基準から文字数と行数を修正して利用するとよいです。

A．[ページ設定]ダイアログボックスの表示

①[レイアウト]タブをクリックします。
②[ページ設定]グループの[ページ設定ダイアログボックスランチャー]をクリックし、ダイアログボックスを表示します。

B．用紙の設定

①[用紙]タブをクリックします。
②[用紙サイズ]を「Ａ４」に設定します。

C．余白の設定

①[余白]タブをクリックします。
②[余白]の[上][下][左][右]をいずれも「25 mm」に設定します。

D．フォントの設定

①[文字数と行数]タブをクリックします。
②右下に表示されている[フォントの設定]ボタンをクリックします。
※[フォント]ダイアログボックスに表示が変わります。
③[日本語用のフォント]を「ＭＳ明朝」、[英数字用のフォント]を「(日本語用と同じフォント)」に設定します。
④[サイズ]を「12」に設定します。
⑤[詳細設定]タブをクリックします。
⑥[カーニングを行う]のチェックをはずします。
⑦右下に表示されている[ＯＫ]ボタンをクリックします。
※[ページ設定]ダイアログボックスに表示が戻ります。

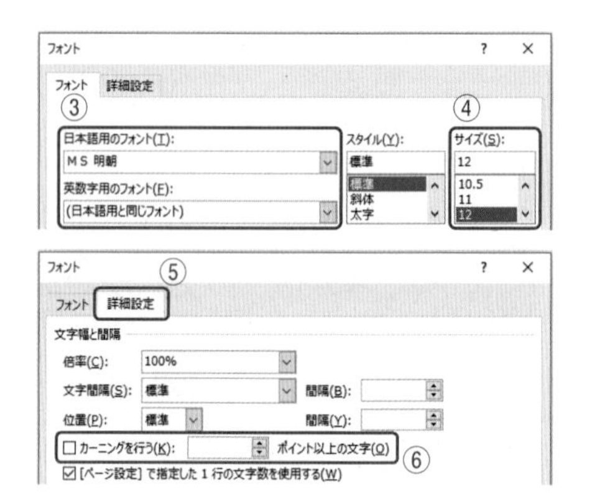

E．文字数と行数の設定

①[文字数と行数の指定]を「文字数と行数を指定する」に設定します。
②[文字数]を速度問題は「30」、実技問題は「34」に設定します。
③[行数]を速度問題は「30」、実技問題は「26」に設定します。

実技問題の[文字数]・[行数]は、問題ごとに違います。問題の書式設定を確認してください。

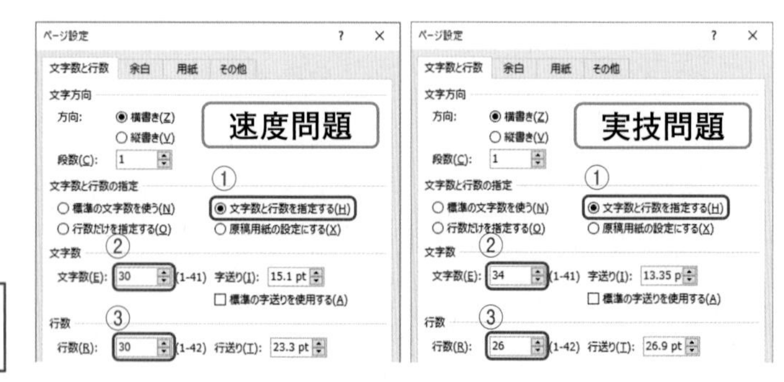

F．グリッド線の設定

①［グリッド線］ボタンをクリックします。
※［グリッドとガイド］ダイアログボックスに表示が変わります。
②［文字グリッド線の間隔］を「1字」、［行グリッドの間隔］を「1行」に設定します。
③［グリッドの表示］の［グリッド線を表示する］のチェックを付けます。
④［文字グリッド線を表示する間隔（本）］のチェックを付け、「1」に設定します。
⑤［行グリッド線を表示する間隔（本）］を「1」に設定します。
⑥［ＯＫ］ボタンをクリックします。
※［ページ設定］ダイアログボックスに表示が戻ります。
⑦［ＯＫ］ボタンをクリックして、ダイアログボックスを閉じ、書式設定を終了します。

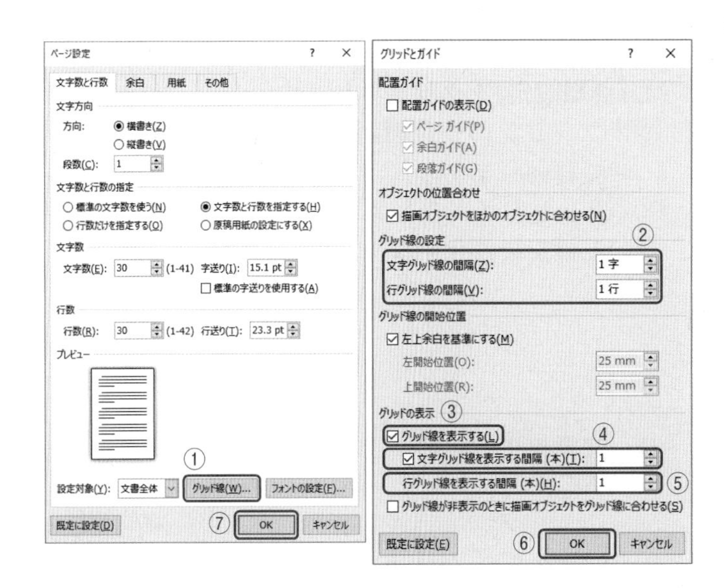

③Wordの文字ずれを防ぐ設定について

Wordには、文書作成のためのさまざまなオプションが用意されています。しかし、そのオプションが原因となり文字の間隔などがずれてしまうことがあります。書式設定のあとに、文字ずれを防ぐための設定を行ってから問題に取り組んで下さい。

A．段落の設定…【現象】日本語と半角英数字の間の間隔が調整され、ずれが生じる。
禁則処理により1行の文字数がずれる。

①［ホーム］タブをクリックします。
②［段落］グループの［段落ダイアログボックスランチャー］をクリックし、［段落］ダイアログボックスを表示します。
③［体裁］タブをクリックします。
④［禁則処理を行う］のチェックをはずします。
⑤［英単語の途中で改行する］のチェックを付けます。
⑥［句読点のぶら下げを行う］のチェックをはずします。
⑦［日本語と英字の間隔を自動調整する］のチェックをはずします。
⑧［日本語と数字の間隔を自動調整する］のチェックをはずします。
⑨［オプション］ボタンをクリックします。
※［Wordのオプション］ダイアログボックスが表示されます。

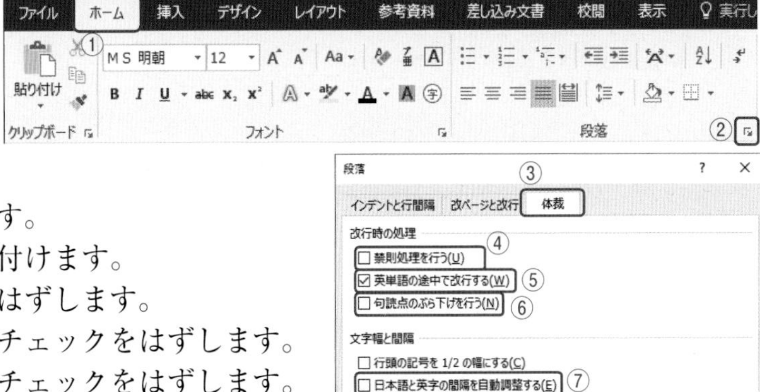

B．文字体裁の設定…【現象】区切り文字（カッコや句読点）の間隔が調整され、ずれが生じる。

①［文字体裁］をクリックします。
②［カーニング］を「半角英字のみ」に設定します。
③［文字間隔の調整］を「間隔を詰めない」に設定します。

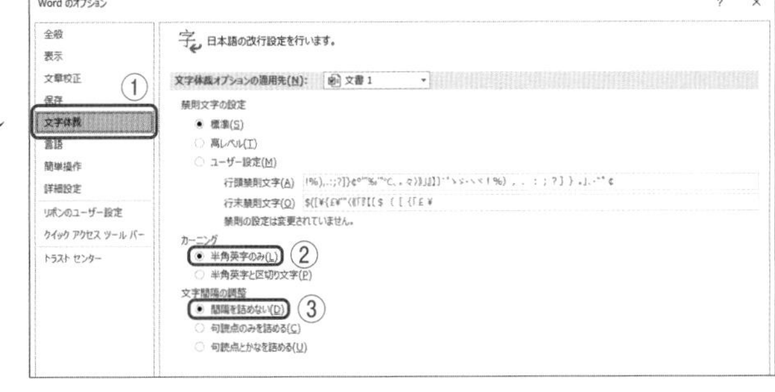

C．詳細設定の設定…【現象】入力した文字と文字グリッド線に若干のずれが生じる。

①［詳細設定］をクリックします。
②オプションの一覧画面を［表示］までスクロールさせて移動します。
③［読みやすさよりもレイアウトを優先して、文字の配置を最適化する］にチェックを入れます。

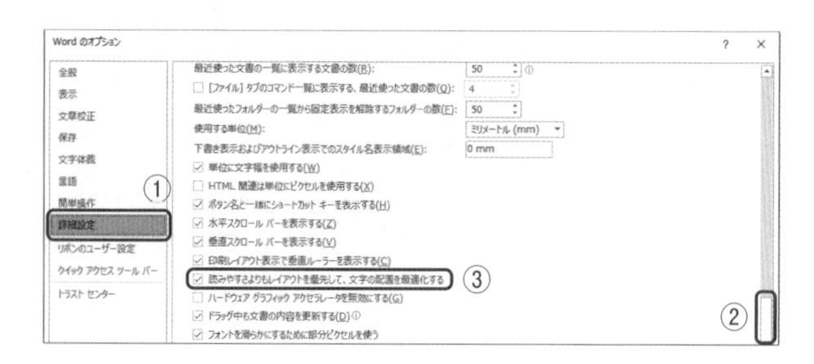

D．文章校正の設定…【現象】「1．」や記号（○など）から始まる文を改行すると「2．」や記号が自動的に挿入され、番号や記号とそのあとの文字との間に間隔が調整され、ずれが生じる。

①［文章校正］をクリックします。
②［オートコレクトのオプション］ボタンをクリックします。
※［オートコレクト］ダイアログボックスが表示されます。
③［入力オートフォーマット］タブをクリックします。
④［入力中に自動で書式設定する項目］の［箇条書き（行頭文字）］と［箇条書き（段落番号）］のチェックをはずします。
⑤［ＯＫ］ボタンをクリックします。
※［オートコレクト］ダイアログボックスが閉じます。
⑥［Wordのオプション］の［ＯＫ］ボタンをクリックします。
※［Wordのオプション］ダイアログボックスが閉じます。
⑦［段落］の［ＯＫ］ボタンをクリックして、文字ずれを防ぐ設定を終了します。
※［段落］ダイアログボックスが閉じます。

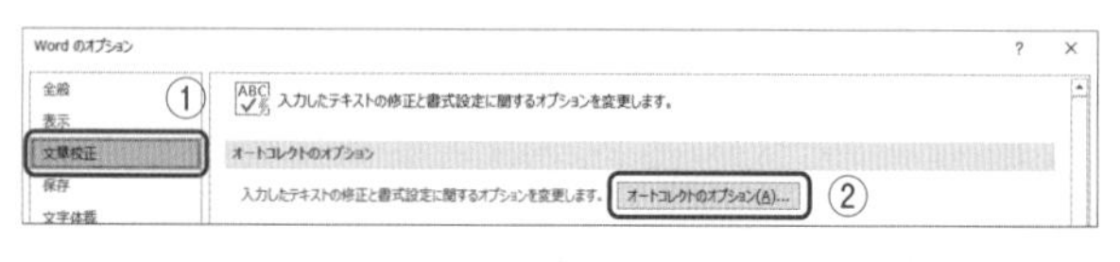

◎注意点

①「**A．段落の設定**」は、書式のクリアをした行、ダブルクリックで挿入した新たな行には適用されません。
②「**C．詳細設定の設定**」は、文字グリッド線に対してのオプションです。この設定を行っても、表を挿入したときに生じる行と行グリッド線のずれには対応しません。

○補足説明

［Wordのオプション］は、①［ファイル］タブをクリックし、②［オプション］をクリックして表示することもできます。

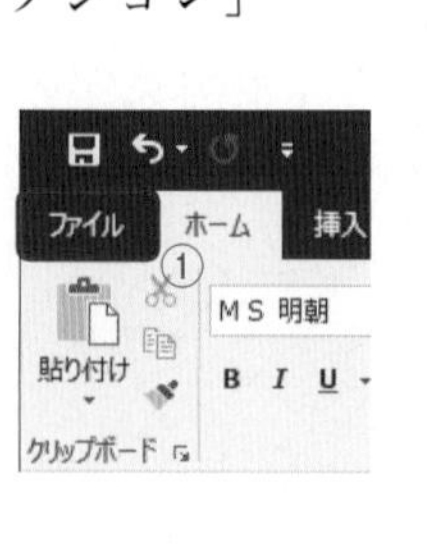

④ヘッダーの入力について

ヘッダーとは、ページの上余白の部分を指します。検定試験では、このヘッダーについて、以下のような指示がされています。

> **速度問題・実技問題共通**
>
> 〔 注　意　事　項 〕
>
> 1．ヘッダーに左寄せで受験級、試験場校名、受験番号を入力すること。

①画面上の上余白でダブルクリックすると、ヘッダー内にカーソルが表示されます。

ヘッダーの文字が本文の１行目と重なっている場合には数値を小さく調整する。

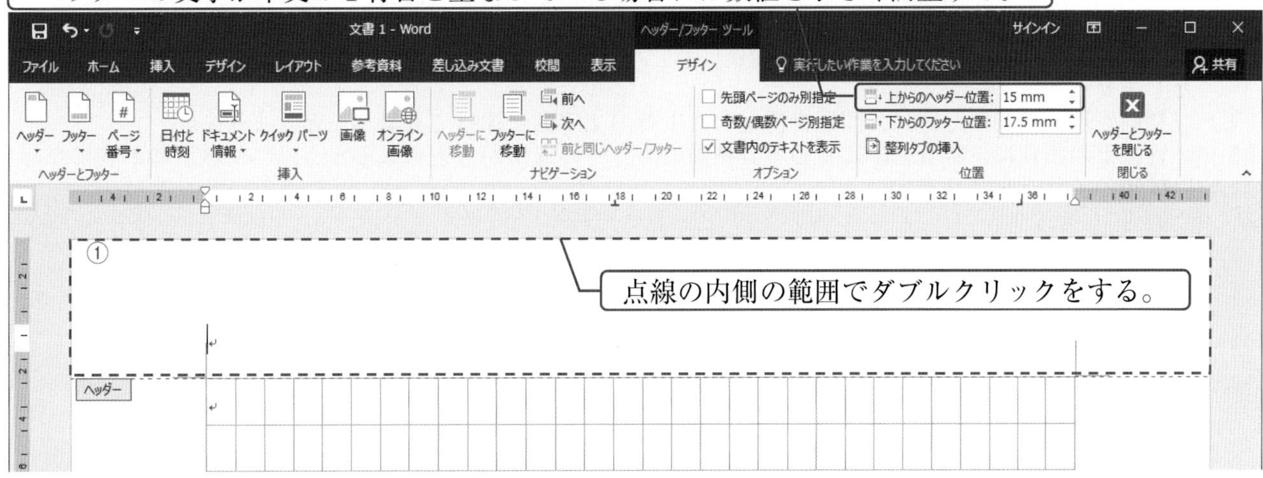

②問題文の指示のとおり、受験級・試験場校名・受験番号を入力する。入力が終わったら、[ヘッダーとフッターを閉じる]をクリックします。

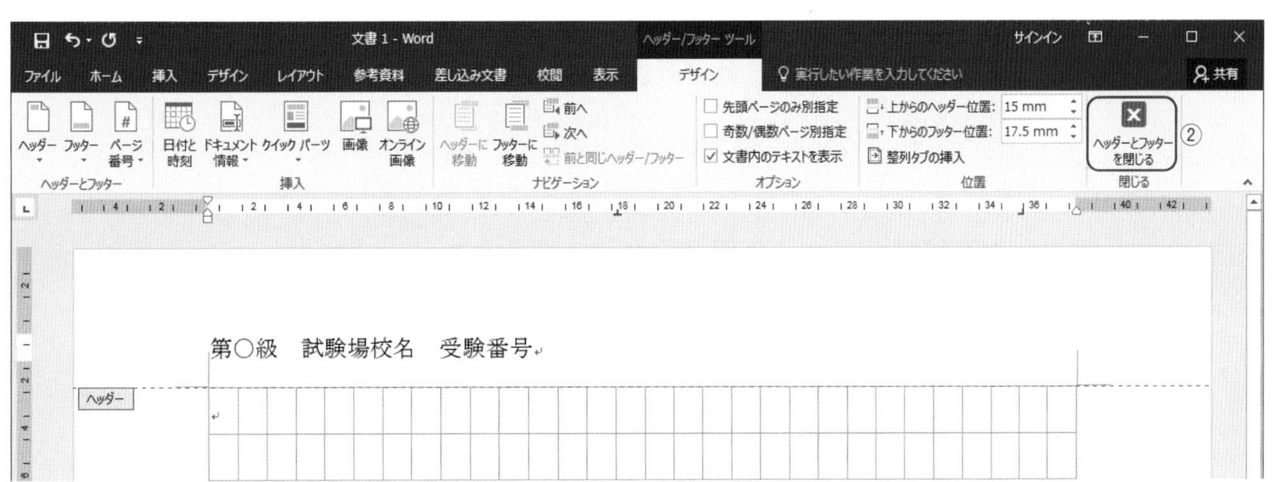

◎注意点

空白スペースが、画面に表示されていない場合は、上端の部分に合わせてダブルクリックする（①）と、上余白が再表示されます。

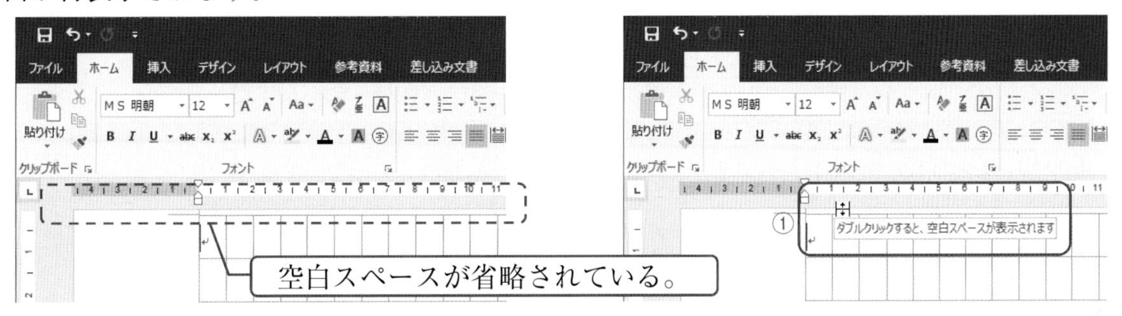

> **補足説明　[段落記号↵]を表示させる**
>
> 文書作成では、[段落記号]が表示されていると、作成がしやすくなります。表示されていない場合は、[ファイル]タブをクリックし、[Wordのオプション]を表示します（⊖P.6）。[表示]をクリックし、[常に画面に表示する編集記号]の[段落記号]にチェックを入れます。

2　速　度　編

2級速度部門審査例

○本書速度編は、審査基準・審査表を載せていません。下記の審査例にならって審査してください。
2級速度部門の合格基準は、純字数が450字以上です。審査は、審査基準をもとに減点方式です。

①　通　則

（1）　答案に印刷された最後の文字に対応する問題の字数を総字数とします。脱字は総字数に含め、余分字は総字数に算入しません。
※答案用紙の最後の文字が問題と違う場合は、問題文に該当する文字までを総字数とします。

（2）　総字数からエラー数を引いた数を純字数とします。エラーは、1箇所につき1字減点とします。

純字数 ＝ 総字数 － エラー数

（3）　審査基準に定めるエラーによって、問題に示した行中の文字列が、答案上で前後の行に移動してもエラーとしません。

（4）　禁則処理の機能のために、問題で指定した1行の文字数と違ってもエラーとしません。

（5）　答案上の誤りに、審査基準に定める数種類のエラーの適用が考えられるときは、受験者の不利にならない種類のエラーをとります。

②　審査例

日本の国土面積は、過去４０年間に約９００平方キロメートルも	30
大きくなっている。東京２３区よりはるかに広い土地が増えたこと	60
になる。これは、主に干拓と埋め立てによる。	82
干拓は、遠浅の海や湖沼の一部を区切って堤防を築き内側の水を	112
排水して陸地にすること。干拓地は肥よくなところが多いので、主	142
に農地に利用される。埋め立ては、沿岸部の水面を海底や山を削っ	172
た土砂で埋めて陸地にすること。埋立地は、工場、港、住宅地など	202
多くの施設が建設されている。そしてまた新交通システム「ゆりか	420
もめ」や首都高速道路によって結ばれ、多くの人でにぎわう人気ス	450
ポットになっている。	460

③　審査例／審査箇所

10　　20

　日本の国土面積は、過去40年間に約９００平方キロメートルも
②半角入力・フォントエラー（1エラー）
大きくなっている。東京２３区よりはるかに広い土地が殖えたこ
③誤字エラー（1エラー）
とになる。これは、干拓と埋めかける立てによる。
④脱字エラー（2エラー）　⑤余分字エラー（1エラー）
　干拓は，遠浅の海や湖沼の一部を区切って堤防を築き内側の水
⑥句読点エラー（1エラー）
を排水して陸地にすること。干拓地は□□□□肥よくなところが
⑦スペースエラー（1エラー）
多いので、主に農地に利用される。
⑧改行エラー（1エラー）
埋め立ては、沿岸部の水面を海底や山を削った土砂で埋めて陸地
にすること。埋立地は、こうじょう、港、住宅地ｔａｋｕｔｔｉ
⑨誤字エラー（2エラー）〔文字数分エラー〕　⑩余分字エラー（1エラー）

多くの施設が建設されている。そしてまた新交通システム「ゆり
かもめ」や首都高速道路によって結ばれ、多くの人でにぎわうに
んき□□ｔｈ＠ｋスポットになっている。
⑪誤字エラー（2エラー）
　日本の国土面積は、過去
⑫繰り返し入力エラー（1エラー）

①書式設定エラー（1エラー）

④　審査結果

総字数４６０字、エラー数１５。つまり、**純字数４４５文字＝総字数４６０－エラー数１５**　→　2級不合格

✎⑤　エラーの解説

番号	エラーの種類	エラーの内容	エラー数
①	書式設定エラー	問題で指定した１行の文字数を誤って設定した場合。 １行文字数が30文字ではなく、29文字となった。	全体で１エラー
②	半角入力 ・フォントエラー	半角入力や問題で指定された以外のフォントで入力して、設定した１行の文字数に過不足が生じた場合。 （「指定された以外」の例：プロポーショナルフォント） 「40」が半角入力のため、１行文字数が１文字増えた。	全体で１エラー
③ ⑨	誤字エラー	問題文と異なる文字を入力した場合。 また、脱行の場合は、その行の文字数分。 ③「増」（１字分）が「殖」と入力されているため。 ⑨「工場」（２字分）が「こうじょう」と入力されているため。	該当する問題の誤字の文字数分がエラー ③１エラー ⑨２エラー
④	脱字エラー	問題文にある文字を入力しなかった場合。 「主に」（２字分）が入力されていないため。	入力しなかった文字数分がエラー ２エラー
⑤ ⑩	余分字エラー	問題文にない文字を入力した場合。 ⑤「かける」（該当箇所１つ）が入力されているため。 ⑩「ｔａｋｕｔｔｉ」（該当箇所１つ）が入力されているため。	余分に入力された該当箇所ごとにエラー ⑤１エラー ⑩１エラー
⑥	句読点エラー	句点（。）とピリオド（．）、読点（、）とコンマ（，）を混用した場合。 「干拓は、」（１字分）が「干拓は，」と入力されているため。	混用した少ない方の文字数分がエラー １エラー
⑦	スペースエラー	問題文にあるスペースを空けなかった場合。 問題文にないスペースを空けた場合。 ※なお、連続したスペースもまとめて１エラーとする。 「は肥よく」が「は□□□□肥よく」と４文字分のスペースが入力されているため。	１エラー
⑧	改行エラー	問題文にある改行をしなかった場合。 問題文にない改行をした場合。 「埋め立ては、～」が改行されているため。	１エラー
⑪	誤字エラー	問題文と異なる文字を入力した場合。 また、脱行の場合は、その行の文字数分。 「人気」（２字分）が「にんき　　ｔｈ＠ｋ」と入力されているため。	該当する問題の誤字の文字数分がエラー ２エラー
⑫	繰り返し 入力エラー	問題文を最後まで入力し終えたあと、繰り返し問題文を入力した場合。 「　日本の国土面積は、～」が繰り返し入力されているため。	全体で１エラー

【上記以外のエラーについて】　　※ただし、今回の審査例には含まれていません。

※	印刷エラー	逆さ印刷、裏面印刷、審査欄にかかった印刷、複数ページにまたがった印刷、破れ印刷など、明らかに本人による印刷ミスがあった場合は、**全体で１エラー**とする。

1回 1行の文字数を30字に設定して入力しなさい。ただし、フォントの種類は明朝体とし、プロポーショナルフォントは使用しないこと。（制限時間　10分）

☆書式設定と印刷は時間外

暑い時に、必要になるのが水分の補給だ。しかし、水だけの補給	30
では「水中毒」となってしまう可能性がある。熱中症を予防するに	60
は、水だけでなく、塩分の補給も必要だ。汗などで塩分が失われた	90
状態で、水だけを補給すると体調を崩すことになる。	115
目安として、短時間に１Ｌ以上の水を飲んだ場合には、水中毒と	145
呼ばれる症状になるといわれる。水だけを異常に飲んでしまうと、	175
体の中のナトリウム濃度が低下する。その結果、さらにのどが渇い	205
て、水を飲んでしまう。	217
気を付けて水分を取っている人も多いが、取る間隔が空いている	247
人も少なくない。中には、朝から大量の汗をかく環境で作業をして	277
いるにも関わらず、昼休みまで水分を取らない人もいる。その場合	307
は、水分を短時間に一気にとる形になり注意が必要である。	335
一日にコップ１杯の水を、６回から８回くらいに分けて飲むとよ	365
い。だが、飲んだからといって、すぐに体の中に吸収されるという	395
わけではない。腸に吸収されるまでに、おおよそ２０分から３０分	425
の時間を要する。のどの渇きを感じる前に飲むことが、水の正しい	455
飲み方だ。	460

	総字数	－ エラー数	＝ 純字数
月　　日			
月　　日			

補給（ほきゅう）　崩す（くずす）
渇いて（かわいて）　間隔（かんかく）

速度編

2回 **1行の文字数を30字に設定して入力しなさい。ただし、フォントの種類は明朝体とし、プロポーショナルフォントは使用しないこと。**（制限時間　10分）

猛暑日とは、一日の最高気温が３５度以上の日のことである。こ	30
れは、気象庁が天気予報や気象情報などで、２００７年から使用す	60
るようになった予報用語の一つだ。地球温暖化や都市化の影響で、	90
３５度以上の日が急増し、新しい名前が使われるようになった。	120
猛暑日となるのは、高気圧に覆われて風が弱く、晴れて日射が多	150
いときで、沿岸部よりも日中の気温が上昇しやすい内陸部や盆地で	180
多い。山越えの高温な気流が吹き込むフェーン現象が、重なってい	210
ることも多い。また、ヒートアイランド現象も関係している。	239
２００７年には、国内の最高気温４０．９度が、埼玉県熊谷市と	269
岐阜県多治見市で観測された。その後、４１度以上が観測され、厳	299
しい暑さの日が多くなった。猛暑が続くと身体への負担が大きく、	329
熱中症になる人が増える。	342
世界気象機関（ＷＭＯ）によると、２０１５年からの５年間は、	372
統計開始以降、最も高温だったという。地球の気温がこのまま上昇	402
すると、地球上のあらゆる生物に大きな影響を与える。そのため、	432
地球温暖化対策を行い、気温上昇を抑えることが求められる。	460

	総字数	ー　エラー数	＝　純字数
月　　日			
月　　日			

猛暑（もうしょ）　覆われて（おおわれて）
日射（にっしゃ）　多治見市（たじみし）

3回 **1行の文字数を30字に設定して入力しなさい。ただし、フォントの種類は明朝体とし、プロポーショナルフォントは使用しないこと。**（制限時間　10分）

レストランなどで食事をする際に必要なのが、テーブルマナーで	30
ある。だが、知っているようでも、気づかぬうちにマナー違反をし	60
ていることがある。例えば、食器の音を立てることだ。フォークや	90
ナイフ、スプーンなどカトラリー類は、皿などの食器に当たると、	120
カチャカチャといった音が鳴りやすいため注意が必要となる。	149
また、音を立てて食べるのもＮＧだ。例えば、ズーッと音を立て	179
てスープをすすったり、口を開けながらクチャクチャと咀嚼したり	209
するのは、相手に不快感を与え失礼になる。会話をする場合、口の	239
中の食べ物を飲み込んでからするのが常識だ。	261
カトラリー類やナプキンを落とした時、自分で拾う人がいるが、	291
これもＮＧである。お店のスタッフを呼び、新しいものと交換して	321
もらうのがマナーだ。ナイフなどを持ったまま、手振りをして話す	351
のもＮＧだ。	358
食後に、ナプキンをきれいにたたむのもＮＧだ。これは、料理が	388
美味しくなかったという意味となってしまう。くしゃくしゃにしす	418
ぎず、軽くたたんでテーブルの上に置くのがよい。マナーを守り、	448
楽しい食事を心掛けたい。	460

	総字数	－ エラー数	＝ 純字数
月　　日			
月　　日			

違反（いはん）　咀嚼（そしゃく）
手振り（てぶり）　心掛け（こころがけ）

4回 **1行の文字数を30字に設定して入力しなさい。ただし、フォントの種類は明朝体とし、プロポーショナルフォントは使用しないこと。**（制限時間　10分）

国内では、外国から持ち込まれた動物や植物により、さまざまな	30
問題が起こっている。その中には、野生化したペットによる農作物	60
への被害や人への感染症の恐れ、ほ乳類や昆虫の交雑、外来種によ	90
る日本古来の魚介類の食い荒らしなどがある。	112
ブラックバスやアライグマなどの移入種については、国や地方自	142
治体が計画的な駆除や拡大防止に取り組むことを提案した。移入種	172
は、一度定着を許してしまうと、対策は後手に回り、面倒になる。	202
そこで滋賀県は、琵琶湖でのブラックバスの再放流禁止条例を作っ	232
たが、水環境の保全とレジャーをどう並び立たせるか難問を抱えて	262
いる。国内で対策が遅れたのは、いくつかの省庁に権限がまたがっ	292
ていたからである。各省庁が目的を一つにし、自治体と連携して取	322
り組んでいかなければ、移入の阻止や撲滅に実効をあげることはで	352
きないだろう。	360
外国の貴重な種が国内へ持ち込まれ、野生化し、種のかく乱を引	390
き起こす例も増えている。このような例をなくすために、国が業者	420
や国民に対する指導を徹底することが必要である。今、国の力が試	450
されているのである。	460

	総字数	－ エラー数 ＝	純字数
月　　日			
月　　日			

交雑（こうざつ）　駆除（くじょ）
連携（れんけい）　撲滅（ぼくめつ）

5回 **1行の文字数を30字に設定して入力しなさい。ただし、フォントの種類は明朝体とし、プロポーショナルフォントは使用しないこと。**（制限時間　10分）

　植物は、人間生命の真の母体といわれている。普段私たちの生活の中で一番なじみのある植物といえば、八百屋さんに並ぶ野菜、庭や室内の草花などがあげられる。

　タデ科の多年草のミズヒキは、進物を結ぶ赤色の水引に由来した名前といわれている。細長い茎が水引に大変似ていて、多くの小さな赤い花が初秋の山野に鮮やかな彩りを添えている。そのそばを歩くと、ズボンや靴下に実が付着してなかなか離れない。このように種子を散布する植物を、地方によっては「ひっつき虫」と呼ぶそうだ。母親にしがみつく甘えん坊を連想して、そう名付けた先人のユニークな感覚にうれしさを感じる。

　一年草でメキシコ原産のオナモミは、道端や荒れ地によく生育している。語源は様々だが、虫に刺された時葉をもんでつけると効果があり、ナモミは「生もみ」の意味がある。イノコズチの名の由来は、一般に「猪の子づき」がなまったものであり、イノシシの子にその実がつくからだといわれる。

　植物の名前の由来を調べてみると大変興味深いものが多く、自然との共生の中で名を付けていることが分かる。

	総字数	－ エラー数	＝ 純字数
月　日			
月　日			

進物（しんもつ）　水引（みずひき）
彩り（いろどり）　道端（みちばた）

6回 1行の文字数を30字に設定して入力しなさい。ただし、フォントの種類は明朝体とし、プロポーショナルフォントは使用しないこと。（制限時間　10分）

　学校を卒業して企業に就職した人の多くが、最初に困るのが電話 30
の応対である。入社当初は、ベルが鳴ると身体が「ビクッ」とする 60
こともあるそうだ。そこで、電話の応対でよく間違えやすい職名の 90
使い方について考えてみた。 104
　外部からの電話の時、受話器を取って「浜田山部長はただいま外 134
出しております」という言い方は間違いでないように聞こえるが、 164
これは誤りである。姓の上に部長をつければ職称となり、姓の下に 194
つければ尊称になる。したがって、浜田山部長という言い方は、自 224
分の会社の人に尊称をつけてしまったことになる。つまり「部長の 254
浜田山」という言い方が正しいのである。そして、姓は必ず呼び捨 284
てにすることが原則である。 298
　このことは、他社の人に上司を紹介する時や、外部の人との会話 328
中に、自分の上司の名前を持ち出す時も同様である。例えば「課長 358
の佐々木が、後程連絡させていただきます」といったような使い方 388
である。 393
　日本語の使い方で、特に敬語の使い方は難しいと言われている。 423
正しい言葉遣いをなるべく早く身につけて、有能な社会人として活 453
躍してほしい。 460

	総字数	－ エラー数	＝ 純字数
月　日			
月　日			

姓（せい）　職称（しょくしょう）
尊称（そんしょう）　有能（ゆうのう）

7回 **1行の文字数を30字に設定して入力しなさい。ただし、フォントの種類は明朝体とし、プロポーショナルフォントは使用しないこと。**（制限時間　10分）

新幹線に乗っていて、新大阪駅に到着する車内放送を意識して聞	30
いたことがあるだろうか。東京方面からの下り列車と博多方面から	60
の上り列車の車内放送に違いがある。下りにはＪＲ東海の車掌が、	90
上りにはＪＲ西日本の車掌が乗務している。新大阪駅が、ＪＲ東海	120
とＪＲ西日本の境界駅となっているためだ。	141
下り列車の車掌は、乗り換え案内の際に東海道線と放送するが、	171
一方で上り列車の車掌は、京都線と案内する。かつての国鉄時代に	201
は、東海道本線という名称で案内していた。京都線という名称は、	231
国鉄が分割・民営化されてから使われ始めた。それは、民営化され	261
た各社が、いろいろな路線に独自の愛称名を導入したからである。	291
東海道本線には、京都から大阪までは京都線、大阪から姫路までを	321
神戸線という愛称を付けたのである。時刻表にも愛称名が併記され	351
ている。	356
同じ新幹線なのに、乗り換え案内が違うことについて、それぞれ	386
の会社は、お互いの主張を譲ろうとはしない。愛称を付けるのはよ	416
いが、利用者に浸透することが大切である。乗客にとって、分かり	446
やすい車内放送を期待したい。	460

	総字数	－ エラー数	＝ 純字数
月　　日			
月　　日			

車掌（しゃしょう）　併記（へいき）
譲ろう（ゆずろう）　浸透（しんとう）

8回 1行の文字数を30字に設定して入力しなさい。ただし、フォントの種類は明朝体とし、プロポーショナルフォントは使用しないこと。(制限時間　10分)

世界遺産をテーマにした旅行が、シニア層を中心に人気を集めて	30
いるという。屋久島や知床など、日本国内には２５か所の世界遺産	60
があり、どこの観光地も観光客数は増加傾向にあり、旅行会社では	90
予約がとりにくい状況にあるという。	108
これは、日本特有の事態ではなく、海外でも同じようなことが見	138
られる。例えば、中国にある万里の長城は世界遺産に登録されてか	168
ら、国内外から観光客が訪れるようになった。現在では、北京市内	198
から定期バスだけでなく、観光周遊バスも走るほどの賑わいを見せ	228
ている。そのため、観光の起爆剤として世界遺産を捉えることもで	258
きる。だが、消滅や崩壊の危機に瀕する自然や文化財を守り、未来	288
に受け継ぐという目的からすると、急激な観光客の増加はあまり好	318
ましくない。	325
それは、ゴミの増加や人間の立ち入りなどにより、それまで保た	355
れていた環境に変化が起き、かえって崩壊を招くおそれがあるため	385
である。世界遺産を訪れた観光客は、その場所ごとに決められてい	415
るマナーを守り、後世に残すためにも遺産を傷つけてはいけないと	445
いう心がけを持つことが必要だ。	460

	総字数	－ エラー数 ＝	純字数
月　　日			
月　　日			

屋久島（やくしま）　賑わい（にぎわい）
起爆剤（きばくざい）　瀕する（ひんする）

9回 **1行の文字数を30字に設定して入力しなさい。ただし、フォントの種類は明朝体とし、プロポーショナルフォントは使用しないこと。**（制限時間　10分）

日本橋は、江戸時代には京都へ海沿いを行く東海道、信州を抜け	30
ていく中山道の基点として栄えていた。その外にも、日光街道、甲	60
州街道、奥州街道もここを基点としていた。当時としては、江戸と	90
地方を結ぶ主要街道だった。	104
中でも東海道は、鎌倉幕府創設の頃に、海沿いの幹線道路として	134
旅人の行き来が増加し、全国に知られるようになったといわれてい	164
る。日本橋から三条大橋まで５００キロ程である。現在では新幹線	194
を使えば2時間半弱で行けるが、当時は、男性で１５日、女性では	224
１８日程度の行程であった。	238
また、東海道は五十三次といわれ、宿場が実に５３もあった。こ	268
の数字の由来は、仏教経典の一つである「華厳経」に由来するもの	298
である。このお経の中で、善財童子という修行僧が、５３人の善知	328
識を訪ね、教えをいただき、最後に悟りの境地に達するという説法	358
がある。この悟りの過程を表したものだというのである。ただ単に	388
適当に距離を割り振って、宿場を設けただけのものではない。街道	418
を行くたびに、宗教的な意味合いを持たせた昔の人は、旅を修行の	448
道と考えていたのである。	460

	総字数	－ エラー数	＝ 純字数
月　日			
月　日			

華厳経（けごんきょう）　善財童子（ぜんざいどうじ）
悟り（さとり）　説法（せっぽう）

10回 **1行の文字数を30字に設定して入力しなさい。ただし、フォントの種類は明朝体とし、プロポーショナルフォントは使用しないこと。**（制限時間　10分）

ストローは、コップの底や表面の残留物などを飲まないように、	30
使われたのが始まりといわれている。ストローとは、麦わらのこと	60
である。始めは茎が空洞になっている、葦（アシ）という植物が使	90
われていた。その後、麦わらが使われるようになり、ストローと呼	120
ばれるようになった。	131
日本では明治３４年ごろに、岡山県で始まった麦わら帽子の生産	161
が始まりとされている。同じ頃に、麦わらを原料としたストローの	191
生産が始められた。つまり、日本での最初のストローは麦わらが原	221
料であった。	228
そのストローも、原料の麦わらの生産が減ったことや、原料の品	258
質が不ぞろいであることから紙製へと移行した。しかし、その需要	288
に対応できずに、現在ではプラスチックを原料とした製品に至って	318
いる。	322
近年、プラスチック製品が、海洋汚染で問題になっている。ウミ	352
ガメの鼻の孔から、ストローが出てきたニュースも話題になった。	382
それを受けて、プラスチック製を紙製に切り替えたり、レジ袋を有	412
料にしたりしている。環境を守るには、企業や政府の取り組みと、	442
個人の環境保護に向けた意識が必要だ。	460

	総字数	－ エラー数 ＝	純字数
月　　日			
月　　日			

残留物（ざんりゅうぶつ）　茎（くき）
空洞（くうどう）　需要（じゅよう）

11回 **１行の文字数を30字に設定して入力しなさい。ただし、フォントの種類は明朝体とし、プロポーショナルフォントは使用しないこと。**（制限時間　10分）

国道とは、道路法により路線が決定および管理される幹線道路の	30
ことで、高速自動車国道と一般国道がある。一般的に、国道といえ	60
ば、後者を指すことが多い。その標識は、逆三角形のような形をし	90
ており、上部に国道、中段に数字、下段にＲＯＵＴＥと書かれてい	120
る。標識の色はブルーで、文字や数字が白抜きとなっている。	149
国道といえば、自動車が通行する道路というイメージがあるが、	179
中には自動車が通行できないものもある。例えば、青森県の３３９	209
号線の一部だ。龍飛崎近くの延長約３８８メートルの区間で、標高	239
差が約７０メートルの区間は、３６２段の階段だ。歩行者のみが通	269
れる歩道で、民家の間を通り抜けていく場所もある。	294
また、海を渡る航路の国道もある。地上につくられた道路や橋、	324
海底トンネルがなくても、フェリーなどによって、道路と道路を結	354
ぶ１本の交通系統として機能があれば、国道に指定されている。こ	384
のような海上国道は全国にいくつかあるが、最も長いのは、鹿児島	414
県と沖縄県を結ぶ５８号線の６０９．５キロメートルだ。実際に変	444
わった国道を通ってみたいものだ。	460

	総字数	－ エラー数 ＝	純字数
月　　日			
月　　日			

幹線道路（かんせんどうろ）　標識（ひょうしき）
龍飛崎（たっぴざき）　系統（けいとう）

12回 1行の文字数を30字に設定して入力しなさい。ただし、フォントの種類は明朝体とし、プロポーショナルフォントは使用しないこと。(制限時間　10分)

　山に木を植えると海の魚が増える。山の木と魚は一見何の関係も　30
無いように思えるが、実は密接につながっている。海の食物連鎖を　60
底辺で支える植物プランクトンは、チッソやリンなどを養分にして　90
増殖するが、その養分は川の上流の森林から送られてくるのだ。　120
　森の落葉や枯れ枝は微生物によって分解され、スポンジのような　150
柔らかで湿った土壌（腐葉土）を作っていく。そこに雨が降ると、　180
養分は地中から溶け出して、川を通って海に運ばれる。　206
　山の森林は栄養素を海に供給し、魚のエサとなるプランクトンや　236
海藻類を育てていることになる。エサが増えれば魚も増える。この　266
ように魚を育てる林を「魚付き林」と呼んでいる。さらに、山は川　296
の水量を一定に保ち、大量の土砂が一度に海に流出するのを防ぐ、　326
自然のダムの役割も果たしている。山・川・海が、引き離すことが　356
不可能な有機的つながりを持っていることが分かる。　381
　山が海を育てる。これを実感したのは海を仕事場とする漁師たち　411
だった。現在日本各地で、海岸から１０キロも２０キロも離れた上　441
流の地域に植林する漁師の姿が見られる。　460

	総字数	ー エラー数	＝ 純字数
月　　日			
月　　日			

食物連鎖（しょくもつれんさ）　増殖（ぞうしょく）
土壌（どじょう）　腐葉土（ふようど）

13回 1行の文字数を30字に設定して入力しなさい。ただし、フォントの種類は明朝体とし、プロポーショナルフォントは使用しないこと。（制限時間　10分）

宇宙から地球の姿を見ると、青く広がった海が約７０％を占めて	30
いることがわかる。私たちが暮らす地球には、約１４億立方ｋｍの	60
水があるといわれている。その約９７％が海水であり、残りの３％	90
は淡水であるが、ほとんどが南極や北極にある雪と氷である。河川	120
や湖沼として存在する使用可能な水は、地下水を含め、地球上の水	150
のわずか０．８％にしかすぎない。	167
現在、地球には約８０億の人々が住んでいる。今後も世界の人口	197
は増加を続け、このままでは世界的な水不足も予想されるという。	227
また近年、世界各地でも毎年のように干ばつと洪水が発生し、異常	257
な高温や低温、多雨や少雨が頻発している。それに伴い、日本では	287
ダムや貯水池を建設し、渇水対策に努力している。しかし、大事な	317
ことは私たち一人ひとりが、このような状況を認識して、大切な水	347
の使用方法を考えることである。	363
家庭でも可能な、渇水時の「節水」というテーマを通して、改め	393
て水の大切さを見直してみることが必要である。私たちの共通の願	423
いは、いつでもそこに水が存在し、潤いのある美しい毎日を過ごせ	453
ることである。	460

	総字数	－ エラー数 ＝	純字数
月　日			
月　日			

湖沼（こしょう）　頻発（ひんぱつ）
貯水池（ちょすいち）　渇水（かっすい）

14回 **１行の文字数を30字に設定して入力しなさい。ただし、フォントの種類は明朝体とし、プロポーショナルフォントは使用しないこと。**（制限時間　10分）

泣いている赤ちゃんを泣きやませて寝かしつける、効果的な方法	30
を科学的根拠に基づいて解明した研究がある。生後７か月以下の赤	60
ちゃんとその母親を対象に、抱っこして歩いたり座ったり、ベッド	90
に寝かせたりした時などの状態を心電図に記録した。	115
その結果、激しく泣いていた赤ちゃんは、抱っこして歩いた時や	145
ベビーカーに乗せ前後に動かした時に、泣きやむことが多かった。	175
最も効果が出たのは抱っこ歩きで、５分間実施した場合に、全員が	205
泣きやんで約半数が眠りについた。	222
一方、眠ったばかりの赤ちゃんをベッドに寝かせると起きてしま	252
う。この研究では、３分の１が寝ついた後に、ベッドに寝かせると	282
起きてしまった。眠っている赤ちゃんは、ベッドに背中がつくタイ	312
ミングでなく、抱っこされている体が、親から離れ始めた時に覚醒	342
し始めた。	348
眠ってすぐの状態は、眠りが浅く、眠り始めてから８分ほど経つ	378
と、より深い睡眠の段階に入る。そのため、赤ちゃんが起きにくい	408
と考えられる。赤ちゃんは、親の体にしがみ付いているので、自分	438
の体が親から離れた時に危険だと反応するのだ。	460

	総字数	－ エラー数	＝ 純字数
月　　日			
月　　日			

根拠（こんきょ）　抱っこ（だっこ）
覚醒（かくせい）　睡眠（すいみん）

15回 1行の文字数を30字に設定して入力しなさい。ただし、フォントの種類は明朝体とし、プロポーショナルフォントは使用しないこと。（制限時間　10分）

菓子という言葉は大和時代からあったが、当時は簡単な穀物の加	30
工品や果物の総称として用いた。現在の菓子は、奈良時代に中国か	60
ら仏教、養蚕、織物とともに伝えられた「唐菓子」に始まるといわ	90
れる。唐菓子は、米・麦・大豆の粉に甘味料を加え練ってもちにし	120
たり、もちをごま油で揚げたりして作られた。宮廷や社寺で祭事用	150
の供え物として尊ばれ、宮中では贈答品や間食として喜ばれたが、	180
そのころの菓子は貴重品で庶民には縁遠い存在だった。	206
しかし室町時代に入ると、茶を飲みながら菓子を食べる習慣が生	236
まれたことと、輸入品の砂糖が手に入りやすくなったことで、菓子	266
が一般庶民の口に入るようになった。まんじゅう、羊かん、落がん	296
といった和菓子が一気に発達した。	313
室町末期にはポルトガル人やスペイン人との接触が始まり、ヨー	343
ロッパの菓子が伝えられた。主なものは、カステラ、ボーロ、金平	373
糖、カラメルで「南蛮菓子」と呼ばれた。当時キリシタンの宣教師	403
たちが盛んに布教に利用したため全国に急速に普及し、その後和風	433
に改良されて、４００年以上たった今でも食べられている。	460

	総字数	－ エラー数	＝ 純字数
月　日			
月　日			

養蚕（ようさん）　唐菓子（とうがし）
社寺（しゃじ）　南蛮（なんばん）

16回 **1行の文字数を30字に設定して入力しなさい。ただし、フォントの種類は明朝体とし、プロポーショナルフォントは使用しないこと。**（制限時間　10分）

近年、スマートフォンやパソコンなどの情報機器の普及により、	30
目がすぐに疲れて勉強や仕事に集中できない、目の表面がゴロゴロ	60
して乾いた感じがするなど、目に異常や不快な症状を訴える若者が	90
増加している。その約6割が、ドライアイや疲れ目（眼精疲労）の	120
症状がみられるという。	132
特にドライアイは、涙の量が減ったり、涙の成分が変わったりし	162
てしまうことで、目が渇き、角膜に障害がおこる疾患である。その	192
ままだと視力が低下したり、目を開けるのがつらかったりする場合	222
がある。また、初期症状はとてもあいまいで、何となく目が疲れや	252
すいなど、自分で気づきにくいのが難点だ。	273
目が乾く原因は、さまざまあるが、実際には複数の要素が重なり	303
あった結果、ドライアイになったり、その症状を悪化させたりする	333
ことが多い。また、ドライアイとは別の病気の場合もある。	361
今後は、定期的に病院を受診するだけでなく、意識的にまばたき	391
をする、エアコンの風が直接当たる場所や長時間のデスクワークを	421
避けるなど、早めの対策が必要である。併せて睡眠不足や過労にも	451
注意すべきである。	460

	総字数	－ エラー数	＝ 純字数
月　　日			
月　　日			

普及（ふきゅう）　眼精疲労（がんせいひろう）
角膜（かくまく）　疾患（しっかん）

17回 1行の文字数を30字に設定して入力しなさい。ただし、フォントの種類は明朝体とし、プロポーショナルフォントは使用しないこと。（制限時間　10分）

　我が国では、年齢が１８歳になると自動車の運転免許証が取得でき る。運転免許試験に合格すると、試験を受けた運転免許センターで免許証が交付される。試験を受ける前に、多くの人は指定教習所において、教習を受け卒業している。

30
60
90
108

　運転免許証は公道を走る際に携帯する義務があり、違反すると反則金が課せられる。有効期間は３年または５年で、区分によって異なる。新規に取得した際の最初の更新期限は、取得した日から３回目の誕生日の１か月後だ。誕生日の直前に取得した場合は、取得から２年と少しで更新を迎える場合もある。

138
168
198
228
248

　更新の手続き期間は、誕生日の前後１か月間である。手続きは、各都道府県の免許センターや運転免許試験場で行っているが、優良運転者や高齢者講習受講修了者は、指定の警察署でも更新手続きが可能だ。

278
308
338
343

　運転が不要になった人や、加齢に伴う身体機能の低下などで運転に不安を感じるようになった場合には、運転免許証を返納できる。返納した人は、運転経歴証明書が申請できる。初心者もベテランも運転する際には交通ルールを守り、安全運転を心掛けたい。

373
403
433
460

	総字数	－ エラー数	＝ 純字数
月　　日			
月　　日			

公道（こうどう）　反則金（はんそくきん）
加齢（かれい）　返納（へんのう）

18回

1行の文字数を30字に設定して入力しなさい。ただし、フォントの種類は明朝体とし、プロポーショナルフォントは使用しないこと。（制限時間　10分）

コンビニで取り扱われる商品は多種多様に渡っている。そのおよ	30
そ6割が食品で、多くは昼食時に売れている。食品は、日配食品と	60
加工食品に、それ以外は非食品とサービスに分類される。1店舗の	90
中に、２５００種類もの商品が販売され、在庫を切らすことはあま	120
りない。	125
一体、このような効率的な品ぞろえがコンビニで可能になったの	155
はなぜだろうか。その立て役者こそがＰＯＳ（販売時点情報管理）	185
システムだ。	192
レジでは、お客の差し出す商品のバーコードを読み取ると、コン	222
ピュータがその商品の売り値や在庫のデータを更新する。このデー	252
タは、本部のコンピュータにも直結している。各店舗で不足してい	282
る商品は、各配送センターから、速やかに配達されるようになって	312
いる。さらに本部では、このデータにより各商品の売れ行き予測や	342
客層分析などを行い、新しい商品の開発にも役立てている。	370
資本主義経済は、需要と供給を市場に委ねるため、企業が常に両	400
者のアンバランス、つまり品不足と過剰在庫に悩んできた。ＰＯＳ	430
システムは、このような問題を解決するのに画期的なものである。	460

	総字数	－ エラー数	＝ 純字数
月　　日			
月　　日			

日配（にっぱい）　店舗（てんぽ）
直結（ちょっけつ）　委ねる（ゆだねる）

19回 **1行の文字数を30字に設定して入力しなさい。ただし、フォントの種類は明朝体とし、プロポーショナルフォントは使用しないこと。**（制限時間　10分）

内燃や外燃機関などの排熱を使って冷暖房や給湯などに利用する	30
熱エネルギーを供給することをコージェネレーションという。	59
従来の発電システムでは、発電後の排熱は放出されていたが、こ	89
のシステムでは、理論上、最大で８０パーセント近くの高効率利用	119
が可能となる。また、利用する施設で発電することができるため、	149
送電のロスも少ないという。	163
コージェネレーションは、北欧などを中心として、広く利用され	193
ている。日本では、これまで紙パルプなどの産業施設で導入されて	223
いたが、最近では、オフィスビルや病院、スポーツ施設などで導入	253
されている。さらに、小型のガスエンジンタイプのものや、マイク	283
ロガスタービンといった中小規模にも対応したものや、家庭用のも	313
のも商品化されつつある。	326
近年、地球温暖化をはじめ、環境破壊の原因となる二酸化炭素な	356
どの温室効果ガスが問題視されているが、このシステムでは、エネ	386
ルギー効率を高めることで、こうしたガスの排出量を抑えるメリッ	416
トもある。総合的な効率性を高められる新しいエネルギー供給シス	446
テムとして、注目されている。	460

	総字数	ー エラー数	＝ 純字数
月　　日			
月　　日			

排熱（はいねつ）　給湯（きゅうとう）
導入（どうにゅう）　破壊（はかい）

20回 1行の文字数を30字に設定して入力しなさい。ただし、フォントの種類は明朝体とし、プロポーショナルフォントは使用しないこと。（制限時間　10分）

使用済みの硬式テニスボールを利用して、小学校や中学校の机や	30
椅子の脚に付ける活動をしている市民団体がある。子供たちが物を	60
大事にすることを学ぶ良い機会だと学校に好評で、全国にも広がり	90
そうだ。	95
テニスボールの再利用は、もともと補聴器を着けた難聴児童への	125
配慮から始まった。机や椅子を動かした時の雑音が、補聴器を着け	155
ると、耳が痛くなるほどに響くためだ。ボールを取り付けると、通	185
常の３分の１程度に雑音が減少するという。また国内で一年間に使	215
われる約３千万個のテニスボールは、使用後ほとんどが廃棄や焼却	245
処分されている。そのためごみの減量にもなると好評である。	274
現在、この活動を推進している団体では、テニスクラブなどの提	304
供側と、小中学校などの利用側をそれぞれ受け付けている。なるべ	334
く近いところと組み合わせをしようという計らいだ。	359
この利用を申し出た学校は全国で約３３００校で、配られたボー	389
ルの数は約４００万個となった。スポーツを楽しむにも環境が大切	419
だ。こうした活動を通して、子供たちが環境問題やスポーツに関心	449
を持つことを期待する。	460

	総字数	ー　エラー数	＝　純字数
月　日			
月　日			

硬式（こうしき）　補聴器（ほちょうき）
雑音（ざつおん）　焼却処分（しょうきゃくしょぶん）

21回 **1行の文字数を30字に設定して入力しなさい。ただし、フォントの種類は明朝体とし、プロポーショナルフォントは使用しないこと。**（制限時間　10分）

　韓国の食卓で欠かせないのがキムチで、１年を通して各家庭で漬 30
けられる。中でも冬場に食べるキムチを漬け込む作業を「キムジャ 60
ン」といい、初冬の風物詩になっている。 80
　１回のキムジャンで使う白菜の量は、一般家庭で３０～４０個。 110
中には１００個以上漬ける家もある。白菜のほか大根や唐辛子、に 140
んにく、塩辛等を大量に使うため経済的負担は大きく、この時期に 170
キムジャンボーナスを支給する企業もある。 191
　キムチは乳酸発酵させて作るので、漬け込むときの温度、湿度、 221
日照時間等の気象条件が重要になる。最低気温が０度を下回る日が 251
続き、１日の平均気温が４度以下になる時期が最適とされる。その 281
ため毎年１１月下旬から１２月中旬にかけて、気象庁から日本の桜 311
前線によく似た「キムジャン前線」が発表される。天気図上の前線 341
は日を追うごとに半島を南下していき、人々はこれを参考にキムチ 371
を漬ける日を決める。 382
　最近は都市部を中心に生活の合理化が進み、市販のキムチを買う 412
家庭が増えてきた。親せきや近所の主婦が集まってにぎやかに作業 442
するキムジャンの光景は消えつつある。 460

	総字数	－ エラー数 ＝	純字数
月　　日			
月　　日			

風物詩（ふうぶつし）　塩辛（しおから）
乳酸発酵（にゅうさんはっこう）　南下（なんか）

■ 22回 ■ 1行の文字数を30字に設定して入力しなさい。ただし、フォントの種類は明朝体とし、プロポーショナルフォントは使用しないこと。（制限時間　10分）

飛行機は、離陸する時と着陸する時では、その向きが異なってい	30
る。一度空に上がってしまえば、向かい風より追い風のほうが都合	60
はよいが、離着陸時は向かい風の方向を向いている場合が多い。そ	90
れは、向かい風が安全に、かつ簡単に揚力を得ることができるため	120
である。	125
安全に飛ぶためには十分な揚力が必要であり、また飛行機は横風	155
に弱いという性質がある。その点を考慮して、空港を造る場合は、	185
風が吹きやすい方向に滑走路を計画する。また、多くの乗客が使用	215
する空港には、横風用に別の滑走路を造る必要がある。	241
羽田空港では、季節風の関係によって、夏場は南向きに、冬場は	271
北向きに離着陸する場合が多い。羽田には、北西から南東に伸びる	301
ＡとＣと、北東から南西に伸びるＢとＤの計４本の滑走路がある。	331
また、多くの飛行機が離着陸できるように、平行する滑走路の間隔	361
を十分にとってある。	372
一番新しいＤ滑走路は、その一部が桟橋構造になっている。それ	402
は、多摩川の流れへの影響を最小限にし、生息する生物を守るため	432
だ。空港を造る時やその運用には、多くの工夫がされている。	460

	総字数	－ エラー数	＝ 純字数
月　日			
月　日			

離着陸（りちゃくりく）　揚力（ようりょく）
考慮（こうりょ）　桟橋（さんばし）

23回 **1行の文字数を30字に設定して入力しなさい。ただし、フォントの種類は明朝体とし、プロポーショナルフォントは使用しないこと。**（制限時間　10分）

タッチパネルをさっとなぞるだけで認証が行える、スライド式の	30
手のひら静脈認証技術をある企業が開発したと発表した。この技術	60
は、８ミリメートル幅の小型光学ユニットにより、手のひら静脈パ	90
ターンを認証するもので、タブレットや小型のモバイル端末などの	120
フレームの部分に搭載することが可能である。	142
また、この度、認証に最適な画像を瞬時に選び出して、自動的に	172
照合する機能を採用したことで、従来のようなセンサーの上で手の	202
ひらを静止させるのではなく、タッチさせるような感覚で認証でき	232
るようになり、操作がより一層向上した。	252
今回の研究で、新しい複合光学素子を用いることにより、手をス	282
ライドさせながら、手のひらの静脈パターンを利用し照合すること	312
に成功した。これにより、個人情報へのアクセスやサービス利用な	342
ど、様々な場面において高度な認証精度を利用するために、偽造が	372
困難という優れた特長をもつ静脈認証の適用範囲が広がった。今後	402
は病院やオフィスなど、高度なセキュリティと簡単な操作が求めら	432
れる様々な業種での活用ができるように研究開発してほしい。	460

	総字数	－ エラー数 ＝	純字数
月　日			
月　日			

静脈（じょうみゃく）　搭載（とうさい）
光学素子（こうがくそし）　偽造（ぎぞう）

24回 **1行の文字数を30字に設定して入力しなさい。ただし、フォントの種類は明朝体とし、プロポーショナルフォントは使用しないこと。**（制限時間　10分）

南極大陸は、青く澄んだ海に純白の大氷山が美しく輝いている。	30
汚染を知らない大自然そのものに見える。この大陸は、アデリーペ	60
ンギンとエンペラーペンギンなどの営巣地である。無数にいるアデ	90
リーは、狭い陸地に大入り満員状態で、吹きすさぶブリザードとい	120
う名の強風雪にも耐えて生き続けている。	140
ペンギンは、ひなを育てるため両親が朝早く沖合に出掛ける。そ	170
して好物のオキアミや小魚などを取ってくる。親は半分ほど胃の中	200
で消化させてから巣に戻り、吐き戻してひなに与える。	226
しかし、親が命懸けで取って来たそのえさの中には、人間が捨て	256
たＰＣＢや水銀が含まれている場合がある。それを食べたために、	286
死んでしまったという調査報告がある。自然の宝庫といわれる南極	316
の海でさえ、汚染が進行している。	333
私たちの中には、自分さえ良ければそれで良いのではないかとい	363
う自己中心的な振る舞いをしている人が見受けられる。しかし、私	393
たちは、自分がなす行為によって、どのような影響を他の動物や自	423
然界に与えることになるのかを、考えて行動できる人間にならなく	453
てはいけない。	460

	総字数	ー　エラー数	＝　純字数
月　　日			
月　　日			

営巣地（えいそうち）　耐えて（たえて）
沖合（おきあい）　宝庫（ほうこ）

25回 **1行の文字数を30字に設定して入力しなさい。ただし、フォントの種類は明朝体とし、プロポーショナルフォントは使用しないこと。**（制限時間　10分）

建築で初めてガラスが使用されたのは、ローマ時代の教会のステ　30
ンドグラスといわれている。また日本では、幕末以降、それも明治　60
時代まで、ごく限られた人や施設でしか使われていなかった。２０　90
世紀に入り、あるガラスメーカーが、日本で初めてガラスの工業化　120
に成功した。　127

建設用ガラスの長所は、硬く不燃性であり、光を透過させる性質　157
や耐久性があり、大量生産により安価であることなどである。短所　187
としては、割れると危険であり、引っ張りや曲がり強度が小さく、　217
急激な温度変化に弱く断熱性が低いことなどがある。　242

近年、ある大手２社が真空断熱ガラスを共同開発した。このガラ　272
スは業界最高クラスの断熱ガラスと同等の性能をもちながら、厚み　302
が約４分の１から５分の１しかないため、ガラス改修時に既存のサ　332
ッシをそのまま使うことが可能だ。さらに、割れた時にも破片が粒　362
状になることで、怪我をしにくいという。　382

欧州などでは、古い住宅を改修し長く住むことが多いため、住宅　412
窓の高断熱改修ニーズが高まっている。今後は、この技術を様々な　442
用途向けに活用してもらいたいものだ。　460

	総字数	－ エラー数	＝ 純字数
月　日			
月　日			

透過（とうか）　耐久性（たいきゅうせい）
破片（はへん）　怪我（けが）

■ **26回** ■ **1行の文字数を30字に設定して入力しなさい。ただし、フォントの種類は明朝体とし、プロポーショナルフォントは使用しないこと。**（制限時間　10分）

一般に、６５歳以上が高齢者と定義され、老人福祉法などの施策 30
の対象となっている。また、６５歳以上の人の全人口に占める割合 60
が７％以上の社会を高齢化社会とし、更に増えて１４％以上に達す 90
ると、高齢社会と呼ぶ。日本は、１９７０年に高齢化社会となり、 120
その後も高齢化が進み、２４年後の１９９４年には高齢社会になっ 150
た。そして、２０５５年には、国民の４人に１人が、７５歳以上に 180
なるとの予測が出ている。 193
ところで、日本の国民は、自分が実際に何歳になったら「高齢」 223
であると考えているのであろうか。近年に実施された厚生労働省の 253
「社会保障に関する意識等調査」によると、６５歳からが老後と考 283
える人の割合と、７０歳からが老後と考える人の割合とは、ほぼ同 313
じ約３割になっており、６５歳より高い年齢から老後と考えている 343
人が少なくないことが分かる。また、６５歳以上の人では、約３割 373
が７５歳からが老後と考えている。 390
男女とも平均寿命が８０歳を超えた今の日本では、高齢者イコー 420
ル６５歳以上の定義と、国民の高齢者に関する意識との間に少しず 450
れが生じてきている。 460

	総字数 － エラー数 ＝ 純字数		
月　日			
月　日			

定義（ていぎ）　老人福祉法（ろうじんふくしほう）
施策（しさく）　生じて（しょうじて）

27回

1行の文字数を30字に設定して入力しなさい。ただし、フォントの種類は明朝体とし、プロポーショナルフォントは使用しないこと。（制限時間　10分）

日本は、食料の６０％以上を輸入している。この食料は、船やト	30
ラック、飛行機などを使って、我々のもとに届けられる。こうした	60
長距離輸送は、大量の燃料を消費し、結果として二酸化炭素や有害	90
なガスを排出している。言い換えれば、生産地から食卓までの距離	120
が短ければ輸送に伴う環境汚染は少なくなる。	142
こうした考えを参考にして、フードマイレージという指標があみ	172
出された。これは、食料品についてその輸入量と輸出国から輸入国	202
までの距離を掛けた値で、輸入量が多いほど、または、距離が長い	232
ほど大きくなる。日本の人口一人当たりのフードマイレージはアメ	262
リカの約８倍であり、食料の輸入がもたらす環境への負荷が大きい	292
ことがわかる。	300
生産面でも同じことが言える。外国で作物を育てるためには、そ	330
の国の自然資源を利用しなければならない。たとえば、日本に輸入	360
されている農産物を生産するために必要な水は、年間で約４００億	390
立方メートルと推定され、これは、３億人分の年間使用量を上回っ	420
ている。我々は、目に見えない形で、海外の自然資源を大量に消費	450
していることになる。	460

	総字数	− エラー数	＝ 純字数
月　日			
月　日			

言い換え（いいかえ）　伴う（ともなう）
負荷（ふか）　推定（すいてい）

28回 1行の文字数を30字に設定して入力しなさい。ただし、フォントの種類は明朝体とし、プロポーショナルフォントは使用しないこと。（制限時間　10分）

洪水や津波などで流されたパソコンやデジカメから、思い出が詰	30
まったデータを、よみがえらせて欲しいという依頼が後を絶たない	60
という。東日本大震災以降、こうしたニーズも高まり、復元技術も	90
少しずつ進んできている。	103
この技術は、デジタルフォレンジックと呼ばれている。犯罪捜査	133
や法的な紛争においては、コンピュータなどの電子機器に残る記憶	163
を収集・分析し、その法的証拠を明らかにする手法や技術などとし	193
て用いられている。利用すると、物理的に壊れたものから、大切な	223
データを取り出すことができる。	239
また、労働災害の案件を扱うある弁護士は、これまで、証明が難	269
しかった労災認定や未払残業代の請求にも、この技術が強力な武器	299
になるという。	307
ＩＣカードやセキュリティゲートの通過記録、パソコンやスマホ	337
などは、一日の行動の手掛かりとなる情報が大量に残っている。こ	367
れらのデータを組み合わせれば、勤務時間の実態がより正確に把握	397
できる。社会へのＩＴの普及に伴い、刑事・民事事件などの捜査や	427
立証に活用されている。この技法は、さまざまな分野で今、輝いて	457
いる。	460

	総字数	－ エラー数	＝ 純字数
月　　日			
月　　日			

洪水（こうずい）　捜査（そうさ）
分析（ぶんせき）　普及（ふきゅう）

29回 1行の文字数を30字に設定して入力しなさい。ただし、フォントの種類は明朝体とし、プロポーショナルフォントは使用しないこと。（制限時間　10分）

地球の上空には、オゾンの薄い層があり、宇宙からの有害な紫外　30
線をさえぎっている。このオゾン層がフロンなどにより破壊され、　60
減少していることが明らかになった。　78
地球全体でみると、熱帯をのぞき、ほぼ全域でオゾン層が減少す　108
る傾向にある。特に緯度の高い地域で、その率が高い。南極では最　138
近、最大規模のオゾンホールが観測された。　159
オゾン層が破壊されると、地上に到達する有害な紫外線が増加し　189
て、植物の生育が阻害されるだけでなく、人に対しても皮膚ガンや　219
白内障などの健康被害を引きおこすと懸念されている。　245
フロンは化学的に安定した物質で、分解しにくく、いったん大気　275
中に放出されると、その影響はきわめて長期にわたる。これまで冷　305
蔵庫やエアコンの冷媒、スプレー製品など多様な用途に広く利用さ　335
れてきたが、国際的には廃止の方向にある。　356
また、地球温暖化で、夏の嵐が地球を守るオゾン層に新たな穴を　386
あけ、人口密集地域に太陽の紫外線を増やす恐れのあることが、最　416
新の研究により明らかになった。ほかにも様々な研究が進められ、　446
国際的な体制が整いつつある。　460

	総字数	－ エラー数	＝ 純字数
月　　日			
月　　日			

阻害（そがい）　懸念（けねん）
冷媒（れいばい）　用途（ようと）

30回 1行の文字数を30字に設定して入力しなさい。ただし、フォントの種類は明朝体とし、プロポーショナルフォントは使用しないこと。（制限時間　10分）

貸借対照表は、一定時点における企業の財政状態を表したもので	30
ある。貸借対照表の貸方は、負債の部と純資産の部が一覧となって	60
おり、資金調達状況を表している。負債の部の勘定科目は、支払手	90
形や買掛金などであり、流動負債と呼ばれる。また、１年を超えて	120
支払期日が到来する借入金などは固定負債と呼ばれている。純資産	150
の部での代表的なものは、資本金、資本剰余金、利益剰余金などが	180
ある。これらは、どのように資金が集められたかを表している。	210
一方、貸借対照表の借方は資産の部が表示されており、資金の運	240
用状態を示している。資産の部の代表的な勘定科目は、現金預金や	270
売掛金、商品などの流動資産と、建物や土地、車両運搬具などの固	300
定資産である。これは、調達した資金が何に使われているかを表し	330
ている。	335
このような内容を持つ貸借対照表には、その企業に関する色々な	365
情報が凝縮されている。例をあげると、企業の経営活動における１	395
年間の成果が「当期純利益」に表れる。この当期純利益の、自己資	425
本に対する比率を自己資本利益率（ＲＯＥ）と呼び、高いほど良い	455
とされる。	460

速度編

	総字数	－ エラー数 ＝	純字数
月　日			
月　日			

車両運搬具（しゃりょううんぱんぐ）　調達（ちょうたつ）
凝縮（ぎょうしゅく）　比率（ひりつ）

31回　1行の文字数を30字に設定して入力しなさい。ただし、フォントの種類は明朝体とし、プロポーショナルフォントは使用しないこと。（制限時間　10分）

揚げ物を作ったあとに残る油は、繰り返し使うにも限度があり、	30
始末に困る。もし２００ｃｃの食用油を川に流した場合、魚が住め	60
る水質に戻すためには、浴槽１３２杯分の水が必要になる。新聞紙	90
に吸収したり市販の凝固剤で固めてごみに出せば、水は汚染しない	120
がごみの量は増える。どちらも環境への負荷は大きい。残るはリサ	150
イクルである。	158
廃食油のリサイクルといえば、石けん作りが思い浮かぶ。だが、	188
日本全国で１年間に出る廃食油は約５０万トン。石けんだけでは全	218
部使い切れない。そこで考えられたのが、車の燃料にすることであ	248
る。廃食油から精製される燃料は、今走っているディーゼル車にそ	278
のまま利用できる。しかも非常に効率的に精製でき、硫黄酸化物は	308
ゼロで「環境にやさしい燃料」なのだ。この燃料で走る車からは天	338
ぷらの匂いがするという。	351
その取組みを一歩進めて、菜の花を地域で栽培して油を生産しよ	381
うという運動も始まった。休耕田で栽培した菜種から搾った油を家	411
庭で利用し、回収した廃食油を精製して車を走らせる。この「菜の	441
花プロジェクト」は全国に広がっている。	460

	総字数	－ エラー数 ＝	純字数
月　　日			
月　　日			

廃食油（はいしょくゆ）　精製（せいせい）
硫黄酸化物（いおうさんかぶつ）　休耕田（きゅうこうでん）

32回 1行の文字数を30字に設定して入力しなさい。ただし、フォントの種類は明朝体とし、プロポーショナルフォントは使用しないこと。（制限時間　10分）

冷房が効きすぎた場所にいると、肩こりや頭痛などでつらい思い	30
をすることがある。これがいわゆる冷房病だ。	52
ある健康科学センターの医師によると、人間の体は自律神経の働	82
きで、暑い場所では血管を広げて熱を発散する。だが、寒くなると	112
血管をすぼめて熱の発散を防ごうとする。温度差の激しい場所を行	142
き来すると、切り替えがうまくできなくなり、体の一部が冷えたり	172
頭痛が起こったりするという。	187
同センターで健康診断を受けた約７千人のアンケートでは、冬に	217
手足などに冷えを感じる人ほど、冷房病を訴える傾向が強い。その	247
多くは筋肉量が少なく、食も細い傾向が高いようだ。座ったきりの	277
人は意識して体を動かし、たんぱく質が不足しないように心掛ける	307
とよい。筋肉はあるようでも、脂肪太りの場合もある。脂肪は体の	337
発熱には関係なさそうだ。	350
秋になると原因不明の頭痛などで来院する人が増えてくる。その	380
多くは冷房病で、自律神経の乱れと考えられる。最近、この病気は	410
冬の冷え性につながるケースが多い。予防のしかたは常に冷たいも	440
のを控え、日頃から運動をすることである。	460

	総字数	ー エラー数 ＝	純字数
月　　日			
月　　日			

冷房（れいぼう）　自律神経（じりつしんけい）
切り替え（きりかえ）　脂肪（しぼう）

33回 1行の文字数を30字に設定して入力しなさい。ただし、フォントの種類は明朝体とし、プロポーショナルフォントは使用しないこと。（制限時間　10分）

　日本人の伝統的自然観の特徴は、自然と人間とを分けることなく　30
一体的にとらえる点にあるといわれる。豊かな自然と触れ合う機会　60
の多い農耕文化のもとで、このような自然観が培われてきたと考え　90
られている。自然との一体化は生活様式の特徴として現れている。　120
自然が相手の農耕生活では、自然を傷つけることは自らを傷つける　150
ことでもあり、自然との共存生活が展開されていた。　175
　かつて江戸の町は、ほとんどの資源をリサイクルしていた。それ　205
を支えていたのが、循環を基本とした考え方と生活様式であった。　235
古来から日本人は、手紙の冒頭に時候のあいさつを入れ、俳句には　265
季語を用いる。花見や紅葉狩りなど、自然と一体となった遊びの中　295
にも季節が感じられる。四季の変化は日本人の感性に大きな影響を　325
与え、日本独自の生活様式や文化を育んできた。　348
　自然は信仰の対象でもあった。富士山や多くの身近な小山を、神　378
の住む山として崇拝していた。そして、巨木は神木と崇拝され、水　408
源池には水神様を祭り、水源の森を育んできた。このような自然観　438
は、古来からの日本人の感性であるといえよう。　460

	総字数	ー エラー数 =	純字数
月　日			
月　日			

培われて（つちかわれて）　時候（じこう）
育んで（はぐくんで）　崇拝（すうはい）

34回 **1行の文字数を30字に設定して入力しなさい。ただし、フォントの種類は明朝体とし、プロポーショナルフォントは使用しないこと。**（制限時間　10分）

日本のある企業は、世界最小のダイレクトメタノール燃料電池シ	30
ステムを開発した。燃料ポンプや送気ファンを使用しないパッシブ	60
型セルを採用している。大きさは親指サイズだが、出力は１００ミ	90
リワットである。小型のオーディオ機器ならば、最大で約２０時間	120
の駆動が可能になった。	132
パッシブ型は、長時間の駆動には高濃度のメタノールが必要とな	162
る。しかし、この濃度の高い液体を使用すると、発電することなく	192
分解前のメタノールが酸素と反応してしまう。これは、クロスオー	222
バー現象といい、性能が低下する問題点がある。このために１０％	252
以下に希釈したこの液体を使用するのが一般的だが、タンク自体が	282
大型になり、小型機器に装着するのは難しくなる。	306
そこで、ナノレベルの触媒微粒子を高密度に配置する新しい構造	336
の電極を採用した。メタノールの分解性能や水素と酸素の反応性を	366
高めて、純メタノールでもクロスオーバー現象による性能の低下を	396
防止した。また、出力の効率も従来と比較して約５倍に向上したの	426
である。さらに、幅広い用途に対応が可能な燃料電池の開発を期待	456
したい。	460

	総字数	ー　エラー数	＝　純字数
月　　日			
月　　日			

駆動（くどう）　希釈（きしゃく）
触媒微粒子（しょくばいびりゅうし）　用途（ようと）

35回 1行の文字数を30字に設定して入力しなさい。ただし、フォントの種類は明朝体とし、プロポーショナルフォントは使用しないこと。（制限時間　10分）

　海に囲まれている日本は、昔から魚が重要なたんぱく源となって　30
いる。日本近海でとれる魚の種類は数多いが、その中でもカツオは　60
私たちになじみの深い魚である。刺身やタタキにして食べるほか、　90
保存食としてのカツオ節も愛されている。　110
　カツオの旬は、初夏と秋の２回ある。３月頃に九州からはじまる　140
北上は、４月から５月にかけて、四国沖まで進んでくる。この初夏　170
の頃が１回目の旬で、初鰹と呼ばれている。脂がほとんどなく、締　200
まった赤身はさっぱりしている。塩やポン酢と薬味で食べるタタキ　230
はもちろん、生のままの刺身でもさっぱりしておいしい。　257
　その後は太平洋を北上し、夏には北海道南部まで到達する。秋口　287
になると、今度はUターンをして南下をはじめる。９月頃に三陸沖　317
で漁獲されるのが戻り鰹と呼ばれ、２回目の旬となる。刺身にする　347
と脂がのった濃厚な味で、わさび醤油が合うといわれている。　376
　さらに南下を続け、１０月から１１月にかけて高知沖に達する。　406
この頃の戻り鰹のタタキは、脂がありとてもおいしい時期だ。初夏　436
と秋の年２回、それぞれ違ったおいしさが楽しみだ。　460

	総字数	－ エラー数	＝ 純字数
月　　日			
月　　日			

刺身（さしみ）　初鰹（はつがつお）
漁獲（ぎょかく）　醤油（しょうゆ）

36回 1行の文字数を30字に設定して入力しなさい。ただし、フォントの種類は明朝体とし、プロポーショナルフォントは使用しないこと。(制限時間　10分)

家庭用コンセントで充電でき、騒音も少ない電動バイクの新型車	30
の発表が続いている。走行距離の短さや高額なために、ライバルの	60
原付バイクと互角の戦いはできていないものの、燃費の面で優位性	90
もあり、各社とも潜在的な需要は高いとみている。	114
ある発動機メーカーは、新しく売り出す電動バイクを発表した。	144
１回の充電で走れる距離を、従来の２０キロ弱から４３キロに伸ば	174
した。電動モーターなので当然、排気音や排ガスが出ない。多くの	204
人々がひしめく都市部では受け入れやすくなっている。	230
電動バイクは買い物や近距離通勤の顧客層を狙っていて、排気量	260
５０ｃｃの原付バイクが最大のライバルだ。原付バイクは満タンで	290
１５０キロ以上走るうえ、価格も１０万円前後となる。しかし、同	320
じ距離を走るためのコストを比べると、電動バイクなら原付の約２	350
割程度で済むという。	361
各発動機メーカーは、バイクが生活の足として定着するアジアや	391
環境問題への関心が高い欧州など、海外での需要も期待できるとみ	421
ている。今は、どこも技術・販売の面でも横一線で、各社とも勝機	451
はあるとしている。	460

	総字数	ー エラー数	＝ 純字数
月　日			
月　日			

互角（ごかく）　潜在的（せんざいてき）
顧客層（こきゃくそう）　勝機（しょうき）

1級チャレンジ問題　1回

1行の文字数を30字に設定し、網掛けした漢字は同じ読みで間違って使われているため、正しい漢字に訂正して入力しなさい。ただし、網掛けをする必要はない。フォントの種類は明朝体とし、プロポーショナルフォントは使用しないこと。(制限時間　10分)

　国際宇宙ステーション（ＩＳＳ）は、人類にとって国境のない場　30
所となる。サッカー場に治まるほどの大きさで、重さは４１９トン　60
もある。地上から約４００キロの上空に建設された巨大な有人の実　90
験施設である。宇宙服を着なくても生活ができるよう、地球の大気　120
とほとんど同じ状態が保たれる。　136

　地球１周をおよそ９０分というスピードで回りながら、実験や研　166
究を行ったり、地球や天体の観測をしたりする。ＩＳＳは、その部　196
品を４０回以上に分けて打ち上げ、宇宙空間で組み立てた。打ち上　226
げに使用されたのは、スペースシャトルやロケットなどである。組　256
み立てはロボットアームの捜査や宇宙飛行士の船外活動によって行　286
われた。　291

　おもな目的は、宇宙という環境を利用した実験や研究を長期間に　321
渡って実施し、そこで得られた成果により、科学や技術を一層進歩　351
させることにある。さらに、それを地上での生活や産業に役立てる　381
ことである。この計画には、日本やアメリカ、ロシアなど世界１５　411
か国が参加している。　422

　例えば、日本はＩＳＳの一部となる、宇宙飛行士が長期間活動で　452
きる有人施設「きぼう」を開発し、参加している。また、アメリカ　482
は各国と調整を取りながら、総合的なまとめ役を担当し、実験モジ　512
ュールやロボットアームを設置するトラス、太陽電池パドルを含む　542
電力供給系などを提供している。ロシアにおいては、基本機能モジ　572
ュールや実験モジュール、居住スペース、登場員の緊急帰還機など　602
を担当している。　611

　多くの国々が最新の技術を結集させ、一つのものを作り上げると　641
いうプロジェクトはこれまでになかった。ＩＳＳは、世界の宇宙開　671
発を大きく前進させるための重要な施設で、国際協力と平和のシン　701
ボルでもあるのだ。　710

	総字数 −	エラー数 ＝	純字数
月　　日			
月　　日			

有人（ゆうじん）　観測（かんそく）
居住（きょじゅう）　帰還（きかん）

1級チャレンジ問題　1回解答　60 治→収　286 捜査→操作　602 登場→搭乗

1級チャレンジ問題　2回

1行の文字数を30字に設定し、網掛けした漢字は同じ読みで間違って使われているため、正しい漢字に訂正して入力しなさい。ただし、網掛けをする必要はない。フォントの種類は明朝体とし、プロポーショナルフォントは使用しないこと。（制限時間　10分）

サメの祖先は、残念ながら現在でも明確ではないが、板皮類とい	30
う種族ではないかといわれている。板皮類は、約４億２０００万年	60
前のシルル紀に登場した体を硬い殻に覆われた種族であるが、石炭	90
紀に絶滅したという。この板皮類の生存したシルル紀の地層から、	120
サメの特徴の一つである硬い盾鱗（じゅんりん）の化石が発見され	150
た。したがってサメ、エイ、ギンザメなどの軟骨魚類の祖先は、こ	180
の時代には既に登場していたと考えられる。	201
はっきりとしたサメの祖先は、デボン紀の書記（４億年前）に現	231
れ、それ以来進化の道を歩んで来たと推定される。これまで、最も	261
古いサメの化石は、４億１８００万年前のものであり、歯しか発見	291
されていなかったが、昨年は４億９０００万年前の古代ザメの、ほ	321
ぼ敢然な化石が発見された。これは、脳を納める部分（脳頭蓋）や	351
盾鱗、石灰化した軟骨、大きなヒレの骨格、一組になったはさみの	381
ような形をした歯が上あごと下あごについている状態で発見されて	411
いる。しかも軟骨魚類としては珍しく、胸ビレには骨格が残ってい	441
た。	444
サメには、死に耐えた系統と生き延びた系統とがあるが、これま	474
で体の構造も振る舞いもほとんど変えていない。今日のサメの仲間	504
は、恐竜の現れた１億年前から同じ姿なのである。この事は、サメ	534
が、どれ程サバイバルに適応した生き物であるかを物語っている。	564
残念ながら、サメは、歯を除いて体の大部分が筋肉や軟骨で出来て	594
いるため、死んでも化石化せずに解体してなくなってしまう。だか	624
ら、化石化した歯や偶然にも化石化した骨格から古代ザメの姿や形	654
や生態を推測するしかない。古代ザメの研究は、恐竜など形が明確	684
な古生物より、はるかに想像力が要求される分野である。	710

	総字数	ー エラー数	＝ 純字数
月　日			
月　日			

板皮類（ばんぴるい）　殻（から）
軟骨（なんこつ）　脳頭蓋（のうとうがい）

1級チャレンジ問題　2回解答　231 書記→初期　351 敢然→完全　474 耐→絶

3 ビジネス文書編

1 実技問題

見本例題

＜表紙見本＞

〔 書 式 設 定 〕
a．余白は上下左右それぞれ２５ｍｍとすること。
b．指示のない文字のフォントは、明朝体の全角で入力し、サイズは１２ポイントに統一すること。
　ただし、プロポーショナルフォントは使用しないこと。
c．１行の文字数　　３４字
d．複数ページに渡る印刷にならないよう書式設定に注意すること。
※　なお、問題文は１ページ２６行で作成されていますが、解答にあたっては、行数を調整すること。

〔 注 意 事 項 〕
1．ヘッダーに左寄せで受験級、試験場校名、受験番号を入力すること。
2．Ａ４判縦長用紙１枚に体裁よく作成し、印刷すること。
3．訂正・挿入・削除・適語の選択などの操作は制限時間内に行うこと。

※書式設定の「c．１行の文字」と「d．１ページの行数」は問題により異なります。

＜問題見本＞

【問　題】
次の指示に従い、右のような文書を作成しなさい。

【指　示】
1．右の問題文を校正記号に従って入力すること。
2．問題文に合った標題のオブジェクトを、用意されたフォルダなどから選び、指示された位置に挿入しセンタリングすること。
3．表は、行頭・行末を越えずに作成し、行間は、２．０とすること。
4．罫線は、右の表のように太実線と細実線とを区別すること。
5．表の枠内の文字は１行で入力し、上下のスペースが同じであること。
6．表内の「温泉地」、「宿泊施設名」、「特別宿泊料金」は下の資料を参照して作成すること。

資料

宿泊施設名	温泉地	特別宿泊料金
まほろばの宿いさわ新館	石和温泉	9,500円
露天の宿清流荘	水上温泉	9,500円
ホテルてじろの里別館	猿ヶ京温泉	12,800円

7．表内の「特別宿泊料金」の数字は、明朝体の半角で入力し、３桁ごとにコンマを付けること。
8．切り取り線「・・・・・・」の部分は、行頭、行末を越えないように作成すること。また、「宿泊申込書」の表より短くしないこと。
9．切り取り線には、右の問題文のように「切　り　取　り　線」の文字を入力し、センタリングすること。
10．①～⑧の指示を行うこと。
11．右の問題文にない空白行を入れないこと。

オブジェクト（標題）の挿入・センタリング

下記の３つの宿泊施設が９月から新たに追加されます。１２月２０日まで（ゴ）

は、特別料金で利用できますので、ぜひご活用ください。

【追加される施設】①各項目名は、枠の中で左右にかたよらないようにする。

所在場所	温泉地	宿　泊　施　設　名	特別宿泊料金
山梨県笛吹市		まほろばの宿いさわ新館	
群馬県みなかみ町	水上温泉		
	②と同じ。	ホテルてじろの里別館	12,800円

②枠内で均等割付けをする。
④右寄せする。
③左寄せする（均等割付けしない）。

※　休前日に利用する場合には一割増しとなります。

⑤二重下線を引く。

担当：寺島（てらしま）　健一

⑥明朝体のひらがなでルビをふり、右寄せする。

・・・・・・・・・・・切　り　取　り　線・・・・・・・・・・・

宿泊申込書　⑦横倍角（横２００％）で、文字を線で囲み、センタリングする。

（部署・氏名）

①と同じ。

予約温泉地	石和・水上・猿ヶ京（○印で囲む）
宿泊予約月日	
宿泊人数	

②と同じ。

□　宿泊日の２週間前までに厚生福利課の窓口でご予約ください。

⑧網掛けする。

＜完成見本＞

第２級　試験場校名　受験番号

オブジェクト（標題）の挿入・センタリング

宿泊あっせんのお知らせ

下記の３つの宿泊施設が９月から新たに追加されます。１２月２０日までは、特別料金で利用できますので、ぜひご活用ください。

校正記号による校正

【追加される施設】

表の挿入・罫線の編集・行間2.0

所在場所	温泉地	宿　泊　施　設　名	特別宿泊料金
山梨県笛吹市	石和温泉	まほろばの宿いさわ新館	9,500円
群馬県みなかみ町	水上温泉	露天の宿清流荘	
	猿ヶ京温泉	ホテルてじろの里別館	12,800円

（項目名の位置／均等割付け／均等割付け／左寄せ／半角数字入力・右寄せ）

※　休前日に利用する場合には一割増しとなります。

記号入力　二重下線　ルビ・右寄せ

担当：寺島（てらしま）　健一

切り取り線

・・・・・・・・・・・・切　り　取　り　線・・・・・・・・・・・・・

横倍角（横２００％）・囲み線・センタリング → 宿泊申込書

（部署・氏名）

表の挿入・罫線の編集・行間2.0

予約温泉地	石和・水上・猿ヶ京（○印で囲む）
宿泊予約月日	
宿　泊　人　数	

（項目名の位置／均等割付け）

記号入力 → □　宿泊日の２週間前までに福利厚生課の窓口でご予約ください。

網掛け　校正記号による校正

試験の流れ

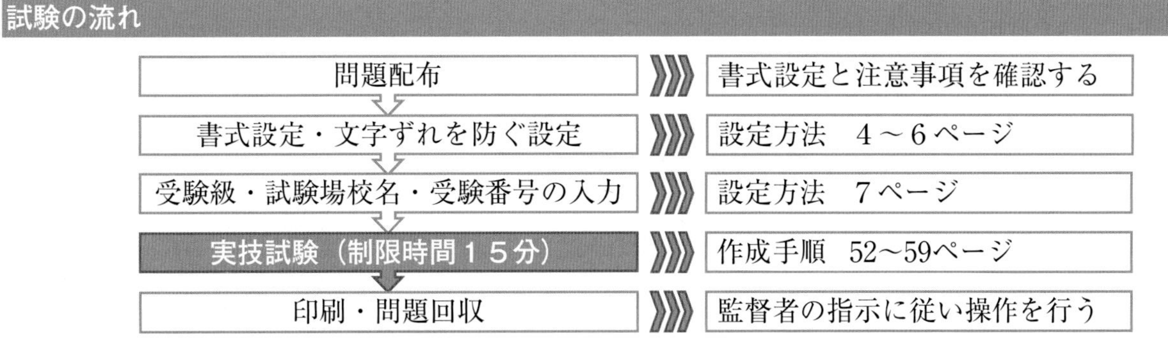

2級作成手順（Word2019）

作成前の確認事項

書式設定・文字ずれを防ぐ設定を行うときに、描画キャンパスのオプションについても合わせて設定を行ってください。

●描画キャンパスの非表示

❶Wordのオプションを表示します。

❷**[詳細設定]**をクリックします。

❸**[編集オプション]**の中の**[オートシェイプの挿入時、自動的に新しい描画キャンパスを作成する]**のチェックをはずす。

行間2の設定およびルビの挿入により、書式設定dの1ページの行数（26行）では1ページに収まらない場合があります。**今回の作成手順は27行で作成しています。**

作成前の確認

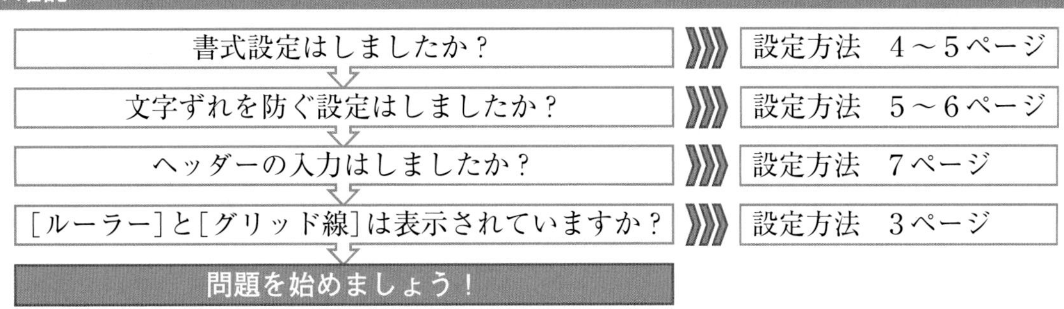

書式設定はしましたか？
設定方法　4～5ページ
文字ずれを防ぐ設定はしましたか？
設定方法　5～6ページ
ヘッダーの入力はしましたか？
設定方法　7ページ
[ルーラー]と[グリッド線]は表示されていますか？
設定方法　3ページ
問題を始めましょう！

文書作成の別解

今回の例題には出題されていない指示に関する編集方法を58～59ページに掲載しています。

1. **標題の作成** → 画像挿入ではなく文字の編集によって標題を作成する。
2. **オブジェクト（写真）の挿入** → オブジェクトのデータを適切な位置に挿入する。

※標題以外のオブジェクトは、別解の操作が必要となります。

作成手順

1 オブジェクト（標題）の挿入

❶［挿入］タブをクリックします。
❷［図］グループの［画像］をクリックします。
❸［このデバイス］をクリックすると、［図の挿入］ダイアログボックスが表示されます。
❹挿入したいオブジェクトが保存されているフォルダを選択します。
❺挿入したいオブジェクトのファイルをクリックし、右下の［挿入］ボタンをクリックします。

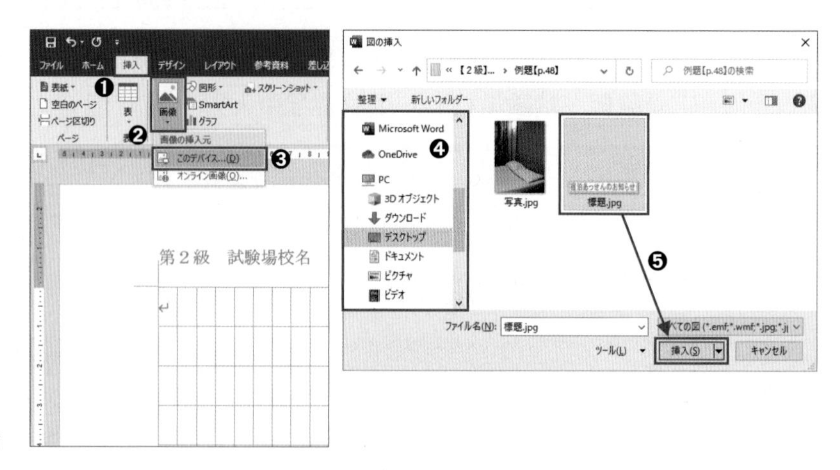

2 オブジェクト（標題）の位置合わせ　※行内でのセンタリング（中央揃え）

❶センタリングをするオブジェクトをクリックします。
❷［ホーム］タブをクリックします。
❸［段落］グループの［中央揃え］をクリックします。

3 文字の入力・編集（校正記号による書体（フォント）の変更）

❶標題の下の文字を入力します。
❷校正記号に従い、ゴシック体への書体変更が校正記号により指示されている「１２月２０日」をドラッグします。
❸［ホーム］をクリックします。
❹［フォント］グループの［フォント］の▼をクリックし、ゴシック体［ＭＳゴシック］をクリックします。

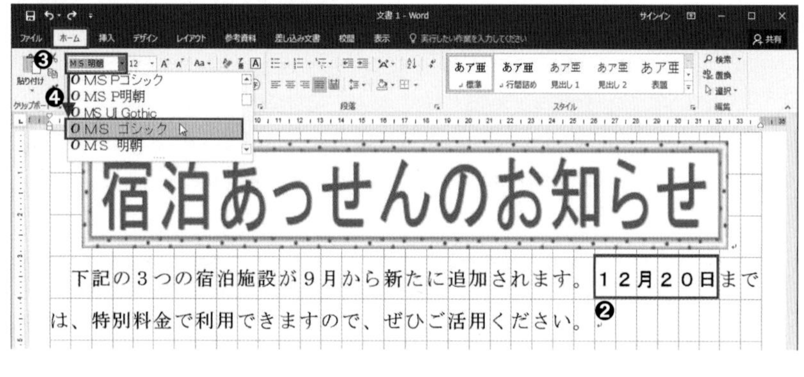

4 表の作成

❶表を挿入したい位置にカーソルを移動します。
❷［挿入］タブをクリックします。
❸［表］グループの［表］をクリックすると、グリッドが表示されます。
❹作成する表の行列までマウスカーソルを移動します。
（例題では４行×４列）
❺移動したセル上でクリックすると、表が挿入されます。

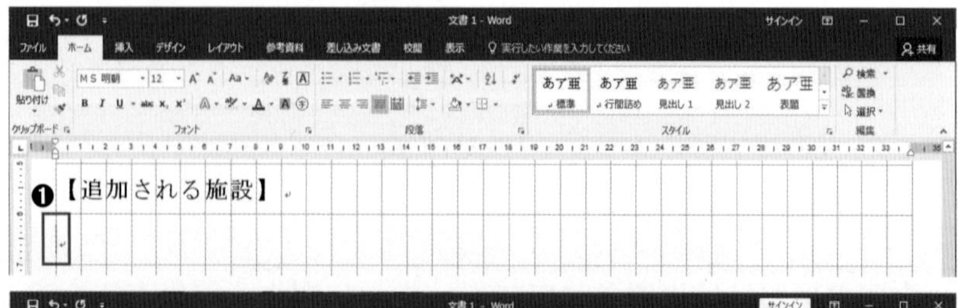

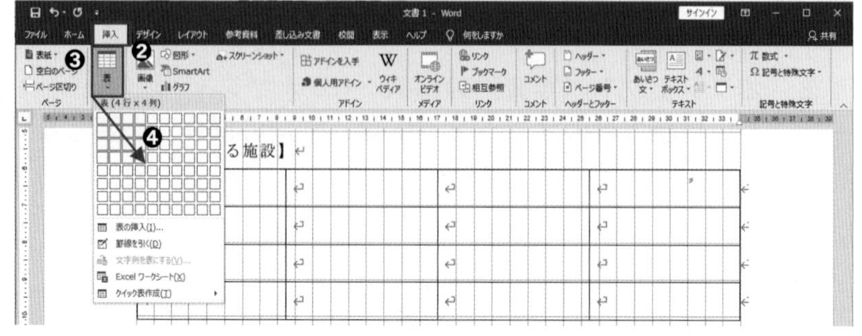

5 表の編集（縦罫線の調整）

❶位置を変更したい縦罫線上にマウスカーソルを合わせます。

❷マウスカーソルが縦罫線の列幅調整の形に変わったら、3で入力した文字の位置を参考に縦罫線をドラッグして移動します。

(アイコン)	通常
(アイコン)	行選択
(アイコン)	テキスト選択
(アイコン)	縦罫線の列幅調整

6 表の編集（セルの配置）

❶表にマウスカーソルを合わせると、表の左上に表全体を選択できるアイコンが表示されます。

❷❶で表示したアイコンをクリックして、表全体を選択します。

❸［表ツール］の［レイアウト］タブをクリックします。

❹［配置］グループの［中央揃え（左）］をクリックします。

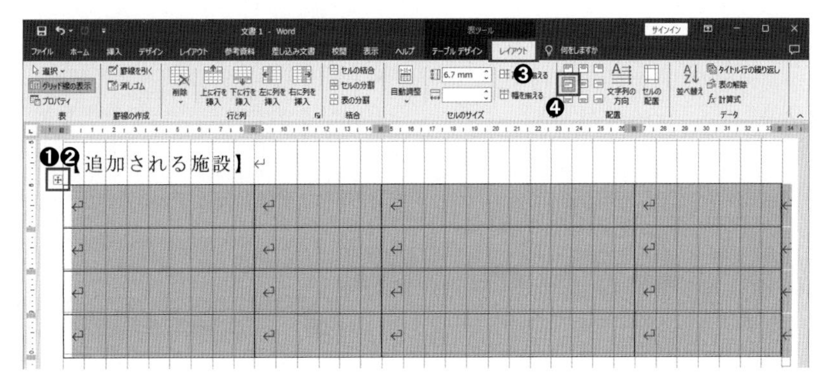

7 表の編集（セルの結合）

❶結合したいセルをドラッグして選択します。

❷［表ツール］の［レイアウト］タブをクリックします。

❸［結合］グループの［セルの結合］をクリックします。**（左図）** または、選択範囲内で右クリックし、ショートカットメニューから［セルの結合］をクリックします。**（右図）**

❹他の結合したいセルも同様の手順で設定します。

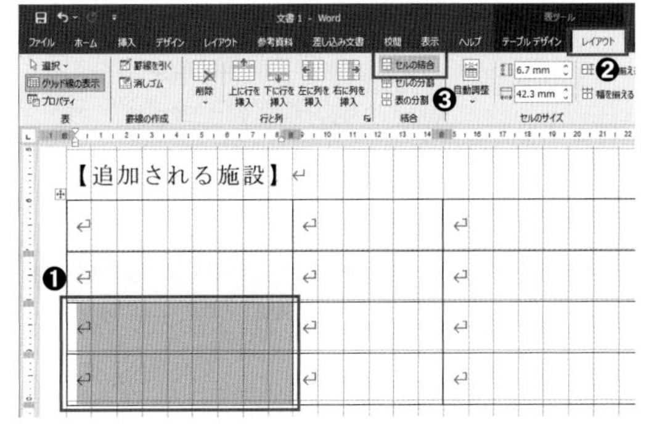

8 表内の入力

●表内に文字を入力します。

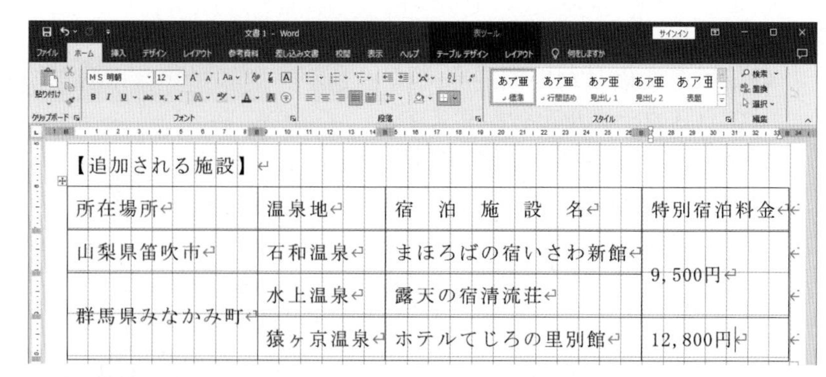

9 表内の編集（項目名のセンタリング（中央揃え））

❶項目名をドラッグします。

❷［ホーム］タブをクリックします。

❸［段落］グループの［中央揃え］をクリックします。

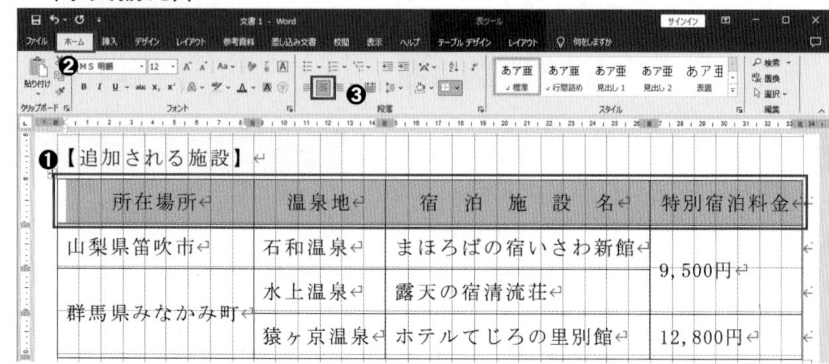

10 表内の編集（「所在場所」の均等割付け）

❶「所在場所」の均等割付けするセルをドラッグします。

❷［段落］グループの［均等割り付け］をクリックします。

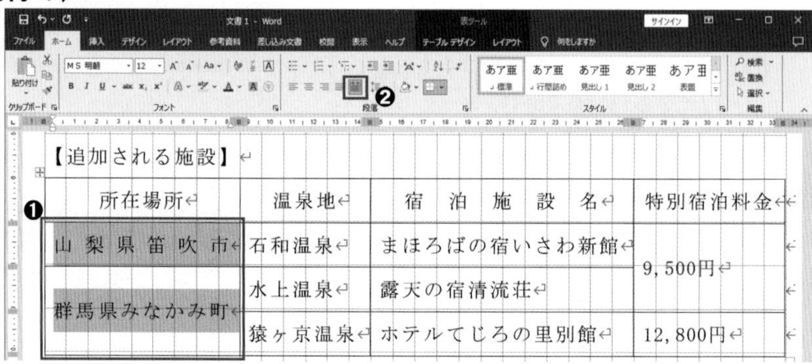

11 表内の編集（「温泉地」の均等割付け）

❶「温泉地」の均等割付けするセルをドラッグします。

❷［段落］グループの［均等割り付け］をクリックします。

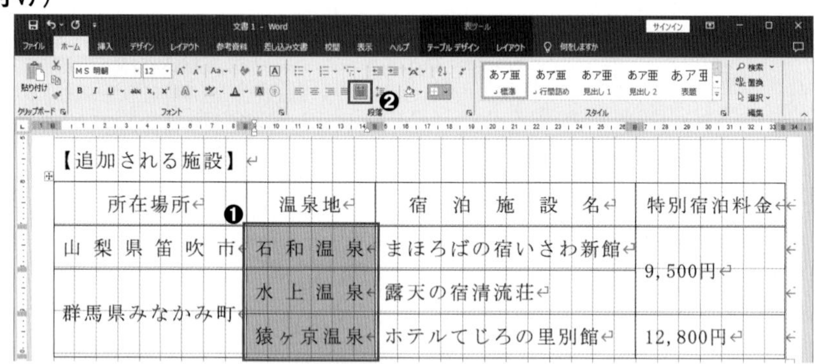

12 表内の編集（「特別宿泊料金」の右寄せ（右揃え））

❶「特別宿泊料金」の右寄せするセルをドラッグします。

❷［段落］グループの［右揃え］をクリックします。

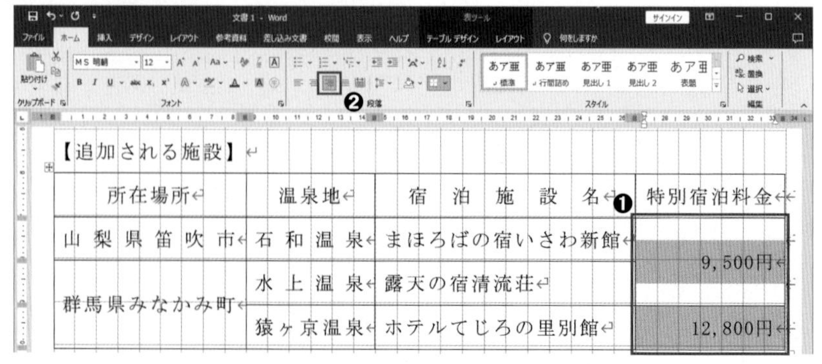

※全商では「割付け」、Wordでは「割り付け」と表記します。

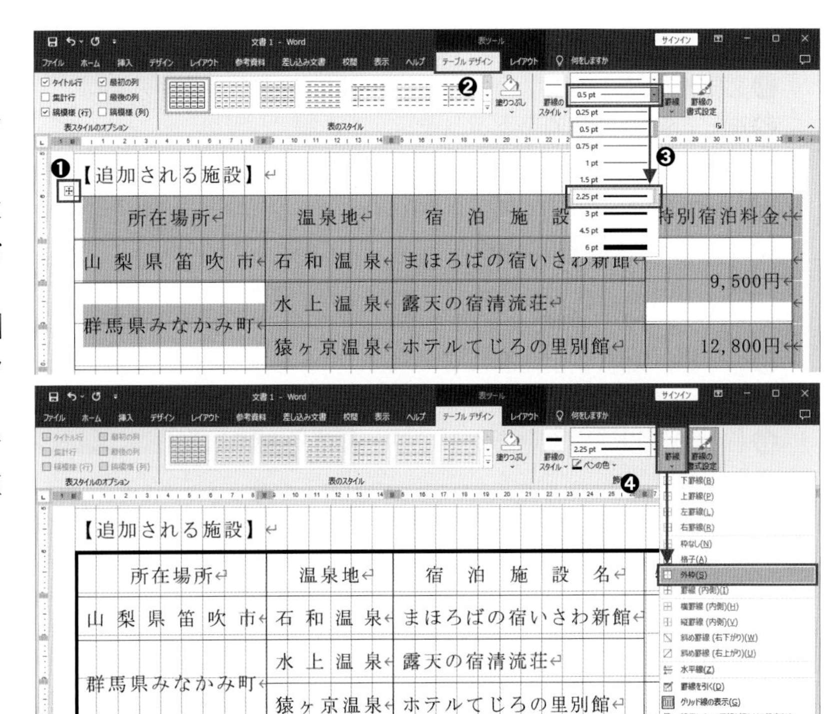

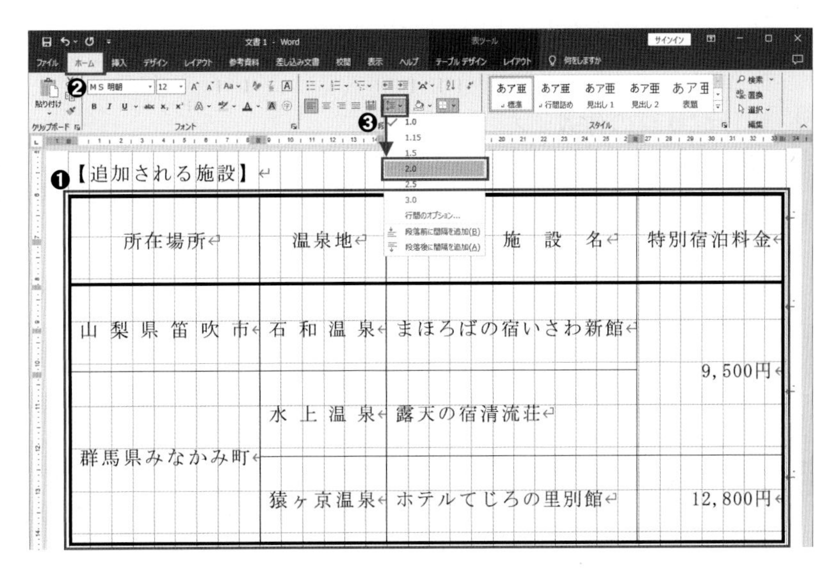

13 罫線の線種変更

❶表全体を選択します。
❷［表ツール］の［テーブル デザイン］タブをクリックします。
❸［飾り枠］グループの［ペンの太さ］をクリックし、［2.25 pt］をクリックします。
❹［飾り枠］グループの［罫線▼］をクリックし、［外枠］をクリックします。
❺同じように、項目名や所在場所の範囲を選択して、罫線の線種を変更します。

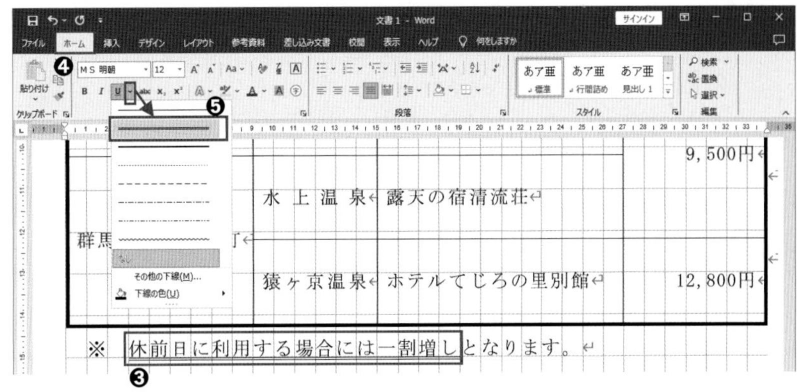

14 罫線の行間変更

❶表全体を選択します。
❷［ホーム］タブをクリックします。
❸［段落］グループの［行と段落の間隔］をクリックし、［2.0］をクリックします。

15 記号と文字の入力・編集（二重下線）

❶記号は以下の文字で変換すると表示することができます。

「まる」　→○◎●
「しかく」　→□■◇◆
「さんかく」→△▲▽▼
「ほし」　→☆★※＊

❷記号から先の文字を入力します。
❸二重下線を引く文字列をドラッグします。
❹［ホーム］タブをクリックします。
❺［フォント］グループの［下線▼］の▼部分をクリックし、二重下線をクリックします。

16 文字の入力・編集（ルビ・右寄せ（右揃え））

❶文字を入力します。
❷ルビを振る文字列をドラッグします。
❸[ホーム]タブをクリックします。
❹[フォント]グループの[ルビ]をクリックすると、[ルビ]ダイアログボックスが表示されます。
❺[ルビ]の欄に指示されている読み方を入力します。
❻右下の[ＯＫ]ボタンをクリックします。
❼[段落]グループの[右寄せ]をクリックします。

補足説明　16　ルビのエラー
○使用環境によってルビの入力が正しくできない場合があります。
○このような場合には、正しい入力ができていると確認できた場合にはエラーとはなりません。あわてず正確に入力しましょう。

17 切り取り線の作成

❶「・・・・・・・・・・・切　り　取　り　線・・・・・・・・・・・」と入力します。
❷行全体を選択します。
❸[ホーム]タブをクリックします。
❹[段落]グループの[均等割り付け]をクリックします。

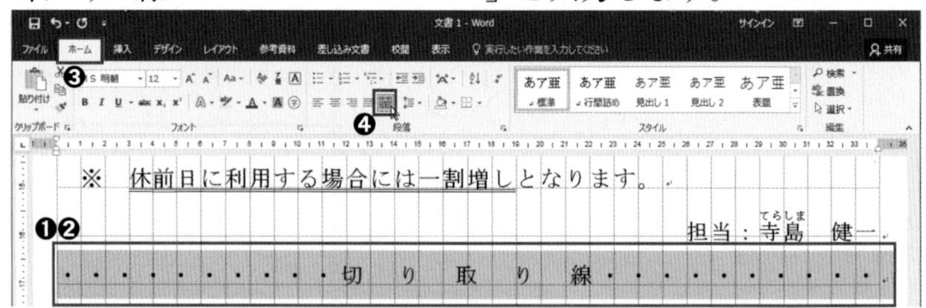

18 文字の入力・編集（横２００％・囲み線・センタリング（中央揃え））

❶文字を入力します。
❷文字列をドラッグします。
❸[ホーム]タブをクリックします。
❹[段落]グループの[拡張書式]をクリックし、[文字の拡大/縮小]の[200%]までマウスカーソルを移動させ、クリックします。
❺[フォント]グループの[囲み線]をクリックします。
❻[段落]グループの[中央揃え]をクリックします。

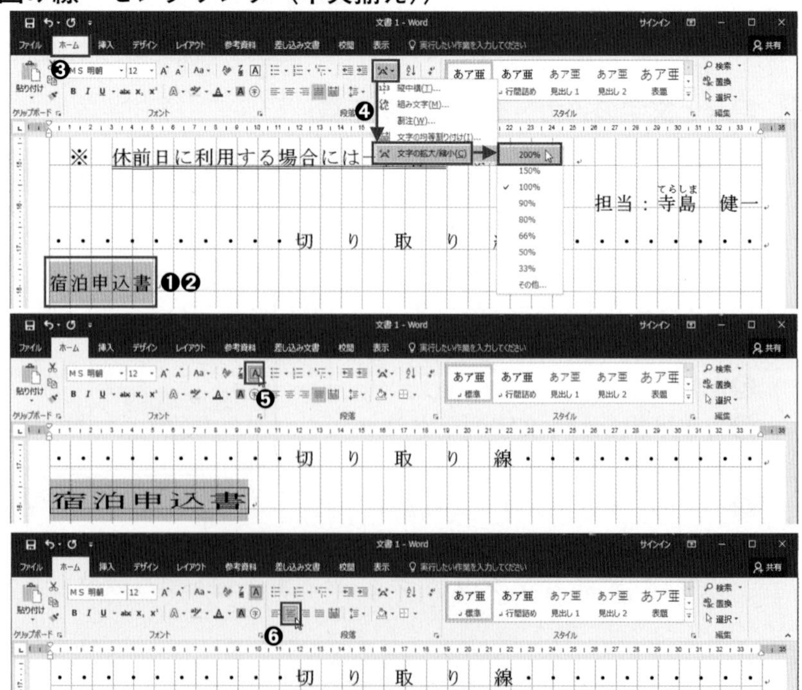

19 **文字の入力**

●文字を入力します。

20 **２表目（下表）の作成**

●4～14と同じ手順で表の挿入や編集、入力を行います。

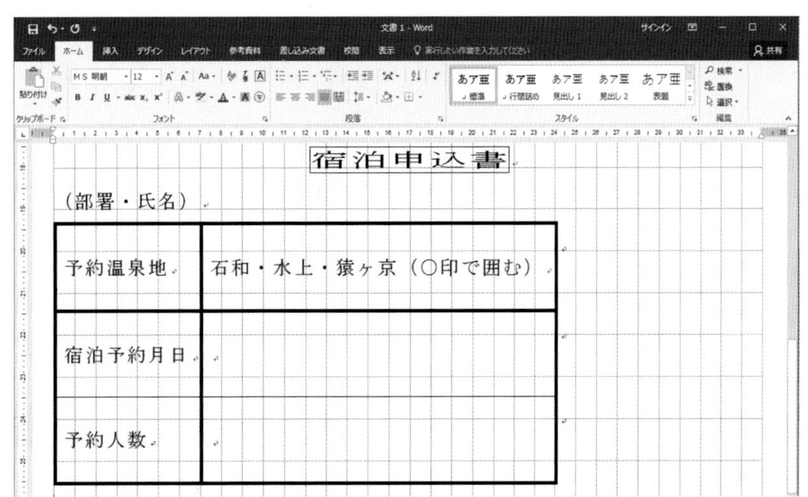

21 **２表目（下表）のセンタリング**

❶表全体を選択します。

❷［ホーム］タブをクリックします。

❸［段落］グループの［中央揃え］をクリックします。

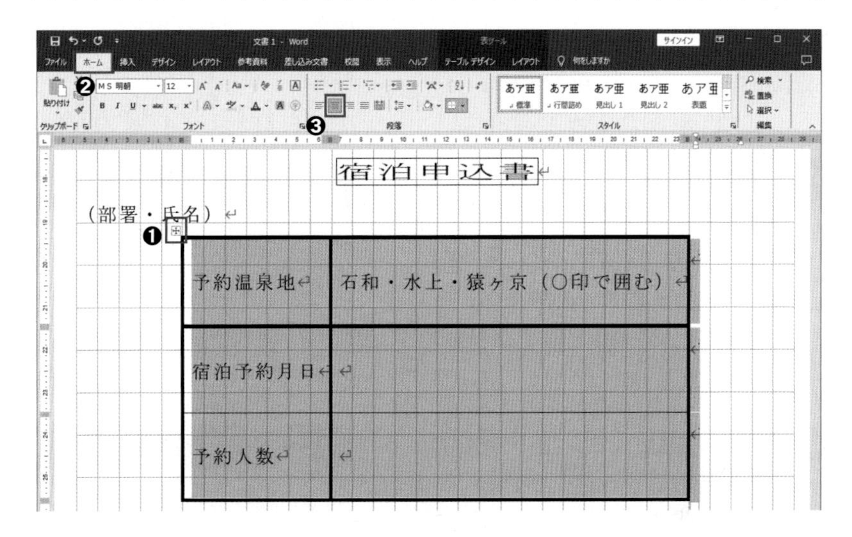

22 **記号と文字の入力・編集（網掛け・校正記号による校正（入れ替え））**

❶記号を入力します。

「しかく」　→□■◇◆

❷「厚生福利」を「福利厚生」に入れ替えて、記号から先の文字を入力します。

❸網掛けを設定する文字列をドラッグします。

❹［ホーム］タブをクリックします。

❺［フォント］グループの［文字の網掛け］をクリックします。

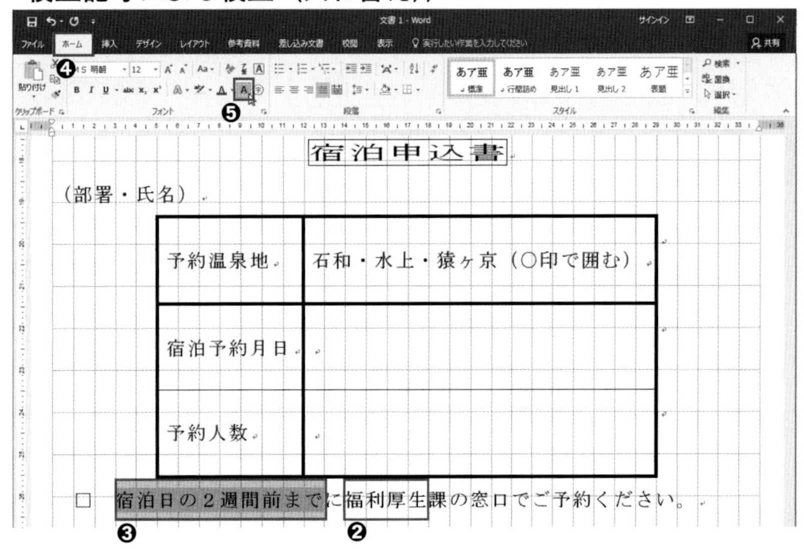

1．標題の作成

＜問題見本＞

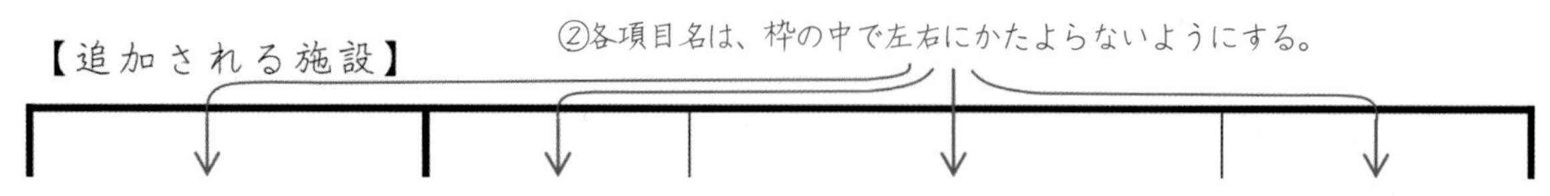

宿泊あっせんのお知らせ
①フォントサイズは24ポイントで、一重下線を引き
センタリングすること。
下記の3つの宿泊施設が9月から新たに追加されます。12月20日まで
ゴ
は、特別料金で利用できますので、ぜひご活用ください。
【追加される施設】
②各項目名は、枠の中で左右にかたよらないようにする。

1 標題の入力

●標題の文字を入力します。

2 標題のフォントサイズ変更

❶標題の文字をドラッグします。

❷［ホーム］タブをクリックします。

❸［フォント］グループの［フォントサイズ］の［▼］をクリックし、［24］をクリックします。

3 標題の編集（一重下線）

●標題の文字を2で選択したままの状態で、［フォント］グループの［下線▼］の▼部分をクリックし、一重下線をクリックします。

4 標題の編集（センタリング）

●標題の文字を2で選択したままの状態で、［段落］グループの［中央揃え］をクリックします。

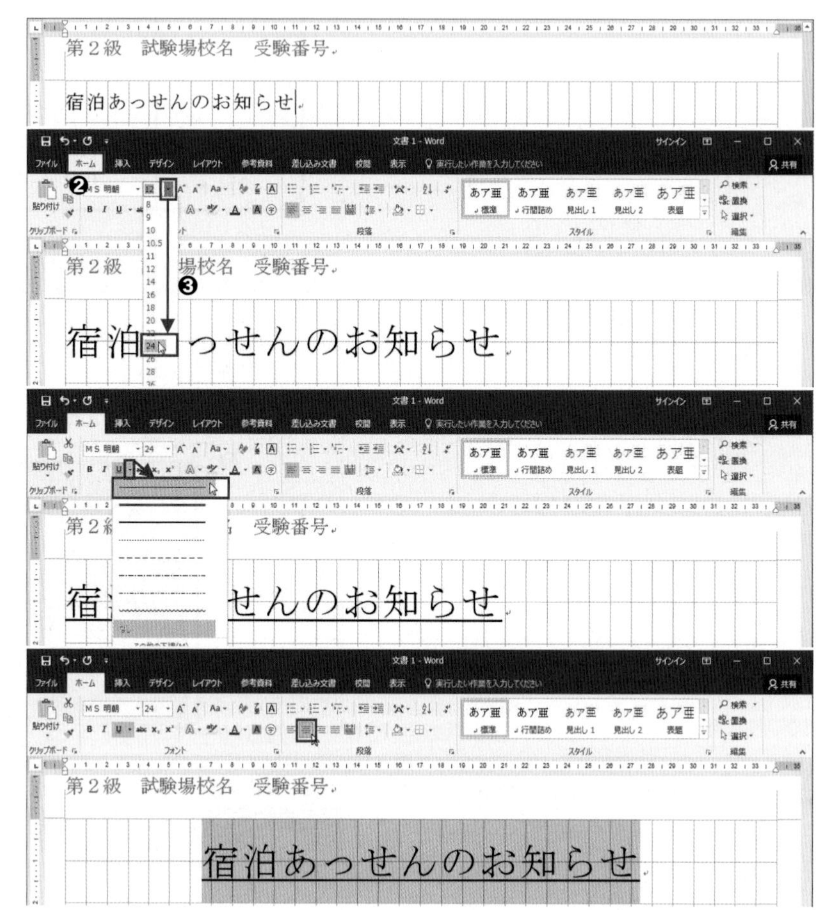

2．標題以外のオブジェクトの貼り付け

＜問題見本＞

（部署・氏名）　②と同じ。

予約温泉地	石和・水上・猿ヶ京（○印で囲む）
宿泊予約日	
宿泊人数	

③と同じ。

オブジェクト（写真）の挿入位置

1 オブジェクト（写真）の挿入

❶写真を挿入する位置にカーソルを合わせます。

※表の上の行が挿入位置です。

❷［挿入］タブをクリックします。

❸［図］グループの［画像］をクリックします。

❹［このデバイス］をクリックすると、［図の挿入］ダイアログボックスが表示されます。

❺挿入したいオブジェクトが保存されているフォルダを選択します。

❻挿入したいオブジェクトのファイルをクリックし、右下の［挿入］ボタンをクリックします。

※画像が行内に挿入されるため、文書のレイアウトが乱れてしまいます。（右図）

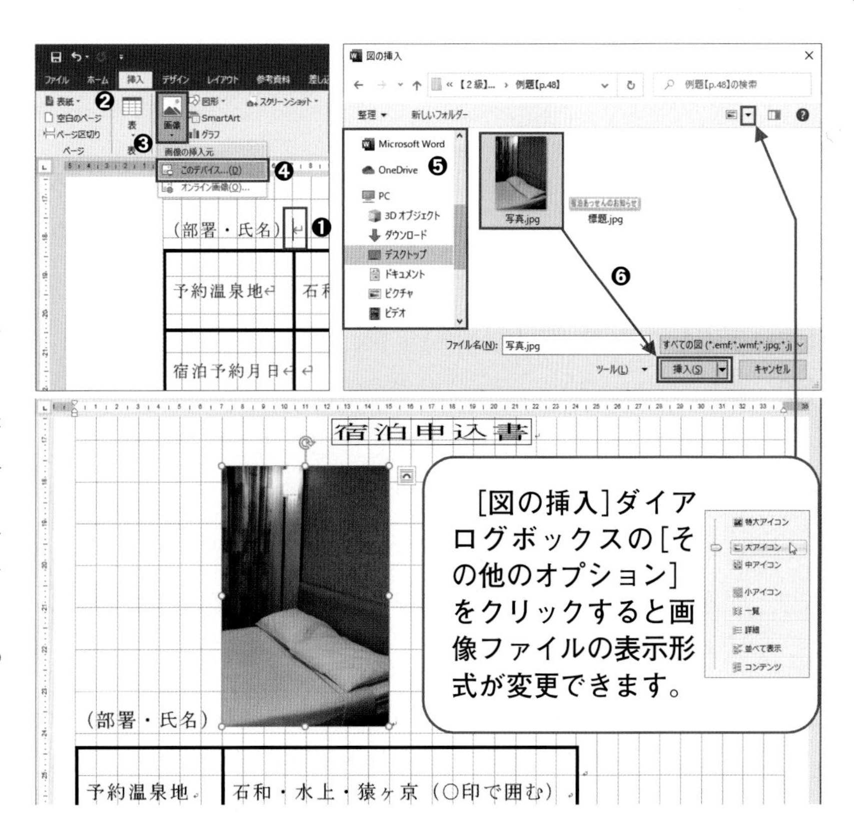

2 文字列の折り返しの設定

❶ 1 で挿入したオブジェクトを選択すると［図ツール］が表示されます。

❷［図ツール］の［書式］タブをクリックします。

❸［配置］グループの［文字列の折り返し］をクリックし、［前面］をクリックします。

※表の上にオブジェクトが重なります。

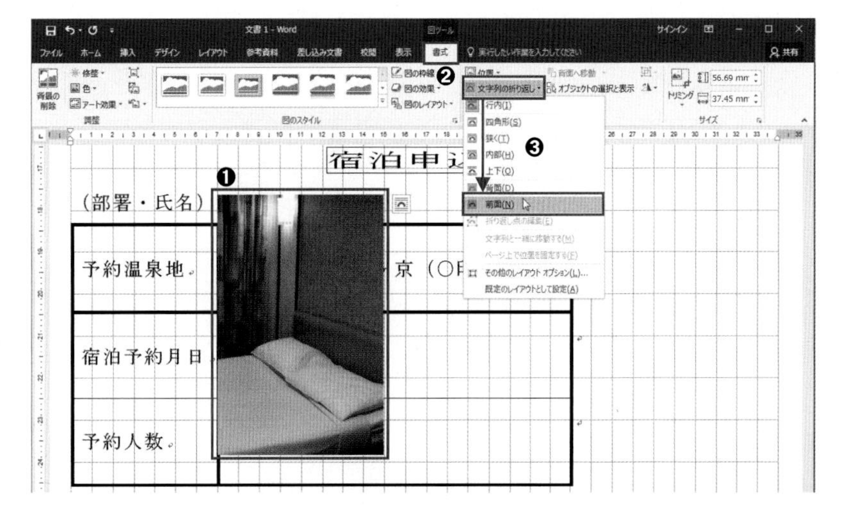

3 オブジェクトの移動

❶オブジェクト上でドラッグをすると、マウスの動きに合わせてオブジェクトが移動します。

❷問題で指示された場所にオブジェクトを移動させます。

※Altキーを押しながらドラッグすると、グリッド線に関係なく細かく動かすことができます。

※オブジェクトのサイズを変更する必要はありません。

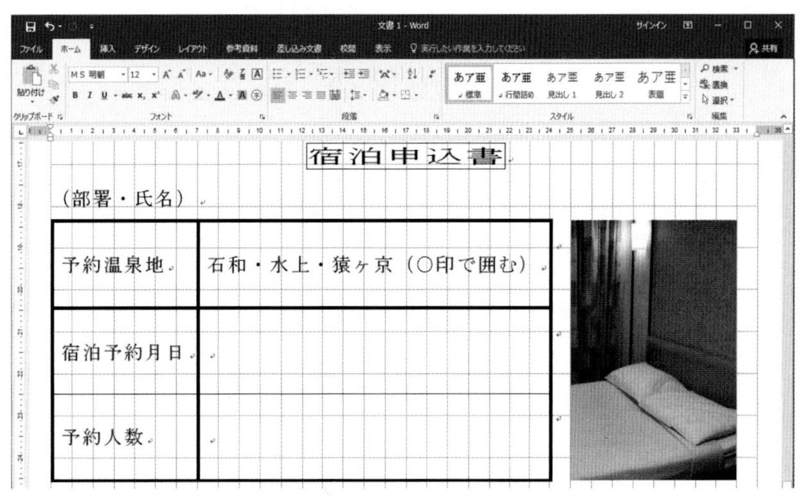

1回 （制限時間　15分）

【書式設定】余白は上下左右それぞれ25㎜。指示のない文字のフォントは、明朝体の全角で入力し、サイズは12ポイントに統一。プロポーショナルフォントは使用不可。１行37字（問題文は１ページ25行で作成されていますが、解答にあたっては、行数を調整すること）。

【注意事項】ヘッダーに左寄せで年組、番号、氏名を入力する。

【問　題】

次の指示に従い、右のような文書を作成しなさい。

【指　示】

1．右の問題文を校正記号に従って入力すること。
2．問題文に合った標題のオブジェクトを、用意されたフォルダなどから選び、指示された位置に挿入しセンタリングすること。
3．表は、行頭・行末を越えずに作成し、行間は、2.0とすること。
4．罫線は、右の表のように太実線と細実線とを区別すること。
5．表の枠内の文字は１行で入力し、上下のスペースが同じであること。
6．表内の「講座名」、「曜日」、「時間」、「特別講座料」は下の資料を参照して作成すること。

資料

講座内容

コース	講　座　名	時　間	曜　日
1	高齢者のための陶芸	13～15時	毎金曜日
2	てびねりではじまる陶芸入門	15～17時	毎金曜日
3	趣味の器づくり	13～17時	第2土曜日
4	楽しい花瓶づくり	13～17時	第3土曜日

トル

特別講座料

コース	特別講座料
1	9,500円
2・3	18,000円

7．表内の「特別講座料」の数字は、明朝体の半角で入力し、３桁ごとにコンマを付けること。
8．切り取り線「・・・・・・」の部分は、行頭、行末を越えないように作成すること。また、「申込用紙」の表より短くしないこと。
9．切り取り線には、右の問題文のように「切　り　取　り　線」の文字を入力し、センタリングすること。
10．「申込用紙」の表は、センタリングすること。
11．①～⑥の処理を行うこと。
12．右の問題文にない空白行を入れないこと。

オブジェクト（標題）の挿入・センタリング

近頃ブームの楽しい陶芸教室（コース3か月）を開きます。初めて陶芸を学ぼうとする方、基礎からしっかりと身につけたい方に最適です。てびねりからロクロづくりまで学ぶことができます。初心者の方もお気軽にお越しください。

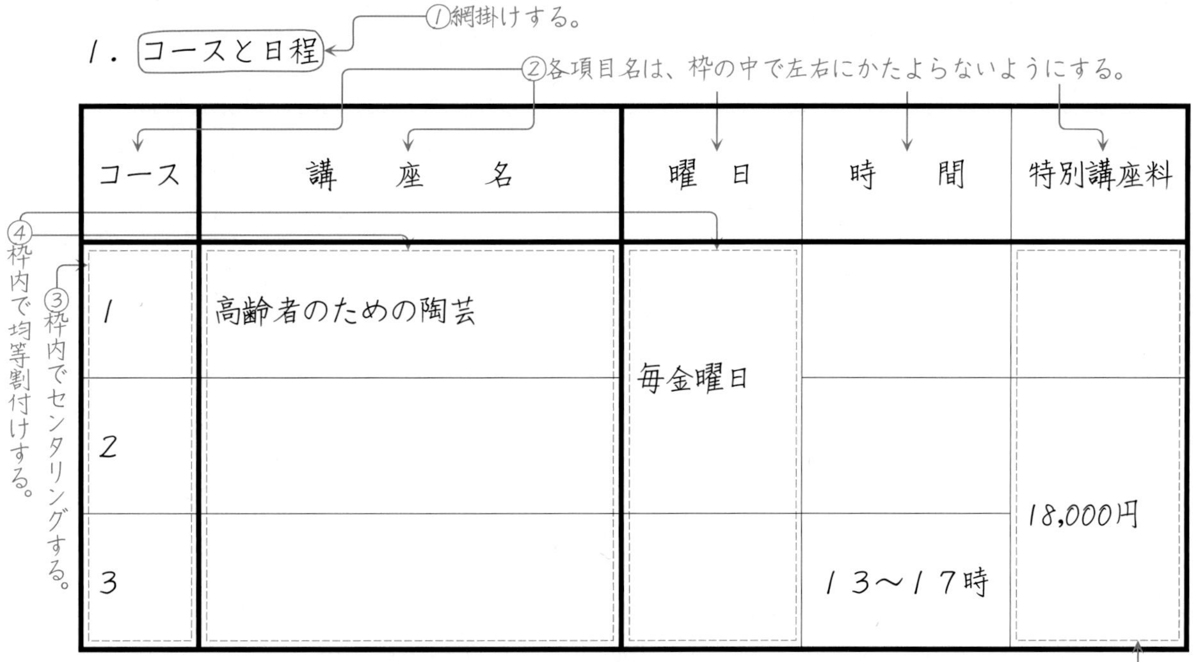

①網掛けする。
②各項目名は、枠の中で左右にかたよらないようにする。
④枠内で均等割付けする。
③枠内でセンタリングする。

1．コースと日程

コース	講　座　名	曜　日	時　間	特別講座料
1	高齢者のための陶芸	毎金曜日		
2				18,000円
3			13～17時	

＊　ＴＶでもご活躍の脇阪（わきさか）先生にご指導いただきます。

⑤右寄せする。
⑥明朝体のひらがなでルビをふる。

・・・・・・・・・・・・・・・切　り　取　り　線・・・・・・・・・・・・・・

◇　申込用紙

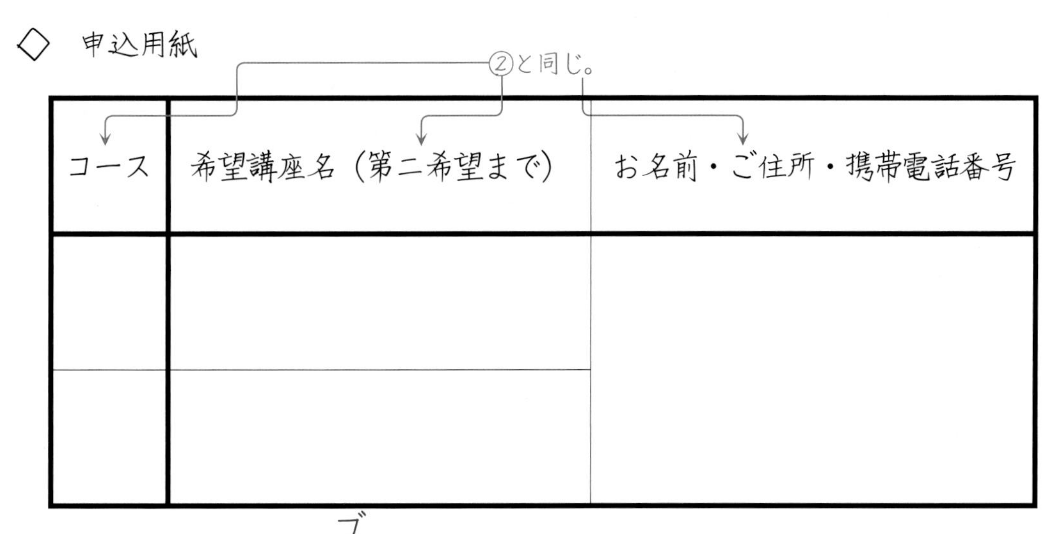

②と同じ。

コース	希望講座名（第二希望まで）	お名前・ご住所・携帯電話番号

中央趣味教室　ＴＥＬ０２１０－８９２－７６４（ゴ）

☆書 式 設 定→本誌Ｐ．4
☆試験の流れ→本誌Ｐ．51

解答→本誌Ｐ．62

1回　解答

審査は、模範解答と審査基準、審査表をもとに審査箇所方式で行い、合格基準は70点以上です。

審査箇所は①～⑳の20箇所　各５点です。

■審査基準

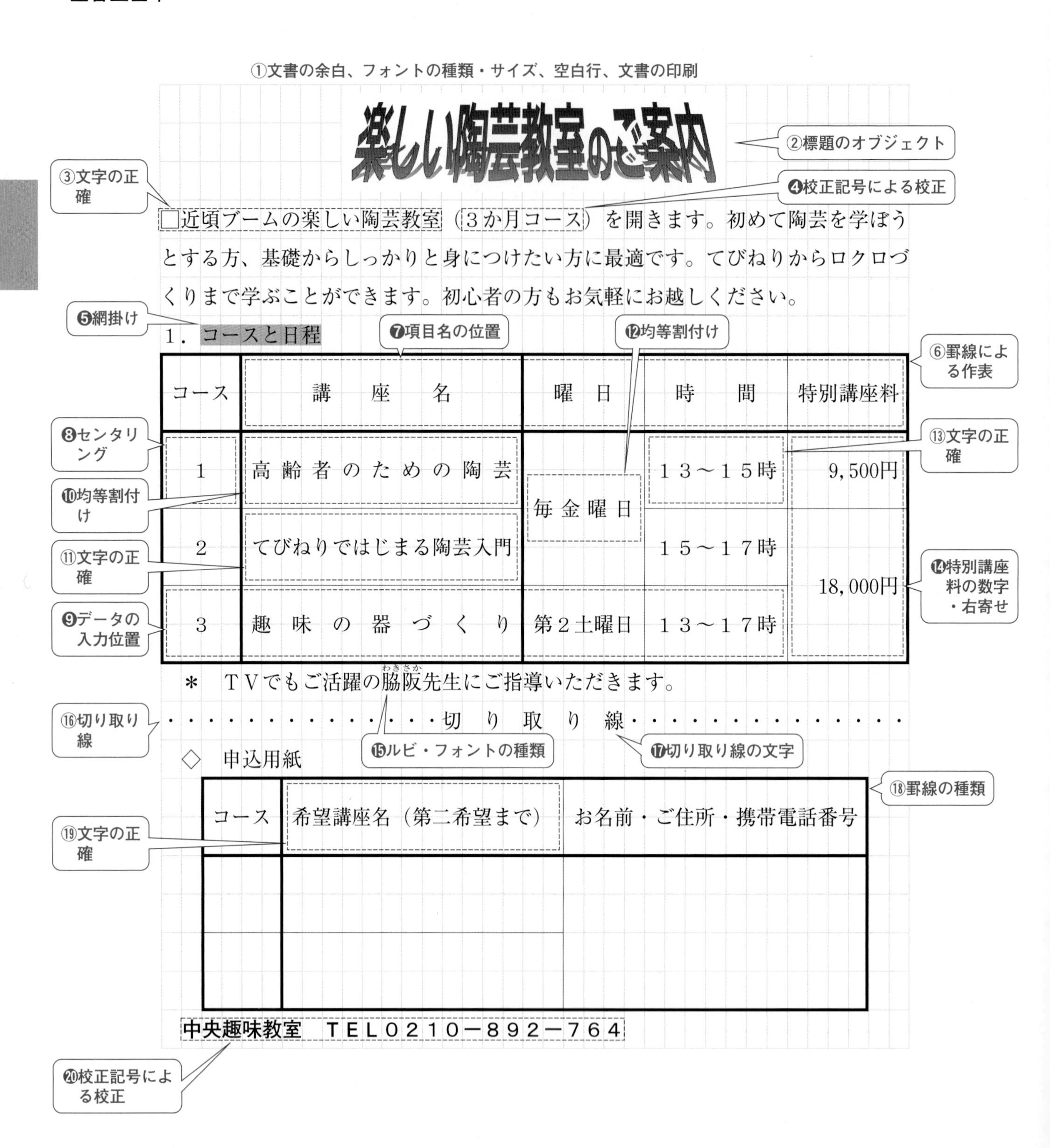

問題→本誌Ｐ.60

■審査表

※　審査箇所以外は、文字の正確エラーや編集エラーがあってもエラーにはならない。

※　白抜き番号（❹など）の審査箇所に未入力文字・誤字・脱字・余分字などのエラーが一つでもあれば、当該項目は不正解とする。

番号	審査項目	審　査　基　準	点　数
①	文書の余白	余白が上下左右それぞれ20㎜以上30㎜以下となっていない場合はエラーとする。 ※ただし、下余白については30㎜を超えても35㎜以下であれば許容とする。	全体で５点
	フォントの種類・サイズ	審査箇所で指示のない文字は、フォントの種類が明朝体の全角で、サイズは12ポイントに統一されていること。	
	空白行	右の問題文にない１行を超えた空白行がある場合はエラーとする。	
	文書の印刷	逆さ印刷・裏面印刷・審査欄にかかった印刷・複数ページにまたがった印刷・破れ印刷など、本人による印刷ミスがある場合はエラーとする。	
②	オブジェクト（標題の挿入）・センタリング	審査基準のように標題が体裁よく指示された場所に挿入され、センタリングされていること。	５点
③ ⑪ ⑬ ⑲	文字の正確	③⑪⑬⑲の箇所の文字が、正しく入力されていること。	１箇所５点
❹ ⓴	校正記号による校正	❹が指示のとおりに校正されていること。	５点
		⓴が指示のとおりに校正されていること。	５点
❺	網掛け	指示された文字のみが網掛けされていること。	５点
⑥	罫線による作表	「コースと日程」の表が、審査基準のように罫線により４行５列で、行頭・行末を越えずに行間２で作成されていること。表内の文字は１行で入力され、上下のスペースが同じであること。	５点
❼	項目名の位置	「コースと日程」の表の「講座名」「曜日」「時間」「特別講座料」は、枠内における左右のスペースが同じであること。	５点
❽	１のセンタリング	「１」が枠内でセンタリングされていること。	５点
❾	データの入力位置	「３」のデータが左から「コース」「講座名」「曜日」「時間」の順に並んでいること。	５点
❿	高齢者のための陶芸の均等割付け	「高齢者のための陶芸」が枠内で均等割付けされていること。	５点
⓬	毎金曜日の均等割付け	「毎金曜日」が枠内で均等割付けされていること。	５点
⓮	特別講座料の数字・右寄せ	「特別講座料」の数字は明朝体の半角で、サイズは12ポイントで、３桁ごとにコンマが付き、右寄せされていること。	５点
⓯	ルビ	「脇阪」の文字に明朝体のひらがなでルビがふられていること。	５点
⑯	切り取り線	切り取り線「・・・・・」が作成され、文字に重ならないこと。	５点
⓱	切り取り線の文字	「切り取り線」の文字が均等に配置され、センタリングされていること。	５点
⑱	罫線の種類	「申込用紙」の表が、審査基準のように罫線の種類が太実線と細実線で引かれていること。	５点

＊　「□」は審査箇所であり、スペース１文字分とする。

＊　左右半角１文字分までのずれは許容する。

2回 （制限時間　15分）

【書式設定】余白は上下左右それぞれ25㎜。指示のない文字のフォントは、明朝体の全角で入力し、サイズは12ポイントに統一。プロポーショナルフォントは使用不可。１行35字（問題文は１ページ23行で作成されていますが、解答にあたっては、行数を調整すること）。

【注意事項】ヘッダーに左寄せで年組、番号、氏名を入力する。

【問　題】

次の指示に従い、右のような文書を作成しなさい。

【指　示】

1．右の問題文を校正記号に従って入力すること。
2．表は、行頭・行末を越えずに作成し、行間は、2.0とすること。
3．罫線は、右の表のように太実線と細実線とを区別すること。
4．表の枠内の文字は１行で入力し、上下のスペースが同じであること。
5．表内の「品番」、「商品」、「数量」、「セール価格」、「冷蔵便送料」は下の資料を参照して作成すること。

資料

果実

品　　番	商　　品	数　　量	セール価格	冷蔵便送料
ＰＱ－Ｌ６９７	北の大地過日ゼリー	１０個	3,000円	送料込
ＣＦ５－Ｋ５１	夕張メロン	２個入り	6,000円	1,000円
ＭＳＢ－３５４	旭川ラーメン	１２食	3,000円	送料込
ＤＮＦ４－２４	活毛ガニ	３尾３ｋｇ	16,800円	1,800円
ＲＰＮ－５７８	味付ジンギスカン	３５０ｇ	4,500円	送料込
ＨＰＭ４－９６	たらばがに足	２肩２．５ｋｇ	16,800円	1,800円

6．表内の「セール価格」、「冷蔵便送料」の数字は、明朝体の半角で入力し、３桁ごとにコンマを付けること。
7．出題内容に合ったイラストのオブジェクトを、用意されたフォルダなどから選び、指示された位置に挿入すること。ただし、適切な大きさで、他の文字や線などにかからないこと。
8．①～⑦の処理を行うこと。
9．右の問題文にない空白行を入れないこと。

味の小包・北海道版 ←①フォントサイズは３６ポイントで、センタリングする。

今月の「味の小包」は、北海道から直送のこだわりの商品をお届けします。（ゴ）

ぜひ、この機会をご利用ください。

１．今月のおすすめ ←②文字を線で囲む。

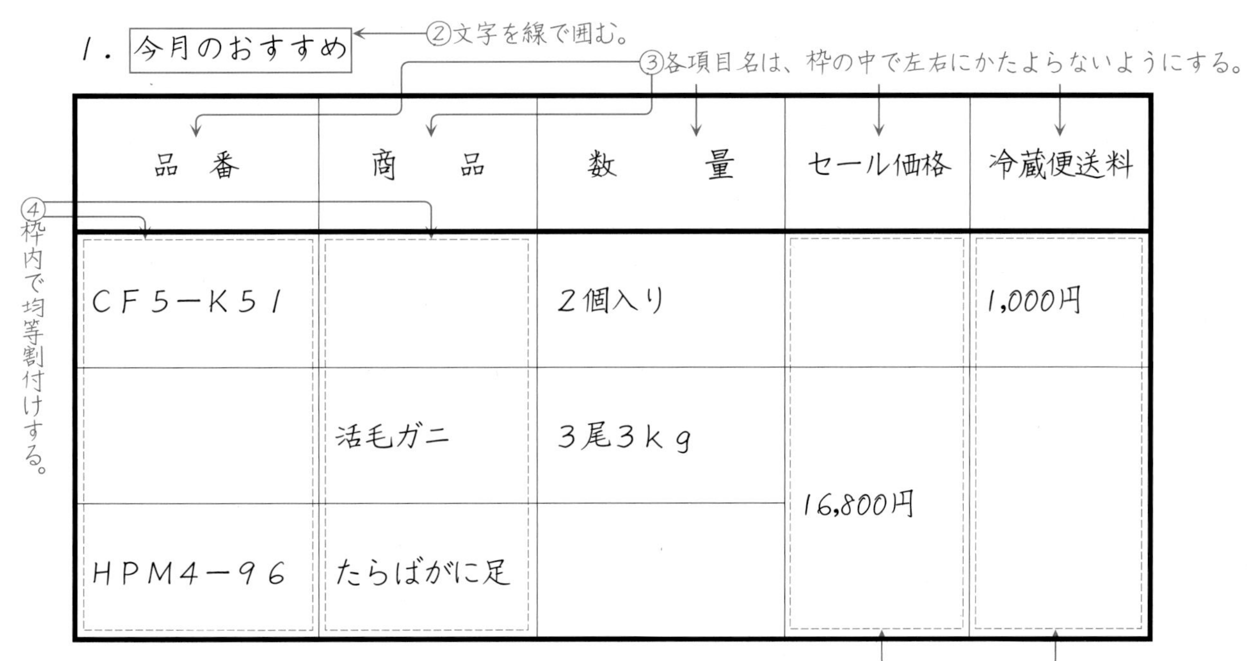

③各項目名は、枠の中で左右にかたよらないようにする。
④枠内で均等割付けする。
⑤右寄せする。

品　番	商　　品	数　　量	セール価格	冷蔵便送料
ＣＦ５－Ｋ５１		２個入り		1,000円
	活毛ガニ	３尾３ｋｇ	16,800円	
ＨＰＭ４－９６	たらばがに足			

＊　金額は消費税込みの価格です。送料は全国一律です。

２．人気の商品 ←②と同じ。

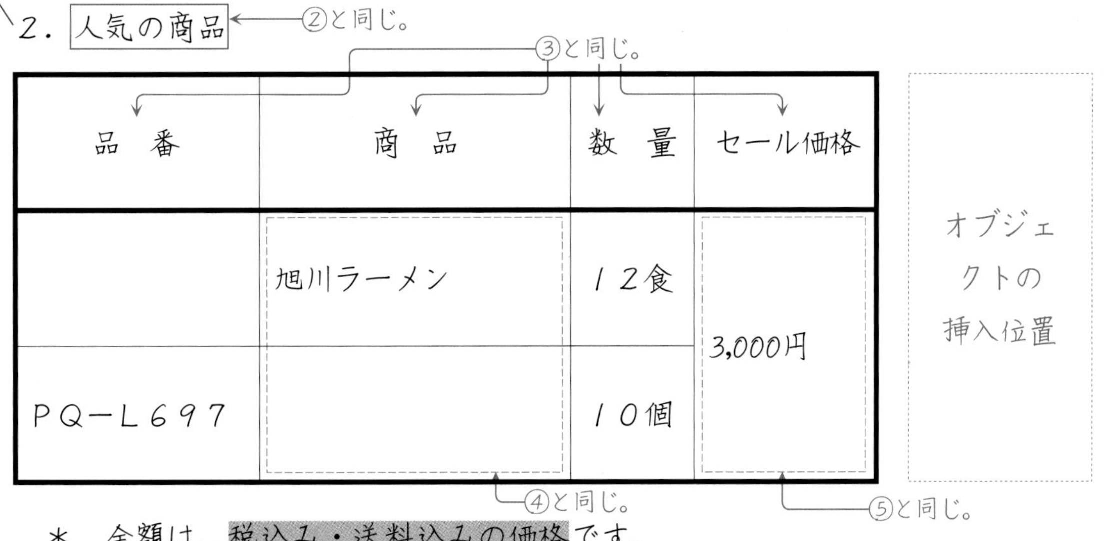

③と同じ。
オブジェクトの挿入位置
④と同じ。
⑤と同じ。

品　番	商　品	数　量	セール価格
	旭川ラーメン	１２食	3,000円
ＰＱ－Ｌ６９７		１０個	

＊　金額は、税込み・送料込みの価格です。 ←⑥網掛けする。

国縫物産（クンヌイ）　電話０１５０－２８－５９６２

←⑦明朝体のカタカナでルビをふり、右寄せする。

解答→別冊①Ｐ．２

3回 （制限時間　15分）

【書式設定】余白は上下左右それぞれ25㎜。指示のない文字のフォントは、明朝体の全角で入力し、サイズは12ポイントに統一。プロポーショナルフォントは使用不可。１行35字（問題文は１ページ22行で作成されていますが、解答にあたっては、行数を調整すること）。

【注意事項】ヘッダーに左寄せで年組、番号、氏名を入力する。

【問　題】

次の指示に従い、右のような文書を作成しなさい。

【指　示】

1．右の問題文を校正記号に従って入力すること。
2．表は、行頭・行末を越えずに作成し、行間は、2.0とすること。
3．罫線は、右の表のように太実線と細実線とを区別すること。
4．表の枠内の文字は１行で入力し、上下のスペースが同じであること。
5．表内の「商品の特長」、「特別販売価格」は下の資料を参照して作成すること。

資料

商品名・金額

商　品　名	特別販売価格
粉末寒天	3,150円
Ｌ－オルニチン	3,675円
コエンザイムＱ１０	4,200円
熟成香酢	1,890円
ジュアールティＳＰ	3,360円
~~スティック蜂蜜青汁~~	~~5,670円~~

トル

商品名・商品の特長

商　品　名	商　品　の　特　長
粉末寒天	食物繊維が多く、ダイエットにも最適
Ｌ－オルニチン	過剰な体脂肪の燃焼を助ける働き
コエンザイムＱ１０	毎日の美容と健康に役立ちます

6．表内の「特別販売価格」の数字は、明朝体の半角で入力し、３桁ごとにコンマを付けること。
7．出題内容に合ったイラストのオブジェクトを、用意されたフォルダなどから選び、指示された位置に挿入すること。ただし、適切な大きさで、他の文字や線などにかからないこと。
8．①～⑧の処理を行うこと。
9．右の問題文にない空白行を入れないこと。

健康なカラダ作りのご案内 ←①フォントサイズは２８ポイントで、センタリングする。

（習慣）
偏った食生活や運動不足による生活週間病の予防に役立つよう工夫された、

特定保健用食品を笛吹（うずしき）商店がお届けします。←②明朝体のひらがなでルビをふる。

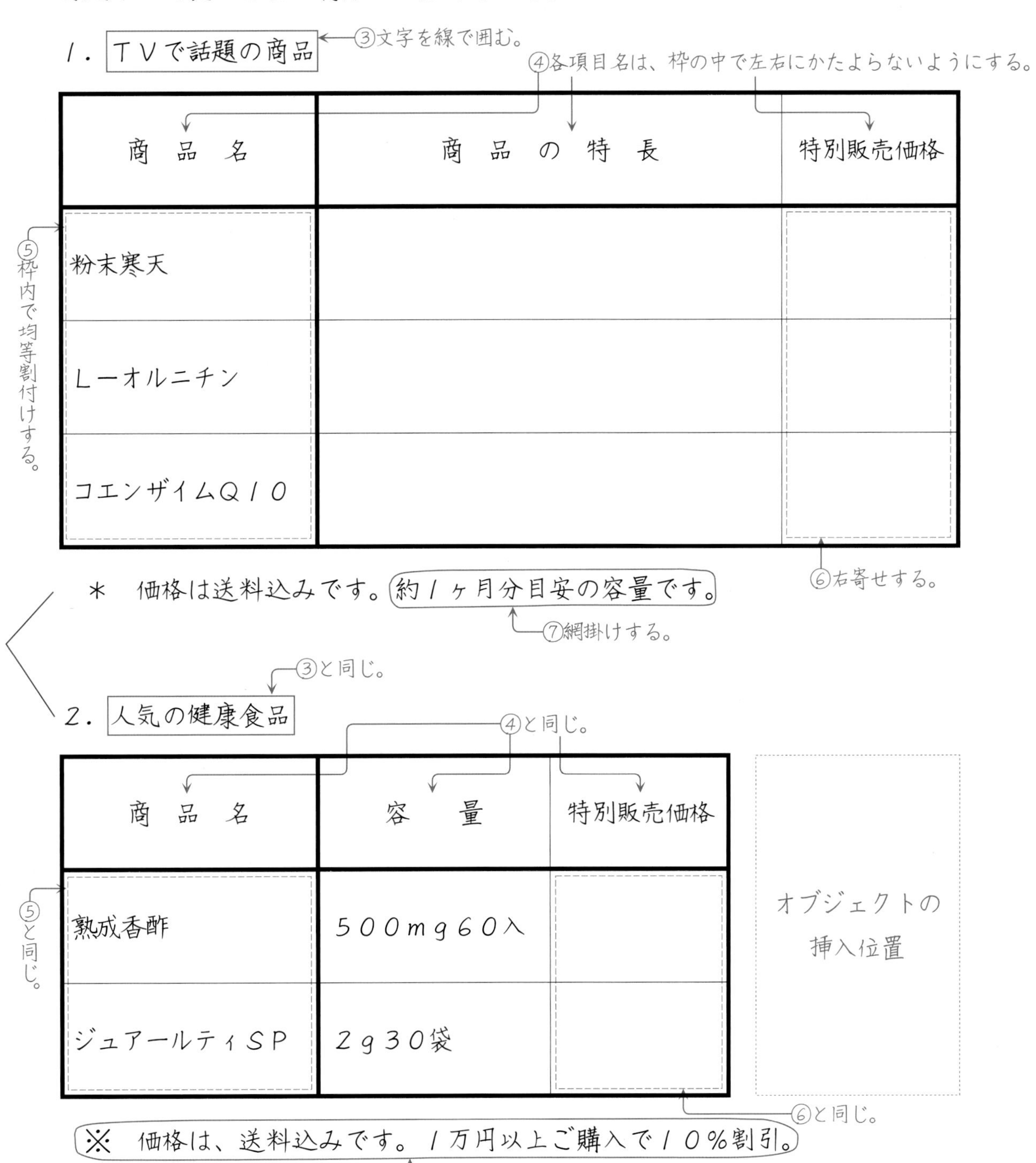

１．TVで話題の商品 ←③文字を線で囲む。

④各項目名は、枠の中で左右にかたよらないようにする。

商品名	商品の特長	特別販売価格
粉末寒天		
Ｌ－オルニチン		
コエンザイムＱ１０		

⑤枠内で均等割付けする。

⑥右寄せする。

＊　価格は送料込みです。約１ヶ月分目安の容量です。

⑦網掛けする。

③と同じ。

２．人気の健康食品

④と同じ。

商品名	容量	特別販売価格
熟成香酢	５００ｍｇ６０入	
ジュアールティＳＰ	２ｇ３０袋	

⑤と同じ。

オブジェクトの挿入位置

⑥と同じ。

※　価格は、送料込みです。１万円以上ご購入で１０％割引。

⑧斜体文字にする。

4回 （制限時間　15分）

【書式設定】 余白は上下左右それぞれ25㎜。指示のない文字のフォントは、明朝体の全角で入力し、サイズは12ポイントに統一。プロポーショナルフォントは使用不可。１行37字（問題文は１ページ25行で作成されていますが、解答にあたっては、行数を調整すること）。

【注意事項】 ヘッダーに左寄せで年組、番号、氏名を入力する。

【問　題】

次の指示に従い、右のような文書を作成しなさい。

【指　示】

1．右の問題文を校正記号に従って入力すること。
2．表は、行頭・行末を越えずに作成し、行間は、2.0とすること。
3．罫線は、右の表のように太実線と細実線とを区別すること。
4．表の枠内の文字は１行で入力し、上下のスペースが同じであること。
5．表内の「特色」、「料金（税込）」は下の資料を参照して作成すること。

資料

自然遺産	特　色	料金（税込）
白神山地	世界最大級規模の原生的なブナ天然林	87,600円
小笠原諸島	日本が誇れる東洋のガラパゴス	158,700円
屋久島	推定で樹齢３０００年以上という縄文杉が有名	134,800円

6．表内の「料金（税込）」の数字は、明朝体の半角で入力し、３桁ごとにコンマを付けること。
7．出題内容に合った画像のオブジェクトを、用意されたフォルダなどから選び、指示された位置に挿入すること。ただし、適切な大きさで、他の文字や線などにかからないこと。
8．①～⑦の処理を行うこと。
9．右の問題文にない空白行を入れないこと。

世界自然遺産ツアー ←①フォントサイズは３６ポイントのゴシック体で、センタリングする。

２０１１年６月に、小笠原諸島が国内で４番目になる世界自然遺産の登録を受けました。

そこで、「自然を学ぶ」ツアー参加者を募集しています。

１．特選ツアー ←②文字を線で囲む。

③各項目は枠の中でかたよらないようにする。

自然遺産	登録年月	特　　　色
屋久島	１９９３年１２月	
白神山地		
小笠原諸島	２０１１年　６月	

④枠内で均等割付けする。

※　各ツアーとも現地で、専門ガイド（自然解説員）が同行します。

⑤網掛けする。

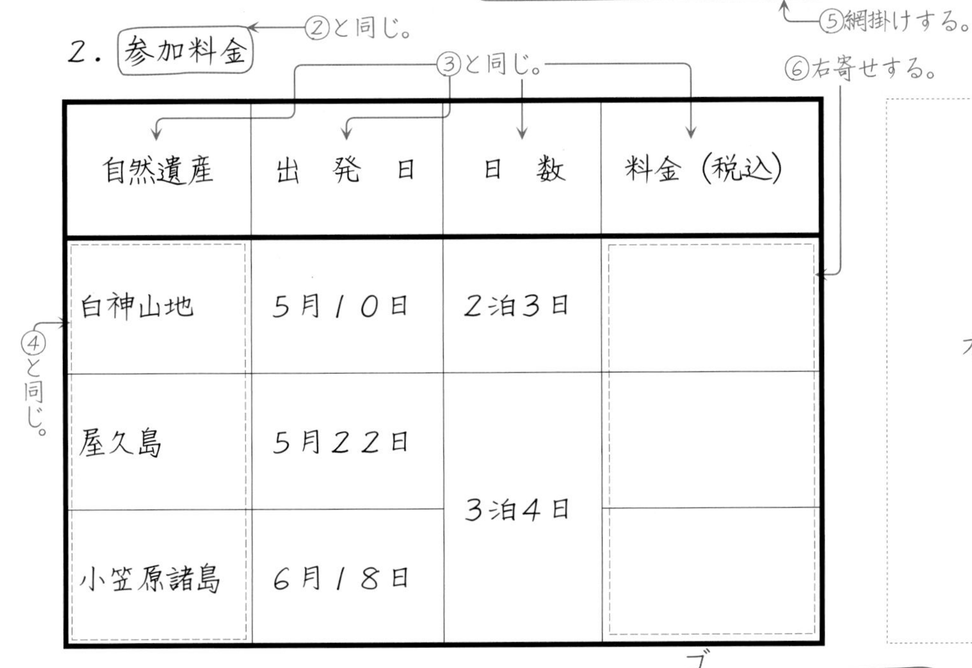

２．参加料金 ←②と同じ。

③と同じ。

⑥右寄せする。

自然遺産	出　発　日	日　数	料金（税込）
白神山地	５月１０日	２泊３日	
屋久島	５月２２日	３泊４日	
小笠原諸島	６月１８日		

④と同じ。

オブジェクトの挿入位置

◆　ネイチャーツアー　ＴＥＬ　０３－４２９７－１６５８

担当　山河（やまかわ）　恵子

←⑦明朝体のひらがなでルビをふり、右寄せする。

解答→別冊①Ｐ．４

5回 （制限時間　15分）

【書式設定】余白は上下左右それぞれ25㎜。指示のない文字のフォントは、明朝体の全角で入力し、サイズは12ポイントに統一。プロポーショナルフォントは使用不可。１行38字（問題文は１ページ25行で作成されていますが、解答にあたっては、行数を調整すること）。

【注意事項】ヘッダーに左寄せで年組、番号、氏名を入力する。

【問　題】

次の指示に従い、右のような文書を作成しなさい。

【指　示】

1．右の問題文を校正記号に従って入力すること。

2．表は、行頭・行末を越えずに作成し、行間は、2.0とすること。

3．罫線は、右の表のように太実線と細実線とを区別すること。

4．表の枠内の文字は１行で入力し、上下のスペースが同じであること。

5．表内の「年会員の金額」、「特典」、「利用限度額」、「機能内容」は下の資料を参照して作成すること。

資料

（種類）

種　　類	利用限度額	年会員の金額	特　　典
スルーカード	30万円	永年会員無料	リボ払いで利用ポイントが２倍
一般カード	50万円	1,312円	海外旅行と国内旅行の傷害保険付き
ゴールドカード	100万円	3,150円	海外旅行と国内旅行の傷害保険付き

（オプション）

オプション	機能内容
ＥＴＣカード	高速道路の料金所をノンストップ通行
Ａマイル	アジア航空のマイレージが貯まる
電子マネー	２万店以上で利用が可能

6．表内の「年会員の金額」、「利用限度額」の数字は、明朝体の半角で入力し、３桁ごとにコンマを付けること。

7．出題内容に合ったイラストのオブジェクトを、用意されたフォルダなどから選び、指示された位置に挿入すること。ただし、適切な大きさで、他の文字や線などにかからないこと。

8．①～⑥の処理を行うこと。

9．右の問題文にない空白行を入れないこと。

クレジット機能付加のご案内 ←①フォントサイズは２４ポイントで、文字を線で囲み、センタリングする。

今年度より、現在お持ちの会員カードにクレジット機能を負荷（→付加）することができるようになりました。詳細については、ガイドブックをご覧いただくか、当社の会員相談窓口までご連絡ください。

１．カードの種類

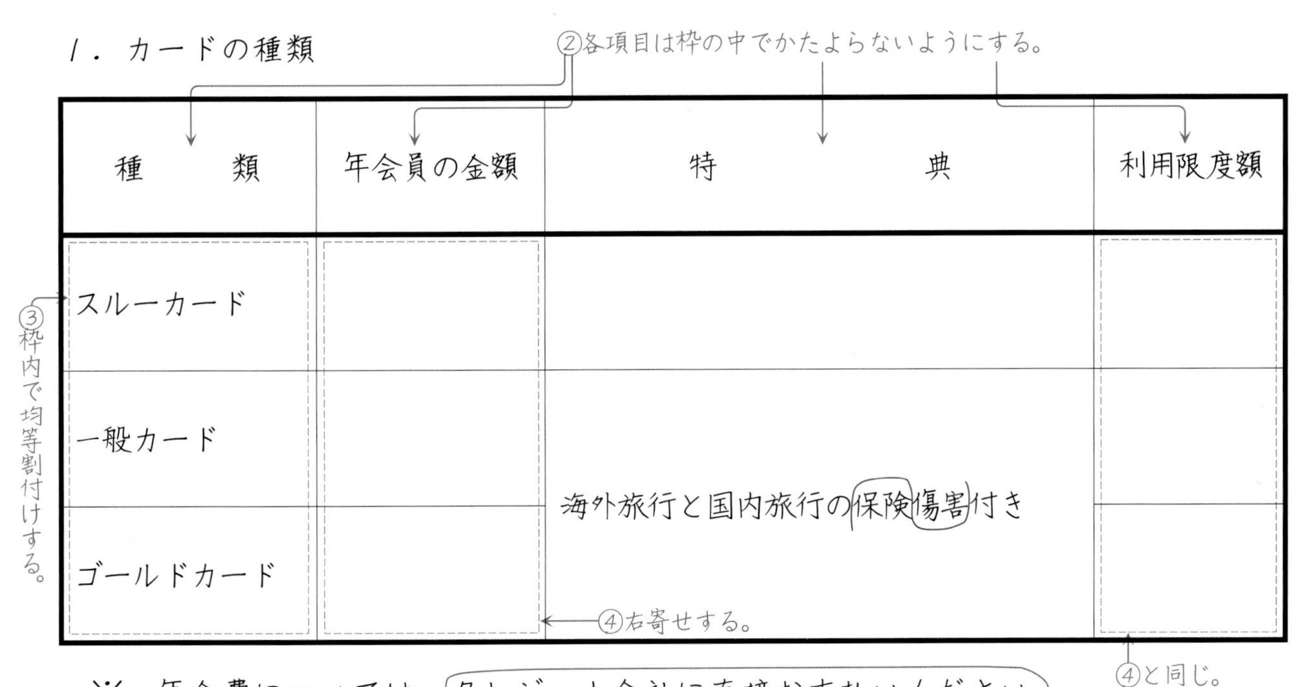

②各項目は枠の中でかたよらないようにする。
③枠内で均等割付けする。
④右寄せする。
④と同じ。

種　　類	年会員の金額	特　　　　典	利用限度額
スルーカード			
一般カード		海外旅行と国内旅行の保険傷害付き	
ゴールドカード			

※　年会費については、クレジット会社に直接お支払いください。 ←⑤網掛けする。

２．追加オプション

②と同じ。

オプション	機　能　内　容	申し込み
ＥＴＣカード	高速道路の料金所をノンストップ通行	必要
Ａマイル		
電子マネー	２万店以上で利用が可能	必要なし

③と同じ。

オブジェクトの挿入位置

○　会員窓口　ＴＥＬ　０２９０－６８－１８３４（ゴ）

担当　坂蒔（さかまき）　健二

←⑥明朝体のひらがなでルビをふり、右寄せする。

6回 （制限時間　15分）

【書式設定】余白は上下左右それぞれ25㎜。指示のない文字のフォントは、明朝体の全角で入力し、サイズは12ポイントに統一。プロポーショナルフォントは使用不可。１行35字（問題文は１ページ25行で作成されていますが、解答にあたっては、行数を調整すること）。

【注意事項】ヘッダーに左寄せで年組、番号、氏名を入力する。

【問　題】

次の指示に従い、右のような文書を作成しなさい。

【指　示】

1．右の問題文を校正記号に従って入力すること。
2．問題文に合った標題のオブジェクトを、用意されたフォルダなどから選び、指示された位置に挿入しセンタリングすること。
3．表は、行頭・行末を越えずに作成し、行間は、2.0とすること。
4．罫線は、右の表のように太実線と細実線とを区別すること。
5．表の枠内の文字は１行で入力し、上下のスペースが同じであること。
6．表内の「開催日」、「会場」、「月講座料金」は下の資料を参照して作成すること。

資料

講　座　名	開　催　日	会　場	月講座料金
暮らしの中のアロマオイル（オイル→トル）	毎週土曜日	第１研修室	6,000円
女性のためのフィットネス	第１・３水曜日	多目的ホール	10,500円
ストレスマネージメントヨガ	第１・３水曜日	カルチャー室	11,300円

7．表内の「月講座料金」の数字は、明朝体の半角で入力し、３桁ごとにコンマを付けること。
8．切り取り線「・・・・・・」の部分は、行頭、行末を越えないように作成すること。また、「講座申込用紙」の表より短くしないこと。
9．切り取り線には、右の問題文のように「キ　リ　ト　リ　セ　ン」の文字を入力し、センタリングすること。
10．「講座申込用紙」の表は、センタリングすること。
11．①～⑦の処理を行うこと。
12．右の問題文にない空白行を入れないこと。

オブジェクト（標題）の挿入・センタリング

大貝市ではオープンスクールを開催しています。来月から下記の講座が追加されます。商才（→詳細）につきましては、担当までお問い合わせください。

新規講座名 ←①網掛けする。←②二重下線を引く。

③各項目は枠の中でかたよらないようにする。

講　座　名	開　催　日	会　場	月講座料金
	第１・３水曜日		
ストレスマネージメントヨガ			

④枠内で均等割付けする。

⑤右寄せする。

☆　地域開発課　ＴＥＬ　０１２０－９２－１２３６

受付　中筋（なかすじ）　紀之

⑥明朝体のひらがなでルビをふり、右寄せする。

・・・・・・・・・・・・　キ　リ　ト　リ　セ　ン　・・・・・・・・・・・・

講座申込用紙 ←⑦フォントサイズは２４ポイントで、文字を線で囲む。

お　名　前	
住所・電話番号	
希望講座名	アロマ・フィットネス・マネージメントヨガ

③と同じ。

④と同じ。

7回 （制限時間　15分）

【書式設定】余白は上下左右それぞれ25㎜。指示のない文字のフォントは、明朝体の全角で入力し、サイズは12ポイントに統一。プロポーショナルフォントは使用不可。１行35字（問題文は１ページ26行で作成されていますが、解答にあたっては、行数を調整すること）。

【注意事項】ヘッダーに左寄せで年組、番号、氏名を入力する。

【問　題】

次の指示に従い、右のような文書を作成しなさい。

【指　示】

１．右の問題文を校正記号に従って入力すること。

２．問題文に合った標題のオブジェクトを、用意されたフォルダなどから選び、指示された位置に挿入しセンタリングすること。

３．表は、行頭・行末を越えずに作成し、行間は、2.0とすること。

４．罫線は、右の表のように太実線と細実線とを区別すること。

５．表の枠内の文字は１行で入力し、上下のスペースが同じであること。

６．表内の「イベント名」、「会場」、「参加諸費用等」は下の資料を参照して作成すること。

資料

イ　ベ　ン　ト　名	会　　場	参加諸費用等
森のネイチャーゲーム	アダムの森	400円
魚のつかみ取りと串焼き体験	西湯川キャンプ場	1,050円
手作りピザに親子で挑戦	四季亭	2,100円

７．表内の「参加諸費用等」の数字は、明朝体の半角で入力し、３桁ごとにコンマを付けること。

８．切り取り線「・・・・・・」の部分は、行頭、行末を越えないように作成すること。また、「イベント参加希望用紙」の表より短くしないこと。

９．切り取り線には、右の問題文のように「切　り　取　り　線」の文字を入力し、センタリングすること。

10.「イベント参加希望用紙」の表は、センタリングすること。

11. ①～⑧の処理を行うこと。

12. 右の問題文にない空白行を入れないこと。

オブジェクト（標題）の挿入・センタリング

今年の県民の集いでは、小学生を対象として以下のとおりイベントを開催いたします。楽しいイベントと親切なスタッフがそろっていますので、ぜひ親子でご参加ください。

（以下→下記）

コース内容 ←①網掛けする。

②各項目名は、枠の中で左右にかたよらないようにする。

イ　ベ　ン　ト　名	会　　場	募集人数	参加諸費用等
森のネイチャーゲーム		各１０人	
	西湯川キャンプ場		
		８人	

③枠内で均等割付けする。

☆　事業推進課　ＴＥＬ０５７－６４３９－１６３０

④センタリングする。　⑤右寄せする。

イベント事務局　森上（もりかみ）　敦子 ←⑥明朝体のひらがなでルビをふり、右寄せする。

・・・・・・・・・・・・　切　り　取　り　線　・・・・・・・・・・・・・

イベント参加希望用紙（ゴ） ←⑦センタリングする。

□ネイチャーゲーム・□つかみ取りと串焼き・□手作りピザに挑戦	
保護者の氏名	
電話番号	

③と同じ。

★　参加するイベント名の□の中にチェックの印を入れてください。

⑧一重下線を引く。

解答→別冊①Ｐ．５

8回 (制限時間　15分)

【書式設定】 余白は上下左右それぞれ25㎜。指示のない文字のフォントは、明朝体の全角で入力し、サイズは12ポイントに統一。プロポーショナルフォントは使用不可。１行36字（問題文は１ページ25行で作成されていますが、解答にあたっては、行数を調整すること）。

【注意事項】 ヘッダーに左寄せで年組、番号、氏名を入力する。

【問　題】

次の指示に従い、右のような文書を作成しなさい。

【指　示】

１．右の問題文を校正記号に従って入力すること。

２．問題文に合った標題のオブジェクトを、用意されたフォルダなどから選び、指示された位置に挿入しセンタリングすること。

３．表は、行頭・行末を越えずに作成し、行間は、2.0とすること。

４．罫線は、右の表のように太実線と細実線とを区別すること。

５．表の枠内の文字は１行で入力し、上下のスペースが同じであること。

６．表内の「製品の特徴」、「サイズ」、「価格（税込）」は下の資料を参照して作成すること。

資料

製　品　番　号	製　品　の　特　徴	サイズ	価格（税込）
ＨＤＴ－６０ＤＭＪ	ハイグレードなデザイン	４７型	298,000円
ＳＲＴ－４７ＭＬ	薄型・軽量の一体型	６０型	248,000円
ＧＣＪ－７０ＳＷ	大画面・高画質・高精細の映像	７０型	649,800円
ＨＲＢ－６０Ｔ	薄型・軽量の一体型	６０型	276,800円

７．表内の「価格（税込）」の数字は、明朝体の半角で入力し、３桁ごとにコンマを付けること。

８．切り取り線「・・・・・・」の部分は、行頭、行末を越えないように作成すること。また、「薄型液晶テレビ申込書」の表より短くしないこと。

９．切り取り線には、右の問題文のように「キリトリセン」の文字を入力し、センタリングすること。

10．「薄型液晶テレビ申込書」の表は、センタリングすること。

11．①～⑦の処理を行うこと。

12．右の問題文にない空白行を入れないこと。

オブジェクト（標題）の挿入・センタリング

紹介

ハイビジョンの高画質で、臨場感あふれる新製品を商会します。ぜひこの機会に、シャーパ社の製品をご検討ください。

①文字を線で囲む。

大画面Sシリーズ

②各項目は、枠の中で左右にかたよらないようにする。

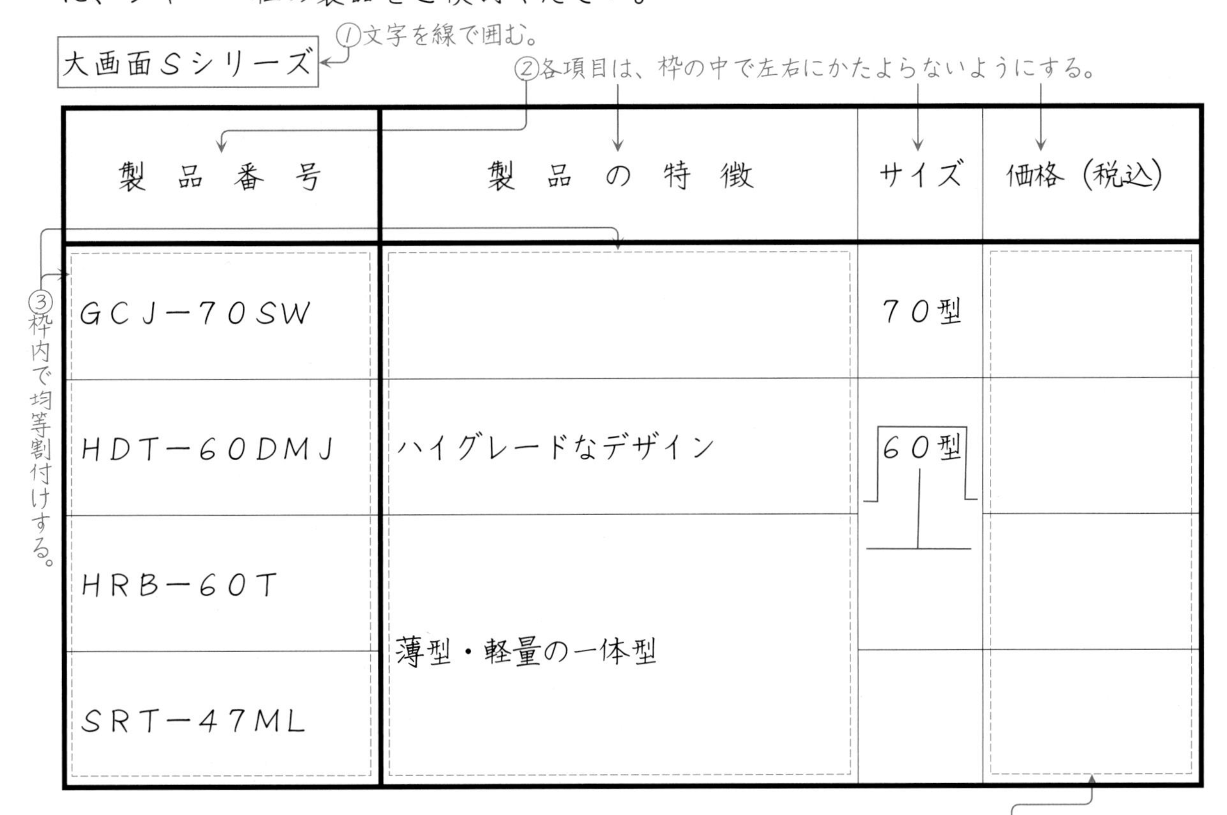

製　品　番　号	製　品　の　特　徴	サイズ	価格（税込）
GCJ−70SW		70型	
HDT−60DMJ	ハイグレードなデザイン	60型	
HRB−60T	薄型・軽量の一体型		
SRT−47ML			

③枠内で均等割付けする。

④右寄せする。

※　さまざまな3Dコンテンツも準備しています。

大浦電気商会　担当　陶山（トウヤマ）　和子 ←⑤明朝体のカタカナでルビをふり、右寄せする。

・・・・・・・・・・・・・・・　キリトリセン　・・・・・・・・・・・・・・・

⑥横倍角（横200%）のゴシック体で、センタリングする。

薄型液晶テレビ申込書

②と同じ。

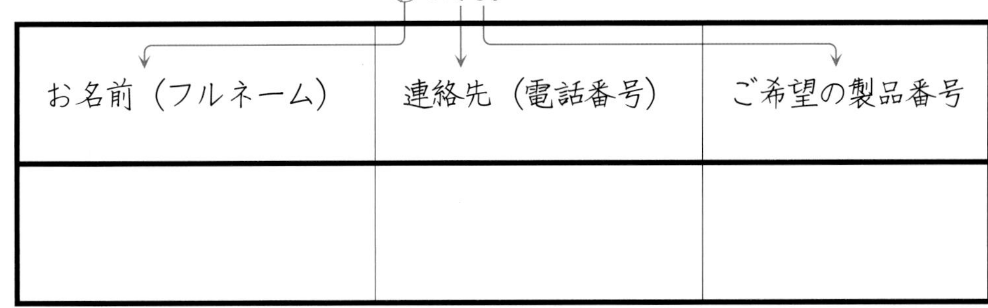

お名前（フルネーム）	連絡先（電話番号）	ご希望の製品番号

☆　3日以内に、係の者からご連絡を差し上げます。

⑦網掛けする。

解答→別冊①P.6

9回 (制限時間　15分)

【書式設定】余白は上下左右それぞれ25㎜。指示のない文字のフォントは、明朝体の全角で入力し、サイズは12ポイントに統一。プロポーショナルフォントは使用不可。１行35字（問題文は１ページ24行で作成されていますが、解答にあたっては、行数を調整すること）。

【注意事項】ヘッダーに左寄せで年組、番号、氏名を入力する。

【問　題】

次の指示に従い、右のような文書を作成しなさい。

【指　示】

１．右の問題文を校正記号に従って入力すること。

２．問題文に合った標題のオブジェクトを、用意されたフォルダなどから選び、指示された位置に挿入しセンタリングすること。

３．表は、行頭・行末を越えずに作成し、行間は、2.0とすること。

４．罫線は、右の表のように太実線と細実線とを区別すること。

５．表の枠内の文字は１行で入力し、上下のスペースが同じであること。

６．表内の「券の種類」、「大人料金」、「子供料金」は下の資料を参照して作成すること。

資料

遊　園　地	券の種類	備　　　考
大磯サンビーチ	入園＋プール	乗物券は別売
多摩パーク	ファンタジーパス	1日乗り放題券

遊　園　地	大人料金		子供料金	
	優待価格	一般料金	優待価格	一般料金
大磯サンビーチ	400円	2,000円	200円	3,000円
多摩パーク	800円	4,500円	500円	800円

７．表内の「大人料金」、「子供料金」の数字は、明朝体の半角で入力し、３桁ごとにコンマを付けること。

８．切り取り線「・・・・・・」の部分は、行頭、行末を越えないように作成すること。また、「優待券申込書」の表より短くしないこと。

９．切り取り線には、右の問題文のように「キ　リ　ト　リ　セ　ン」の文字を入力し、センタリングすること。

10．「優待券申込書」の表は、センタリングすること。

11．①～⑧の処理を行うこと。

12．右の問題文にない空白行を入れないこと。

オブジェクト（標題）の挿入・センタリング

社員の皆様とご家族が、関連本社の遊園地施設を優待価格で利用できます。

詳しくは、福利校正課までお問い合わせください。（校正→厚生）

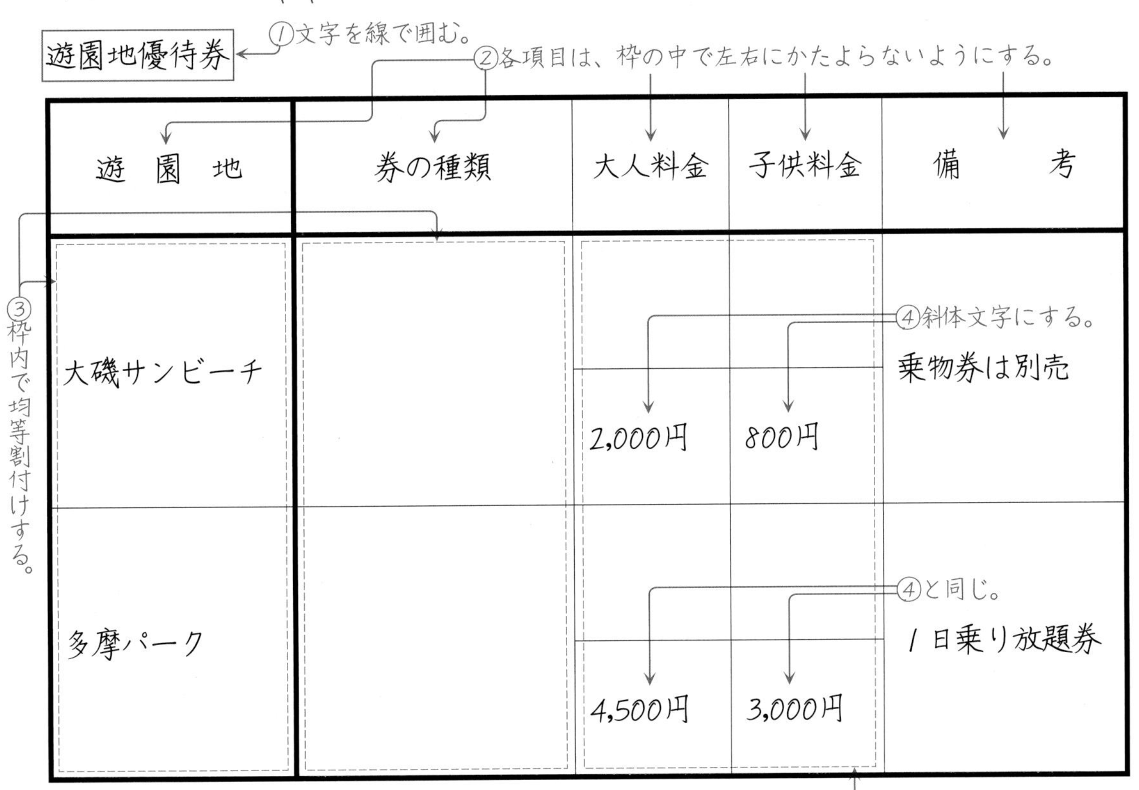

遊園地優待券
①文字を線で囲む。
②各項目は、枠の中で左右にかたよらないようにする。
③枠内で均等割付けする。
④斜体文字にする。
④と同じ。
⑤右寄せする。

遊園地	券の種類	大人料金	子供料金	備考
大磯サンビーチ				乗物券は別売
		2,000円	800円	
多摩パーク				1日乗り放題券
		4,500円	3,000円	

※ 料金は上段が優待価格、下段の斜体が一般料金です。（⑥網掛けする。）

※ ご希望の方は、申込書を福利厚生課粂川（くめかわ）まで提出してください。（⑦明朝体のひらがなでルビをふる。）

・・・・・・・・・・・・・・キ リ ト リ セ ン・・・・・・・・・・・・・

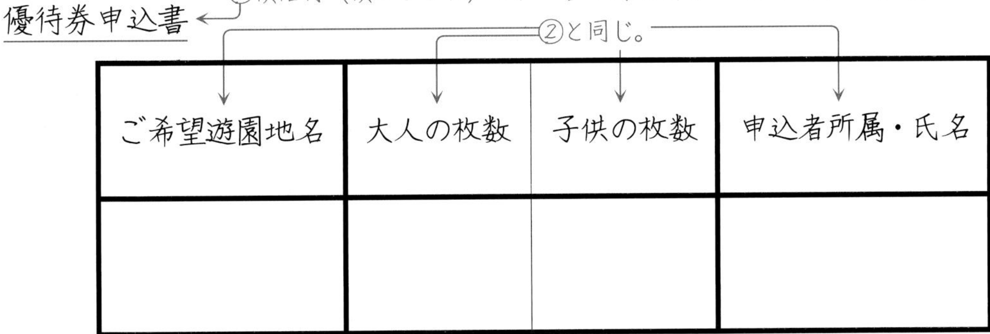

優待券申込書
⑧横倍角（横２００％）で、一重下線を引き、センタリングする。
②と同じ。

ご希望遊園地名	大人の枚数	子供の枚数	申込者所属・氏名

10回 （制限時間　15分）

【書式設定】 余白は上下左右それぞれ25㎜。指示のない文字のフォントは、明朝体の全角で入力し、サイズは12ポイントに統一。プロポーショナルフォントは使用不可。１行35字（問題文は１ページ28行で作成されていますが、解答にあたっては、行数を調整すること）。

【注意事項】 ヘッダーに左寄せで年組、番号、氏名を入力する。

【問　題】

次の指示に従い、右のような文書を作成しなさい。

【指　示】

1．右の問題文を校正記号に従って入力すること。

2．問題文に合った標題のオブジェクトを、用意されたフォルダなどから選び、指示された位置に挿入しセンタリングすること。

3．表は、行頭・行末を越えずに作成し、行間は、2.0とすること。

4．罫線は、右の表のように太実線と細実線とを区別すること。

5．表の枠内の文字は１行で入力し、上下のスペースが同じであること。

6．表内の「内容」、「学習形式」、「所要時間」は下の資料を参照して作成すること。

資料

コースの内容

時　　間	内　　　　容	所要時間	学習形式
１時間目	山の歴史・里山の自然を学ぶ	４０分	講義
２時間目	山の仕事とまたぎの生活	４０分	映像
３時間目	薪割り、炭焼き、山菜料理	６０分	実習
４時間目	里山遊びまたはガサゴソ川遊び	９０分	体験

7．表内の「体験費用」の数字は、明朝体の半角で入力し、３桁ごとにコンマを付けること。

8．切り取り線「・・・・・・」の部分は、行頭、行末を越えないように作成すること。また、「申込用紙」の表より短くしないこと。

9．切り取り線には、右の問題文のように「き　り　と　り　線」の文字を入力し、センタリングすること。

10．「参加申込書」の表は、センタリングすること。

11．①～⑦の処理を行うこと。

12．右の問題文にない空白行を入れないこと。

別冊①
解答

全商ビジネス文書

実務検定試験模擬問題集

Word2019対応

2024年度版

2級

目次

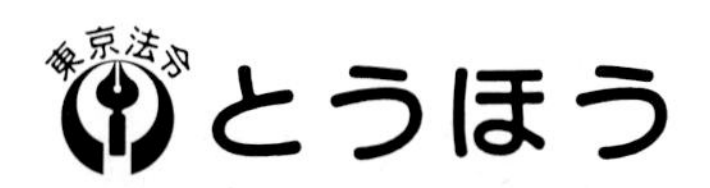

※１回の解答は、問題の次のページに見開きで掲載しています。

実技問題解答

2回

①～⑳各５点、70点以上で合格

※審査箇所以外は、文字の正確エラーや編集エラーがあってもエラーにはならない。※審査箇所に未入力文字・誤字・脱字・余分字などのエラーが一つでもあれば、当該項目は不正解とする。

①	文書の余白	余白が上下左右それぞれ20㎜以上30㎜以下となっていない場合はエラーとする。 ※ただし、下余白については30㎜を超えても35㎜以下であれば許容とする。	全体で５点
	フォントの種類・サイズ	審査箇所で指示のない文字は、フォントの種類が明朝体の全角で、サイズは12ポイントに統一されていること。	
	空白行	右の問題文にない１行を超えた空白行がある場合はエラーとする。	
	文書の印刷	逆さ印刷・裏面印刷・審査欄にかかった印刷・複数ページにまたがった印刷・破れ印刷など、本人による印刷ミスがある場合はエラーとする。	

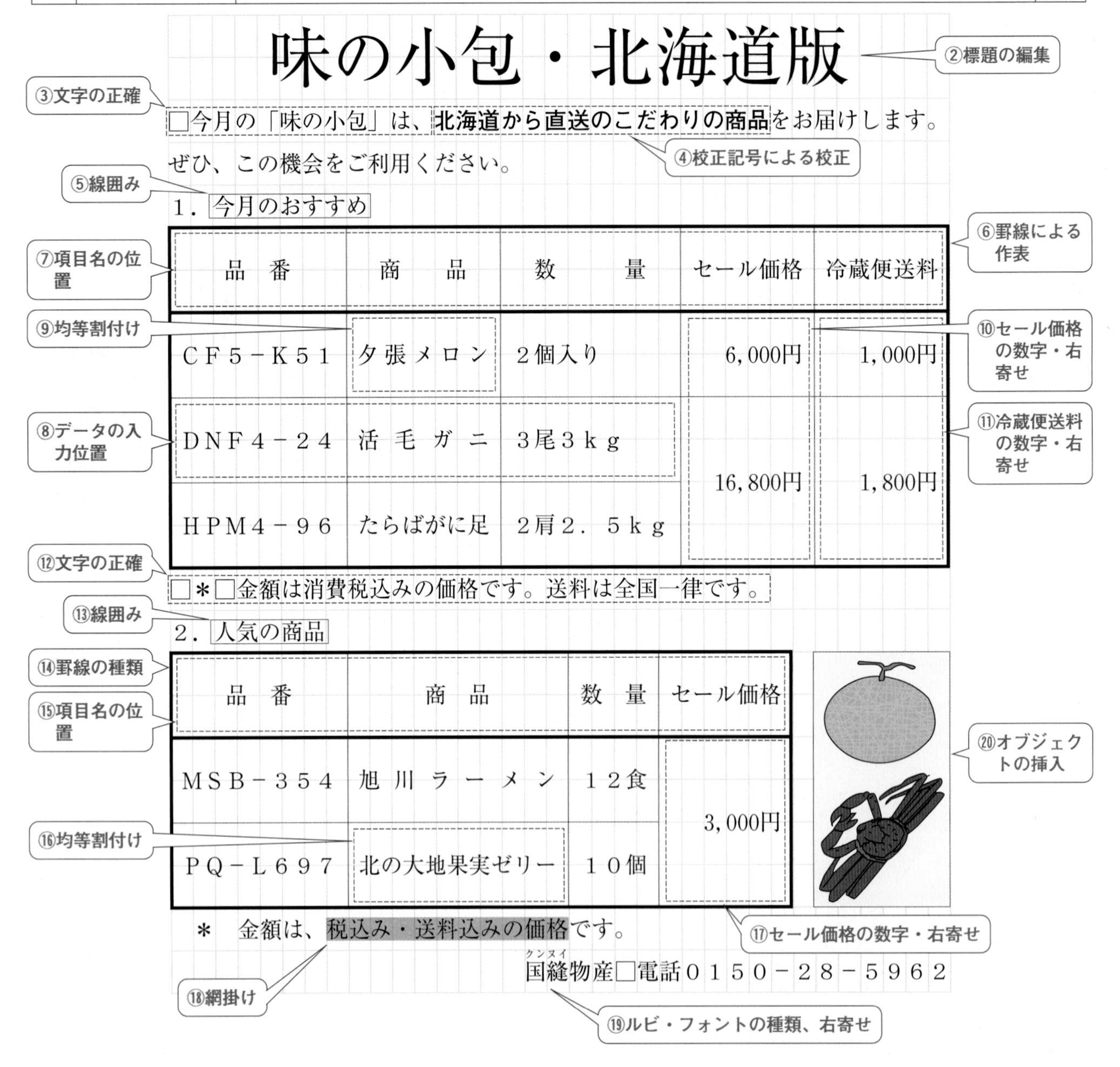

味の小包・北海道版

□今月の「味の小包」は、北海道から直送のこだわりの商品をお届けします。
ぜひ、この機会をご利用ください。

１．今月のおすすめ

品　番	商　　品	数　　量	セール価格	冷蔵便送料
ＣＦ５－Ｋ５１	夕張メロン	２個入り	6,000円	1,000円
ＤＮＦ４－２４	活毛ガニ	３尾３ｋｇ	16,800円	1,800円
ＨＰＭ４－９６	たらばがに足	２肩２．５ｋｇ		

□＊□金額は消費税込みの価格です。送料は全国一律です。

２．人気の商品

品　番	商　品	数　量	セール価格
ＭＳＢ－３５４	旭川ラーメン	１２食	3,000円
ＰＱ－Ｌ６９７	北の大地果実ゼリー	１０個	

＊　金額は、税込み・送料込みの価格です。

国縫物産（クンヌイ）□電話０１５０－２８－５９６２

3回　①～⑳各５点、70点以上で合格

※審査箇所以外は、文字の正確エラーや編集エラーがあってもエラーにはならない。※審査箇所に未入力文字・誤字・脱字・余分字などのエラーが一つでもあれば、当該項目は不正解とする。

①	文書の余白	余白が上下左右それぞれ20mm以上30mm以下となっていない場合はエラーとする。 ※ただし、下余白については30mmを超えても35mm以下であれば許容とする。	全体で５点
	フォントの種類・サイズ	審査箇所で指示のない文字は、フォントの種類が明朝体の全角で、サイズは12ポイントに統一されていること。	
	空白行	右の問題文にない１行を超えた空白行がある場合はエラーとする。	
	文書の印刷	逆さ印刷・裏面印刷・審査欄にかかった印刷・複数ページにまたがった印刷・破れ印刷など、本人による印刷ミスがある場合はエラーとする。	

健康なカラダ作りのご案内

②標題の編集

③文字の正確

□偏った食生活や運動不足による生活習慣病の予防に役立つよう工夫された、特定保健用食品を笛吹（うずしき）商店がお届けします。

④校正記号による校正

⑤ルビ・フォントの種類

⑥線囲み

１．ＴＶで話題の商品

⑦罫線の種類　⑧項目名の位置　⑪文字の正確　⑨均等割付け　⑩データの入力位置　⑫特別販売価格の数字・右寄せ

商　品　名	商　品　の　特　長	特別販売価格
粉　　末　　寒　　天	食物繊維が多く、ダイエットにも最適	3,675円
Ｌ　－　オ　ル　ニ　チ　ン	過剰な体脂肪の燃焼を助ける働き	3,150円
コエンザイムＱ１０	毎日の美容と健康に役立ちます	4,200円

＊　価格は送料込みです。約１ヶ月分目安の容量です。

⑬網掛け

⑭線囲み

２．人気の健康食品

⑮罫線による作表　⑯項目名の位置　⑰均等割付け　⑱特別販売価格の数字・右寄せ

商　品　名	容　　量	特別販売価格
熟　　成　　香　　酢	５００ｍｇ６０入	1,890円
ジュアールティＳＰ	２ｇ３０袋	3,360円

⑳オブジェクトの挿入

※□価格は、送料込みです。１万円以上ご購入で１０％割引。

⑲斜体

4回

①～⑳各５点、70点以上で合格

※審査箇所以外は、文字の正確エラーや編集エラーがあってもエラーにはならない。※審査箇所に未入力文字・誤字・脱字・余分字などのエラーが一つでもあれば、当該項目は不正解とする。

	項目	内容	
①	文書の余白	余白が上下左右それぞれ20mm以上30mm以下となっていない場合はエラーとする。※ただし、下余白については30mmを超えても35mm以下であれば許容とする。	全体で5点
	フォントの種類・サイズ	審査箇所で指示のない文字は、フォントの種類が明朝体の全角で、サイズは12ポイントに統一されていること。	
	空白行	右の問題文にない１行を超えた空白行がある場合はエラーとする。	
	文書の印刷	逆さ印刷・裏面印刷・審査欄にかかった印刷・複数ページにまたがった印刷・破れ印刷など、本人による印刷ミスがある場合はエラーとする。	

世界自然遺産ツアー

②標題の編集　③校正記号による校正・文字の正確

２０１１年６月に、小笠原諸島が国内で４番目になる世界自然遺産の登録を受けました。そこで、「自然を学ぶ」ツアー参加者を募集しています。

④線囲み

１．特選ツアー

⑤罫線の種類　⑥項目名の位置　⑦均等割付け　⑧文字の正確　⑨文字の正確

自然遺産	登録年月	特　　色
屋　久　島	１９９３年１２月	推定で樹齢３０００年以上という縄文杉が有名
白神山地		世界最大級規模の原生的なブナ天然林
小笠原諸島	２０１１年　６月	日本が誇れる東洋のガラパゴス

※　各ツアーとも現地で、専門ガイド（自然解説員）が同行します。

⑩網掛け　⑪校正記号による校正　⑫線囲み

２．参加料金

⑬罫線による作表　⑭項目名の位置　⑮均等割付け　⑯文字の正確　⑰料金（税込）の数字・右寄せ　⑱オブジェクトの挿入

自然遺産	出　発　日	日　数	料金（税込）
白神山地	５月１０日	２泊３日	87,600円
屋　久　島	５月２２日	３泊４日	134,800円
小笠原諸島	６月１８日		158,700円

◆　ネイチャーツアー　ＴＥＬ　０３−４２９７−１６５８

担当□山河（やまかわ）□恵子

⑲校正記号による校正　⑳ルビ・フォントの種類、担当の右寄せ

問題→本誌Ｐ.68

5回

①～⑳各５点、70点以上で合格

※審査箇所以外は、文字の正確エラーや編集エラーがあってもエラーにはならない。※審査箇所に未入力文字・誤字・脱字・余分字などのエラーが一つでもあれば、当該項目は不正解とする。

	項目	内容	
①	文書の余白	余白が上下左右それぞれ20mm以上30mm以下となっていない場合はエラーとする。※ただし、下余白については30mmを超えても35mm以下であれば許容とする。	全体で5点
	フォントの種類・サイズ	審査箇所で指示のない文字は、フォントの種類が明朝体の全角で、サイズは12ポイントに統一されていること。	
	空白行	右の問題文にない１行を超えた空白行がある場合はエラーとする。	
	文書の印刷	逆さ印刷・裏面印刷・審査欄にかかった印刷・複数ページにまたがった印刷・破れ印刷など、本人による印刷ミスがある場合はエラーとする。	

クレジット機能付加のご案内

②標題の編集　③校正記号による校正

今年度より、現在お持ちの会員カードにクレジット機能を付加することができるようになりました。詳細については、ガイドブックをご覧いただくか、当社の会員相談窓口までご連絡ください。

④文字の正確

１．カードの種類

⑤罫線の種類　⑥項目名の位置　⑦データの入力位置　⑧均等割付け　⑨年会員の金額の数字・右寄せ　⑩文字の正確・校正記号による校正　⑪利用限度額の右寄せ

種　類	年会員の金額	特　典	利用限度額
スルーカード	永年会員無料	リボ払いで利用ポイントが２倍	30万円
一般カード	1,312円	海外旅行と国内旅行の傷害保険付き	50万円
ゴールドカード	3,150円		100万円

□※□年会費については、クレジット会社に直接お支払いください。

⑫文字の正確　⑬網掛け

２．追加オプション

⑭罫線による作表　⑮項目名の位置　⑯均等割付け　⑰文字の正確　⑱文字の正確　⑲オブジェクトの挿入

オプション	機　能　内　容	申し込み
ＥＴＣカード	高速道路の料金所をノンストップ通行	必要
Ａマイル	アジア航空のマイレージが貯まる	
電子マネー	２万店以上で利用が可能	必要なし

○　会員窓口　ＴＥＬ　０２９０−６８−１８３４

担当□坂蒔（さかまき）□健二

③校正記号による校正　⑳ルビ・フォントの種類、担当の右寄せ

問題→本誌Ｐ.70

6回

①～⑳各５点、70点以上で合格

※審査箇所以外は、文字の正確エラーや編集エラーがあってもエラーにはならない。※審査箇所に未入力文字・誤字・脱字・余分字などのエラーが一つでもあれば、当該項目は不正解とする。

①	文書の余白	余白が上下左右それぞれ20mm以上30mm以下となっていない場合はエラーとする。 ※ただし、下余白については30mmを超えても35mm以下であれば許容とする。	全体で5点
	フォントの種類・サイズ	審査箇所で指示のない文字は、フォントの種類が明朝体の全角で、サイズは12ポイントに統一されていること。	
	空白行	右の問題文にない１行を超えた空白行がある場合はエラーとする。	
	文書の印刷	逆さ印刷・裏面印刷・審査欄にかかった印刷・複数ページにまたがった印刷・破れ印刷など、本人による印刷ミスがある場合はエラーとする。	

新規オープンスクール開催について

②標題のオブジェクト

□大貝市ではオープンスクールを開催しています。来月から下記の講座が追加されます。詳細につきましては、担当までお問い合わせください。

③文字の正確
④校正記号による校正

新規講座名

⑤網掛け・二重下線

講　座　名	開　催　日	会　場	月講座料金
女性のためのフィットネス	第１・３水曜日	多目的ホール	10,500円
ストレスマネージメントヨガ		カルチャー室	11,300円
暮らしの中のアロマ	毎週土曜日	第１研修室	6,000円

⑥罫線による作表
⑦項目名の位置
⑧均等割付け
⑨校正記号による校正・均等割付け、データの入力位置
⑩文字の正確
⑪文字の正確
⑫月講座料金の数字・右寄せ

☆□地域開発課□ＴＥＬ□０１２０－９２－１２３６

⑬文字の正確

受付□中筋（なかすじ）□紀之

⑭ルビ・フォントの種類、受付の右寄せ

・・・・・・・・・・・　キ　リ　ト　リ　セ　ン　・・・・・・・・・・・

⑮切り取り線
⑯切り取り線の文字

講座申込用紙

⑰線囲み

お　名　前	
住所・電話番号	
希望講座名	アロマ・フィットネス・マネージメントヨガ

⑱罫線の種類
⑲項目名の位置
⑳文字の正確

問題→本誌Ｐ.72

7回

①～⑳各５点、70点以上で合格

※審査箇所以外は、文字の正確エラーや編集エラーがあってもエラーにはならない。※審査箇所に未入力文字・誤字・脱字・余分字などのエラーが一つでもあれば、当該項目は不正解とする。

①	文書の余白	余白が上下左右それぞれ20mm以上30mm以下となっていない場合はエラーとする。 ※ただし、下余白については30mmを超えても35mm以下であれば許容とする。	全体で5点
	フォントの種類・サイズ	審査箇所で指示のない文字は、フォントの種類が明朝体の全角で、サイズは12ポイントに統一されていること。	
	空白行	右の問題文にない１行を超えた空白行がある場合はエラーとする。	
	文書の印刷	逆さ印刷・裏面印刷・審査欄にかかった印刷・複数ページにまたがった印刷・破れ印刷など、本人による印刷ミスがある場合はエラーとする。	

イベントの開催について

②標題のオブジェクト

今年の県民の集いでは、小学生を対象として下記のとおりイベントを開催いたします。楽しいイベントと親切なスタッフがそろっていますので、ぜひ親子でご参加ください。

③文字の正確・校正記号による校正

コース内容

④網掛け

イベント名	会　場	募集人数	参加諸費用等
森のネイチャーゲーム	アダムの森	各１０人	400円
魚のつかみ取りと串焼き体験	西湯川キャンプ場		2,100円
手作りピザに親子で挑戦	四季亭	８人	1,050円

⑤罫線の種類
⑥項目名の位置
⑦均等割付け
⑧データの入力位置
⑨文字の正確
⑩センタリング
⑪参加諸費用等の数字・右寄せ

□☆□事業推進課□ＴＥＬ０５７－６４３９－１６３０

⑫文字の正確

イベント事務局□森上（もりかみ）□敦子

⑬ルビ・フォントの種類、イベント事務局の右寄せ

・・・・・・・・・・・・　切　り　取　り　線　・・・・・・・・・・・・

⑭切り取り線
⑮切り取り線の文字

イベント参加希望用紙

⑯校正記号による校正・センタリング

□ネイチャーゲーム・□つかみ取りと串焼き・□手作りピザに挑戦	
保護者の氏名	
電　話　番　号	

⑰罫線による作表
⑱文字の正確
⑲均等割付け

★　参加するイベント名の□の中にチェックの印を入れてください。

⑳一重下線

問題→本誌Ｐ.74

8回

①～⑳各５点、70点以上で合格

※審査箇所以外は、文字の正確エラーや編集エラーがあってもエラーにはならない。※審査箇所に未入力文字・誤字・脱字・余分字などのエラーが一つでもあれば、当該項目は不正解とする。

	項目	内容	
①	文書の余白	余白が上下左右それぞれ20mm以上30mm以下となっていない場合はエラーとする。 ※ただし、下余白については30mmを超えても35mm以下であれば許容とする。	全体で５点
	フォントの種類・サイズ	審査箇所で指示のない文字は、フォントの種類が明朝体の全角で、サイズは12ポイントに統一されていること。	
	空白行	右の問題文にない１行を超えた空白行がある場合はエラーとする。	
	文書の印刷	逆さ印刷・裏面印刷・審査欄にかかった印刷・複数ページにまたがった印刷・破れ印刷など、本人による印刷ミスがある場合はエラーとする。	

薄型液晶テレビのご案内（②標題のオブジェクト）

□ハイビジョンの高画質で、臨場感あふれる新製品を紹介します。ぜひこの機会に、シャーパ社の製品をご検討ください。（③文字の正確）（④校正記号による校正）

大画面Ｓシリーズ（⑤線囲み）

製　品　番　号	製　品　の　特　徴	サイズ	価格（税込）
ＧＣＪ－７０ＳＷ	大画面・高画質・高精細の映像	７０型	649,800円
ＨＤＴ－６０ＤＭＪ	ハイグレードなデザイン	６０型	298,000円
ＨＲＢ－６０Ｔ	薄型・軽量の一体型		276,800円
ＳＲＴ－４７ＭＬ		４７型	248,000円

（⑥罫線による作表）（⑦項目名の位置）（⑧均等割付け）（⑨文字の正確）（⑩均等割付け）（⑪価格（税込）の右寄せ）（⑫価格（税込）の数字）

□※□さまざまな３Ｄコンテンツも準備しています。（⑬文字の正確）

大浦電気商会□担当□陶山（トウヤマ）□和子（⑭ルビ・フォントの種類、担当の右寄せ）

・・・・・・・・・・・・・・・キリトリセン・・・・・・・・・・・・・（⑮切り取り線）（⑯切り取り線の文字）

薄型液晶テレビ申込書（⑰横倍角（横200%）・ゴシック・センタリング）

お名前（フルネーム）	連絡先（電話番号）	ご希望の製品番号

（⑲項目名の位置）（⑱罫線の種類）

☆　３日以内に、係の者からご連絡を差し上げます。（⑳網掛け）

9回

①～⑳各５点、70点以上で合格

※審査箇所以外は、文字の正確エラーや編集エラーがあってもエラーにはならない。※審査箇所に未入力文字・誤字・脱字・余分字などのエラーが一つでもあれば、当該項目は不正解とする。

	項目	内容	
①	文書の余白	余白が上下左右それぞれ20mm以上30mm以下となっていない場合はエラーとする。 ※ただし、下余白については30mmを超えても35mm以下であれば許容とする。	全体で５点
	フォントの種類・サイズ	審査箇所で指示のない文字は、フォントの種類が明朝体の全角で、サイズは12ポイントに統一されていること。	
	空白行	右の問題文にない１行を超えた空白行がある場合はエラーとする。	
	文書の印刷	逆さ印刷・裏面印刷・審査欄にかかった印刷・複数ページにまたがった印刷・破れ印刷など、本人による印刷ミスがある場合はエラーとする。	

社員優待のお知らせ（②標題のオブジェクト）

社員の皆様とご家族が、本社関連の遊園地施設を優待価格で利用できます。詳しくは、福利厚生課までお問い合わせください。（③文字の正確）（④校正記号による校正）

遊園地優待券（⑤線囲み）

遊　園　地	券の種類	大人料金	子供料金	備　　考
大磯サンビーチ	入園＋プール	400円	200円	乗物券は別売
		2,000円	*800円*	
多摩パーク	ファンタジーパス	800円	500円	１日乗り放題券
		4,500円	*3,000円*	

（⑥罫線による作表）（⑦項目名の位置）（⑧均等割付け）（⑨均等割付け）（⑩斜体文字）（⑪大人料金・子供料金の数字・右寄せ）（⑫文字の正確）

※　料金は上段が優待価格、下段の斜体が一般料金です。（⑬網掛け）

□※□ご希望の方は、申込書を福利厚生課粂川（くめかわ）まで提出してください。（⑭文字の正確）（⑮ルビ・フォントの種類）

・・・・・・・・・・・・キ　リ　ト　リ　セ　ン・・・・・・・・・・・・・（⑯切り取り線）（⑰切り取り線の文字）

優待券申込書（⑱横倍角（横200%）・一重下線・センタリング）

ご希望遊園地名	大人の枚数	子供の枚数	申込者所属・氏名

（⑲罫線の種類）（⑳文字の正確）

10回

①～⑳各５点、70点以上で合格

※審査箇所以外は、文字の正確エラーや編集エラーがあってもエラーにはならない。※審査箇所に未入力文字・誤字・脱字・余分字などのエラーが一つでもあれば、当該項目は不正解とする。

①	文書の余白	余白が上下左右それぞれ20mm以上30mm以下となっていない場合はエラーとする。 ※ただし、下余白については30mmを超えても35mm以下であれば許容とする。	全体で5点
	フォントの種類・サイズ	審査箇所で指示のない文字は、フォントの種類が明朝体の全角で、サイズは12ポイントに統一されていること。	
	空白行	右の問題文にない１行を超えた空白行がある場合はエラーとする。	
	文書の印刷	逆さ印刷・裏面印刷・審査欄にかかった印刷・複数ページにまたがった印刷・破れ印刷など、本人による印刷ミスがある場合はエラーとする。	

谷村自然学校体験学習

□私たちの自然学校では、山や川の自然を創造的に活用した自然体験学習を実施しています。自然がいっぱい、遊びがいっぱいです。子どもだけでなく、大人も楽しめます。

体験コースの内容

時　　間	内　　　　容	学習形式	所要時間	体験費用
１時間目	山の歴史・里山の自然を学ぶ	講義	４０分	3,000円
２時間目	山の仕事とまたぎの生活	映像		
３時間目	薪（まき）割り、炭焼き、山菜料理	実習	６０分	
４時間目	里山遊びまたはガサゴソ川遊び	体験	９０分	

※　３時間目終了後に昼食です。

□※□実習で作った山菜料理のほかにおにぎり２個と豚汁がついています。

・・・・・・・・・・・・・・きりとり線・・・・・・・・・・・・・・・

参加申込書

代表者氏名	
住所・電話番号	
参加人数　　人	体験費用は大人・子ども同額となります

☆　参加日の２週間前までにお申し込みください。

（審査項目）②標題のオブジェクト　③文字の正確　④校正記号による校正　⑤線囲み　⑥罫線による作表　⑦項目名の位置　⑧均等割付け　⑨文字の正確　⑩ルビ・フォントの種類　⑪データの入力位置　⑫センタリング　⑫センタリング　⑬体験費用の数字・右寄せ　⑭文字の正確・校正記号による校正　⑮切り取り線　⑯切り取り線の文字　⑰横倍角（横200%）・ゴシック・センタリング　⑱罫線の種類　⑲均等割付け　⑳文字の正確

問題→本誌Ｐ.80

11回

①～⑳各５点、70点以上で合格

※審査箇所以外は、文字の正確エラーや編集エラーがあってもエラーにはならない。※審査箇所に未入力文字・誤字・脱字・余分字などのエラーが一つでもあれば、当該項目は不正解とする。

①	文書の余白	余白が上下左右それぞれ20mm以上30mm以下となっていない場合はエラーとする。 ※ただし、下余白については30mmを超えても35mm以下であれば許容とする。	全体で5点
	フォントの種類・サイズ	審査箇所で指示のない文字は、フォントの種類が明朝体の全角で、サイズは12ポイントに統一されていること。	
	空白行	右の問題文にない１行を超えた空白行がある場合はエラーとする。	
	文書の印刷	逆さ印刷・裏面印刷・審査欄にかかった印刷・複数ページにまたがった印刷・破れ印刷など、本人による印刷ミスがある場合はエラーとする。	

親睦会旅行について

□今年も残すところ２ヶ月となりました。親睦会では、恒例の旅行会を下記のとおり実施します。なお、不参加の場合は、出発１０日前までにお知らせください。

１．日程

１１月２３日（土）～２５日（月）２泊３日

２．行程

日　次	主　な　目　的　地	宿　泊　地
１日目	トロッコ列車と保津川下り、天橋立	城崎温泉・明月亭旅館
２日目	鳥取砂丘ラクダ体験と鳥取市内をゆっくり散策	三朝温泉・夢の宿
３日目	世界遺産姫路城と神戸散策	－

□＊□集合は、指定された新幹線のぞみ号の座席です。

３．オプション

２日目と３日目の散策時間に次のオプションがあります。

場所	オ　プ　シ　ョ　ン	時　間	体験料金
鳥取	因州和紙手すき葉書づくり	６０分	500円
神戸	トンボ玉づくり教室	１５分	1,500円

◇　オプションは、*出発３日前までに*申し込みください。

担当□出田（いでた）□夏海

（審査項目）②標題の編集　③文字の正確　④校正記号による校正　⑤二重下線　⑥網掛け　⑦罫線による作表　⑧項目名の位置　⑨文字の正確　⑩文字の正確　⑪均等割付け　⑫文字の正確　⑬二重下線　⑭罫線の種類　⑮項目名の位置　⑯均等割付け　⑰体験料金の数字・右寄せ　⑱オブジェクトの挿入　⑲文字の正確　⑳ルビ・フォントの種類、担当の右寄せ

問題→本誌Ｐ.82

12回

①～⑳各５点、70点以上で合格

※審査箇所以外は、文字の正確エラーや編集エラーがあってもエラーにはならない。※審査箇所に未入力文字・誤字・脱字・余分字などのエラーが一つでもあれば、当該項目は不正解とする。

①	文書の余白	余白が上下左右それぞれ20mm以上30mm以下となっていない場合はエラーとする。 ※ただし、下余白については30mmを超えても35mm以下であれば許容とする。	全体で5点
	フォントの種類・サイズ	審査箇所で指示のない文字は、フォントの種類が明朝体の全角で、サイズは12ポイントに統一されていること。	
	空白行	右の問題文にない１行を超えた空白行がある場合はエラーとする。	
	文書の印刷	逆さ印刷・裏面印刷・審査欄にかかった印刷・複数ページにまたがった印刷・破れ印刷など、本人による印刷ミスがある場合はエラーとする。	

パソコンソフトによる講座　②標題のオブジェクト

③文字の正確

□ていねいな指導と、効率の良い学習でスキルアップをはかるためのパソコンによるホームページ等の講座です。この機会にぜひチャレンジしてみて下さい。　④校正記号による校正

⑤線囲み

講座内容

⑥罫線の種類　⑦項目名の位置　⑧データの入力位置　⑨均等割付け・校正記号による校正　⑩文字の正確　⑪受講費用等の数字・右寄せ

講　座　名	内　容	受講時間	受講費用等
ホームページ講座	最新のソフトを使用	１２時間	5,250円
ＨＴＭＬ講座		１５時間	
画像作成・デザイン講座	ロゴや背景など画像を作成	２０時間	6,300円
写真加工講座	デジカメの使い方と編集		7,350円

⑫文字の正確

□※□好きな時間を予約し、インストラクターとマンツーマンで学習できます。　⑬網掛け

桜ケ丘校　０１３０－９９９－１１５　⑭校正記号による校正

担当□安倍（アンバイ）□弘志　⑮ルビ・フォントの種類、担当の右寄せ

⑯切り取り線

・・・・・・・・・・・・・・きりとりせん・・・・・・・・・・・・・・・・　⑰切り取り線の文字

受講申込書　⑱横倍角（横200％）・二重下線・センタリング

⑳項目名の位置

お名前（年齢）	電話番号（自宅・携帯）	受講希望する講座名
（　）		

⑲罫線による作表

13回

①～⑳各５点、70点以上で合格

※審査箇所以外は、文字の正確エラーや編集エラーがあってもエラーにはならない。※審査箇所に未入力文字・誤字・脱字・余分字などのエラーが一つでもあれば、当該項目は不正解とする。

①	文書の余白	余白が上下左右それぞれ20mm以上30mm以下となっていない場合はエラーとする。 ※ただし、下余白については30mmを超えても35mm以下であれば許容とする。	全体で5点
	フォントの種類・サイズ	審査箇所で指示のない文字は、フォントの種類が明朝体の全角で、サイズは12ポイントに統一されていること。	
	空白行	右の問題文にない１行を超えた空白行がある場合はエラーとする。	
	文書の印刷	逆さ印刷・裏面印刷・審査欄にかかった印刷・複数ページにまたがった印刷・破れ印刷など、本人による印刷ミスがある場合はエラーとする。	

ご宿泊施設のご案内　②標題の編集

本館は、築４００年以上も経つ民家です。屋根は中門造りで、市の重要文化財に指定されています。かけ流しの天然温泉も好評です。　③文字の正確

④線囲み

１．施設・料金のご案内

⑤罫線の種類　⑥項目名の位置　⑦均等割付け　⑧文字の正確　⑨文字の正確　⑩１泊２食付きの数字・右寄せ　⑪校正記号による校正

施　設	特　徴	１泊２食付き	食事
本　館	全部屋落ち着いた和室	18,000円	各部屋
別　館		16,000円	
新館エグゼ	海側は全部屋オーシャンビューの洋室	15,000円	宴会場
	山側は全部屋秀峰を望む洋室	13,000円	

※　小人料金（３歳～小学生）は大人料金の７０％です。　⑫網掛け

⑬線囲み

２．夕食のご案内

⑮項目名の位置　⑯均等割付け　⑰文字の正確

コース	内　容	追加料理
海の幸舟盛り	旬の魚介類の盛り合わせ	カブト焼き
海鮮会席膳	腕自慢の小鉢１０品	

⑲オブジェクトの挿入

※　お客様全員一組でどちらかにお決めください。　⑱校正記号による校正

⑭罫線による作表

道本（どうもと）観光旅館　⑳ルビ・フォントの種類、右寄せ

14回

①～⑳各５点、70点以上で合格

※審査箇所以外は、文字の正確エラーや編集エラーがあってもエラーにはならない。※審査箇所に未入力文字・誤字・脱字・余分字などのエラーが一つでもあれば、当該項目は不正解とする。

①	文書の余白	余白が上下左右それぞれ20mm以上30mm以下となっていない場合はエラーとする。 ※ただし、下余白については30mmを超えても35mm以下であれば許容とする。	全体で5点
	フォントの種類・サイズ	審査箇所で指示のない文字は、フォントの種類が明朝体の全角で、サイズは12ポイントに統一されていること。	
	空白行	右の問題文にない１行を超えた空白行がある場合はエラーとする。	
	文書の印刷	逆さ印刷・裏面印刷・審査欄にかかった印刷・複数ページにまたがった印刷・破れ印刷など、本人による印刷ミスがある場合はエラーとする。	

秋の演劇鑑賞会のご案内

②標題のオブジェクト

③網掛け

会員のみなさまに、９月２３日予定の演劇をお届けします。話題の舞台から最新のミュージカルまで、良い作品を見逃さないでください。

④文字の正確

⑤線囲み

ラインアップ

Ｎｏ	演　目　名	上演劇場名	主　演	会員料金
1	吉例顔見世公演	芸術祭記念ホール	松本富一郎	5,000円
2	ミュージカル「雪姫Ａ」		星空美沙	4,000円
3	プリティ・マイレディ	平　成　新　座	緑川真央	

⑥罫線による作表　⑦項目名の位置　⑧センタリング　⑨均等割付け　⑩文字の正確　⑪均等割付け　⑫会員料金の数字・右寄せ

⑬文字の正確

□◇□公演開始時間は、各劇場とも１６時３０分からです。

⑭二重下線

担当□大霧（おおきり）・関根

⑮ルビ・フォントの種類、担当の右寄せ

⑯切り取り線

・・・・・・・・・・・・・切　り　取　り　線　・・・・・・・・・・・・・

⑰切り取り線の文字

演劇鑑賞会申込書

⑱フォントサイズ・センタリング

鑑賞希望Ｎｏ	会員番号（１０桁）	申込者ご氏名	利用人数

⑲罫線の種類　⑳文字の正確

15回

①～⑳各５点、70点以上で合格

※審査箇所以外は、文字の正確エラーや編集エラーがあってもエラーにはならない。※審査箇所に未入力文字・誤字・脱字・余分字などのエラーが一つでもあれば、当該項目は不正解とする。

①	文書の余白	余白が上下左右それぞれ20mm以上30mm以下となっていない場合はエラーとする。 ※ただし、下余白については30mmを超えても35mm以下であれば許容とする。	全体で5点
	フォントの種類・サイズ	審査箇所で指示のない文字は、フォントの種類が明朝体の全角で、サイズは12ポイントに統一されていること。	
	空白行	右の問題文にない１行を超えた空白行がある場合はエラーとする。	
	文書の印刷	逆さ印刷・裏面印刷・審査欄にかかった印刷・複数ページにまたがった印刷・破れ印刷など、本人による印刷ミスがある場合はエラーとする。	

宿泊施設のご案内

②標題の編集

③校正記号による校正

次の宿泊施設は、共済組合員や家族のための施設です。安い価格で、安心してお気軽にご利用いただけます。ご家族やグループでのご宿泊、会食、研修などにぜひご利用ください。

④校正記号による校正・文字の正確

⑤二重下線

１．宿泊施設

地　区	宿泊施設名	施　設　周　辺　情　報	その他
伊香保	湯の山荘	榛名湖、夢二記念館	露天風呂
箱根湯本	四　季　彩	美術館や博物館が多い	
西伊豆	堂ヶ島潮風荘	三四郎島、らんの里、天窓洞の観光拠点	全室海側

⑥罫線の種類　⑦項目名の位置　⑧均等割付け　⑧均等割付け　⑨データの入力位置　⑩校正記号による校正・文字の正確

⑪文字の正確

□☆□組合員とその家族であれば、年間を通してご利用になれます。

⑫二重下線

２．料金表（１泊２食）

⑭項目名の位置

利　用　日	大人１名様	子供１名様
通常料金	6,174円	5,229円
休前日料金	7,623円	

⑬罫線による作表　⑮均等割付け　⑯料金の数字・右寄せ

⑲オブジェクトの挿入

◎　料金には、奉仕料、消費税が含まれています。

⑰網掛け

入湯税が必要な場合は、別途お支払いください。

⑱斜体文字

⑳ルビ・フォントの種類、福利厚生部の右寄せ

福利厚生部□船越（ふなこし）

16回

①～⑳各５点、70点以上で合格

※審査箇所以外は、文字の正確エラーや編集エラーがあってもエラーにはならない。※審査箇所に未入力文字・誤字・脱字・余分字などのエラーが一つでもあれば、当該項目は不正解とする。

①	文書の余白	余白が上下左右それぞれ20mm以上30mm以下となっていない場合はエラーとする。※ただし、下余白については30mmを超えても35mm以下であれば許容とする。	全体で５点
	フォントの種類・サイズ	審査箇所で指示のない文字は、フォントの種類が明朝体の全角で、サイズは12ポイントに統一されていること。	
	空白行	右の問題文にない１行を超えた空白行がある場合はエラーとする。	
	文書の印刷	逆さ印刷・裏面印刷・審査欄にかかった印刷・複数ページにまたがった印刷・破れ印刷など、本人による印刷ミスがある場合はエラーとする。	

9月からの水泳教室について

②標題のオブジェクト

③校正記号による校正

夏の改修工事が終わり、秋から新しい水泳教室が始まります。今回から新しくダイエットコースも加わりました。利用者のご要望に沿ったコースが出揃いました。どうぞご参加ください。

④文字の正確

⑤線囲み

コース内容

コース名	期間	対象	参加登録費用
シルバーコース	9月9日～11月25日	60歳以上	10,000円
ダイエットコース	9月3日～10月29日	18歳以上	
日曜ジュニアコース	9月1日～11月24日	小学生以上	8,000円

⑥罫線による作表　⑦項目名の位置　⑧均等割付け　⑨データの入力位置　⑩校正記号による校正　⑪参加登録費用の数字・右寄せ

□◇□お問い合わせ先　ＴＥＬ　０１３０－２６－５４７６

⑫文字の正確　⑬校正記号による校正

担当□萩山（はぎやま）□裕一

⑭ルビ・フォントの種類、担当の右寄せ

・・・・・・・・・・・・・　切　り　取　り　線　・・・・・・・・・・・・・

⑮切り取り線　⑯切り取り線の文字

申込用紙

⑰横倍角（横200％）・センタリング

参加希望コース名	氏名（ふりがなも記入）	年齢	携帯電話番号

⑲文字の正確　⑱罫線の種類

※　申し込みは8月18日で締め切りとなります。

⑳網掛け

問題→本誌Ｐ．92

17回

①～⑳各５点、70点以上で合格

※審査箇所以外は、文字の正確エラーや編集エラーがあってもエラーにはならない。※審査箇所に未入力文字・誤字・脱字・余分字などのエラーが一つでもあれば、当該項目は不正解とする。

①	文書の余白	余白が上下左右それぞれ20mm以上30mm以下となっていない場合はエラーとする。※ただし、下余白については30mmを超えても35mm以下であれば許容とする。	全体で５点
	フォントの種類・サイズ	審査箇所で指示のない文字は、フォントの種類が明朝体の全角で、サイズは12ポイントに統一されていること。	
	空白行	右の問題文にない１行を超えた空白行がある場合はエラーとする。	
	文書の印刷	逆さ印刷・裏面印刷・審査欄にかかった印刷・複数ページにまたがった印刷・破れ印刷など、本人による印刷ミスがある場合はエラーとする。	

芸術祭リハーサル表

②標題の編集

③文字の正確

□下のような予定で、芸術祭に参加する団体のリハーサルを行います。それぞれの団体は、この予定表に従って実施してください。

④線囲み

１．芸術祭前日（６月１日）

参加団体	顧問	事前準備	練習時間
３年４組	東山先生	机・椅子・教卓	１３時～１４時
演劇部		大道具・小道具、舞台衣装	１４時～１６時
吹奏楽同好会	佐々木先生	演奏楽器・譜面台	１６時～１８時

⑤罫線の種類　⑥項目名の位置　⑦均等割付け　⑧均等割付け　⑨文字の正確　⑩校正記号による校正　⑪文字の正確

※　上記以外の照明器具や放送機器は、舞台に備え付けてあります。

⑫網掛け　⑬線囲み

２．リハーサル時間以外の練習場所

練習場所	利用上の注意	使用団体
音楽室	最終の利用時間は２０時まで	吹奏楽同好会
視聴覚室	マイク・楽器等の使用は禁止	演劇部
社会科室		３年４組

⑭罫線による作表　⑮項目名の位置　⑯均等割付け　⑰校正記号による校正・文字の正確　⑱均等割付け　⑲オブジェクトの挿入

実行委員会：木原（もきはら）

⑳ルビ・フォントの種類、実行委員会の右寄せ

問題→本誌Ｐ．94

18回　①～⑳各５点、70点以上で合格

※審査箇所以外は、文字の正確エラーや編集エラーがあってもエラーにはならない。※審査箇所に未入力文字・誤字・脱字・余分字などのエラーが一つでもあれば、当該項目は不正解とする。

	項目	内容	
①	文書の余白	余白が上下左右それぞれ20mm以上30mm以下となっていない場合はエラーとする。 ※ただし、下余白については30mmを超えても35mm以下であれば許容とする。	全体で5点
	フォントの種類・サイズ	審査箇所で指示のない文字は、フォントの種類が明朝体の全角で、サイズは12ポイントに統一されていること。	
	空白行	右の問題文にない１行を超えた空白行がある場合はエラーとする。	
	文書の印刷	逆さ印刷・裏面印刷・審査欄にかかった印刷・複数ページにまたがった印刷・破れ印刷など、本人による印刷ミスがある場合はエラーとする。	

②標題の編集

お風呂自慢の温泉宿

③文字の正確　④網掛け

秋の東北で、紅葉を楽しめる「露天風呂」が自慢の温泉宿を集めました。源泉１００％掛け流しの湯でお肌もしっとり。ゆったりとした時間をお過ごしください。

⑤二重下線

１．おすすめの旅館

⑥罫線の種類　⑦項目名の位置　⑧均等割付け　⑨均等割付け　⑩データの入力位置　⑪センタリング

地　区	宿泊施設	宿　泊　施　設　情　報	食事場所
十和田	湯の宿亀屋	源泉地の静かな宿でゆったりした気分	部屋食
	ホテル天山	自然のままの露天風呂が評判	
鳴　子	鳴子河畔の宿	川のせせらぎで旅情満点	小宴会場

⑫文字の正確

□☆□各宿泊施設とも料金は下記のとおり同一料金です。

２．料金表（お一人様）

⑬罫線による作表　⑭項目名の位置　⑮均等割付け　⑯料金の数字・右寄せ

ご利用人数	平日・休日	金曜・休前日
１室２名様	12,500円	16,000円
１室３名様以上	11,000円	14,000円

⑲オブジェクトの挿入

⑰文字の正確

□◎□料金は、大人１泊２食付き（税サービス料込み）です。

小学生は大人料金の７０％です。

⑱校正記号による校正

資料作成：神永□美里（カミナガ）

⑳ルビ・フォントの種類、資料作成の右寄せ

問題→本誌Ｐ.96

19回　①～⑳各５点、70点以上で合格

※審査箇所以外は、文字の正確エラーや編集エラーがあってもエラーにはならない。※審査箇所に未入力文字・誤字・脱字・余分字などのエラーが一つでもあれば、当該項目は不正解とする。

	項目	内容	
①	文書の余白	余白が上下左右それぞれ20mm以上30mm以下となっていない場合はエラーとする。 ※ただし、下余白については30mmを超えても35mm以下であれば許容とする。	全体で5点
	フォントの種類・サイズ	審査箇所で指示のない文字は、フォントの種類が明朝体の全角で、サイズは12ポイントに統一されていること。	
	空白行	右の問題文にない１行を超えた空白行がある場合はエラーとする。	
	文書の印刷	逆さ印刷・裏面印刷・審査欄にかかった印刷・複数ページにまたがった印刷・破れ印刷など、本人による印刷ミスがある場合はエラーとする。	

全日本デジタルコンクール

②標題の編集

③文字の正確

□文化祭や体育祭などの学校行事、クラブ活動やボランティア活動といった、学生・生徒の日常的な活動の動画を幅広く募集しています。

④網掛け　⑤二重下線

１．応募作品

⑥罫線による作表　⑦項目名の位置　⑧文字の正確　⑨均等割付け　⑩文字の正確　⑪校正記号による校正

部　門	規　定　時　間	応　募　締　切	作品媒体
高校生の部	３分以上５分以内	１１月２９日（金）	ＤＶＤ－Ｒ
	５分以上７分以内		
大学生の部	８分以上１０分以内	１２月１６日（月）	
	１０分以上１２分以内		

◎　規定時間内に作成された、**オリジナル未発表作品**に限ります。

⑫校正記号による校正

２．表彰

⑬罫線の種類　⑭項目名の位置　⑮均等割付け　⑯文字の正確　⑰特別奨励金の数字・右寄せ

各部門とも	賞　　　品	特別奨励金
最優秀賞	賞状・盾・ビデオカメラ	100,000円
特別賞		50,000円

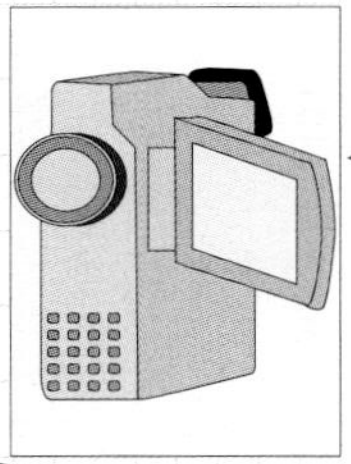

⑱オブジェクトの挿入

☆　応募先　足立区舎人（とねり）南２－８

⑲ルビ・フォントの種類

デジタル出版協会「全日本デジタルコンクール」係

⑳文字の正確

問題→本誌Ｐ.98

筆記問題解答

筆記問題1 問題→本誌P.104

1	① ア	② カ	③ ク	④ シ	⑤ イ	⑥ エ	⑦ サ	⑧ キ
2	① ケ	② シ	③ イ	④ エ	⑤ キ	⑥ ア	⑦ オ	⑧ コ
3	① サ	② カ	③ ク	④ シ	⑤ ア	⑥ オ	⑦ キ	⑧ ウ
4	① オ	② ケ	③ ウ	④ コ	⑤ シ	⑥ ク	⑦ イ	⑧ カ

筆記問題2 問題→本誌P.106

1	① オ	② ○	③ サ	④ ウ	⑤ カ	⑥ ケ	⑦ ○	⑧ ア
2	① ク	② カ	③ ウ	④ ○	⑤ イ	⑥ エ	⑦ キ	⑧ ○
3	① ○	② サ	③ ア	④ オ	⑤ ○	⑥ ケ	⑦ シ	⑧ イ
4	① ケ	② ○	③ エ	④ オ	⑤ シ	⑥ ク	⑦ サ	⑧ ○
5	① ウ	② ク	③ コ	④ ケ	⑤ ○	⑥ ○	⑦ シ	⑧ エ
6	① ク	② サ	③ ○	④ カ	⑤ ○	⑥ イ	⑦ エ	⑧ シ

筆記問題3 問題→本誌P.117

1	① イ	② ウ	③ ア	④ ウ	⑤ イ	⑥ ア	⑦ ウ	⑧ イ
2	① ア	② ウ	③ ウ	④ イ	⑤ ウ	⑥ ア	⑦ イ	⑧ イ
3	① ウ	② ア	③ イ	④ ア	⑤ ア	⑥ イ	⑦ イ	⑧ ア
4	① ウ	② イ	③ ウ	④ ア	⑤ イ	⑥ イ	⑦ ア	⑧ ウ
5	① イ	② ウ	③ イ	④ イ	⑤ ウ	⑥ ア	⑦ ウ	⑧ ア
6	① ア	② イ	③ ア	④ イ	⑤ ウ	⑥ ア	⑦ ウ	⑧ イ

筆記問題4 問題→本誌P.120

1	① イ	② ア	③ ウ	④ ア	⑤ ウ	⑥ イ
2	① ウ	② ア	③ ウ	④ ア	⑤ ア	⑥ イ
3	① ア	② ウ	③ ウ	④ イ	⑤ ウ	⑥ ア

筆記問題5 問題→本誌P.131

1	① いにん	② しょうさい	③ ねんざ	④ きじょう	⑤ すいい	⑥ てんぷ
	⑦ がいとう	⑧ さんま	⑨ はすう	⑩ りじゅん	⑪ こんい	⑫ めんしき
	⑬ たくえつ	⑭ ほうじちゃ	⑮ そくしん	⑯ ふりこみ		
2	① はけん	② かさ	③ つばめ	④ そんえき	⑤ ようつう	⑥ さいまつ
	⑦ か	⑧ しょめい	⑨ すいとう	⑩ びんじょう	⑪ にっぽう	⑫ ぜんしょ
	⑬ とくい	⑭ くじら	⑮ べんしょう	⑯ たこあげ		

筆記問題6 問題→本誌P. 132

	①	②	③	④	⑤	⑥	⑦	⑧	⑨	⑩	⑪	⑫	⑬	⑭	⑮	⑯
1	ウ	ア	ア	ウ	イ	ア	イ	ア	ア	イ	ウ	ア	イ	ア	ウ	イ
2	ア	ウ	ア	イ	ア	ウ	ウ	イ	ウ	ウ	ア	ア	イ	ア	ウ	イ

筆記問題7 問題→本誌P. 133

	①	②	③	④	⑤	⑥	⑦	⑧	⑨	⑩	⑪	⑫	⑬	⑭	⑮	⑯
1	ア	ア	イ	ウ	ア	イ	ア	ウ	ア	イ	ウ	イ	ア	イ	ア	ア
2	ア	ウ	ア	イ	ア	ウ	ア	イ	ウ	ア	ウ	イ	ア	ウ	イ	イ

筆記問題8 問題→本誌P. 134

	①	②	③	④	⑤	⑥	⑦	⑧	⑨	⑩	⑪	⑫	⑬	⑭	⑮	⑯
1	ア	ウ	ア	ウ	イ	ウ	ア	ウ	ア	イ	ウ	ア	ウ	イ	ア	イ
2	ウ	イ	イ	ウ	ア	ア	ウ	ア	イ	ウ	ア	ウ	ア	イ	イ	ウ

筆記まとめ問題① 問題→本誌P. 135

1	① サ	② ウ	③ イ	④ エ	⑤ ケ	⑥ ア	⑦ キ	⑧ オ
2	① サ	② エ	③ オ	④ ク	⑤ ○	⑥ ケ	⑦ ○	⑧ イ
3	① ウ	② ア	③ イ	④ ア	⑤ ア	⑥ イ	⑦ ウ	⑧ ア
4	① イ	② ウ	③ ア	④ イ	⑤ イ	⑥ ア		
5	① じちょう	② こんせつ	③ しょうじん	④ ていねい	⑤ げきれい	⑥ ゆず		
6	① ア	② イ	③ ア	④ ウ				
7	① イ	② イ	③ ウ	④ ア	⑤ ア	⑥ イ		
8	① ア	② イ	③ イ	④ ウ				

筆記まとめ問題② 問題→本誌P. 138

1	① コ	② エ	③ オ	④ ア	⑤ イ	⑥ キ	⑦ ク	⑧ サ
2	① ウ	② カ	③ ○	④ コ	⑤ サ	⑥ キ	⑦ ○	⑧ ケ
3	① ウ	② イ	③ ア	④ イ	⑤ イ	⑥ ア	⑦ ア	⑧ ウ
4	① ア	② ウ	③ ウ	④ ア	⑤ ア	⑥ イ		
5	① わさび	② はまぐり	③ ようせい	④ そうけん	⑤ すずり	⑥ かどう		
6	① ウ	② イ	③ ア	④ イ				
7	① ア	② イ	③ ウ	④ イ	⑤ ウ	⑥ ア		
8	⑥ イ	⑦ ア	⑧ イ	⑨ ウ				

模擬問題解答

模擬問題　実技１回

①～⑳各５点、70点以上で合格

※審査箇所以外は、文字の正確エラーや編集エラーがあってもエラーにはならない。※審査箇所に未入力文字・誤字・脱字・余分字などのエラーが一つでもあれば、当該項目は不正解とする。

	項目	内容	
①	文書の余白	余白が上下左右それぞれ20mm以上30mm以下となっていない場合はエラーとする。 ※ただし、下余白については30mmを超えても35mm以下であれば許容とする。	全体で５点
	フォントの種類・サイズ	審査箇所で指示のない文字は、フォントの種類が明朝体の全角で、サイズは12ポイントに統一されていること。	
	空白行	右の問題文にない１行を超えた空白行がある場合はエラーとする。	
	文書の印刷	逆さ印刷・裏面印刷・審査欄にかかった印刷・複数ページにまたがった印刷・破れ印刷など、本人による印刷ミスがある場合はエラーとする。	

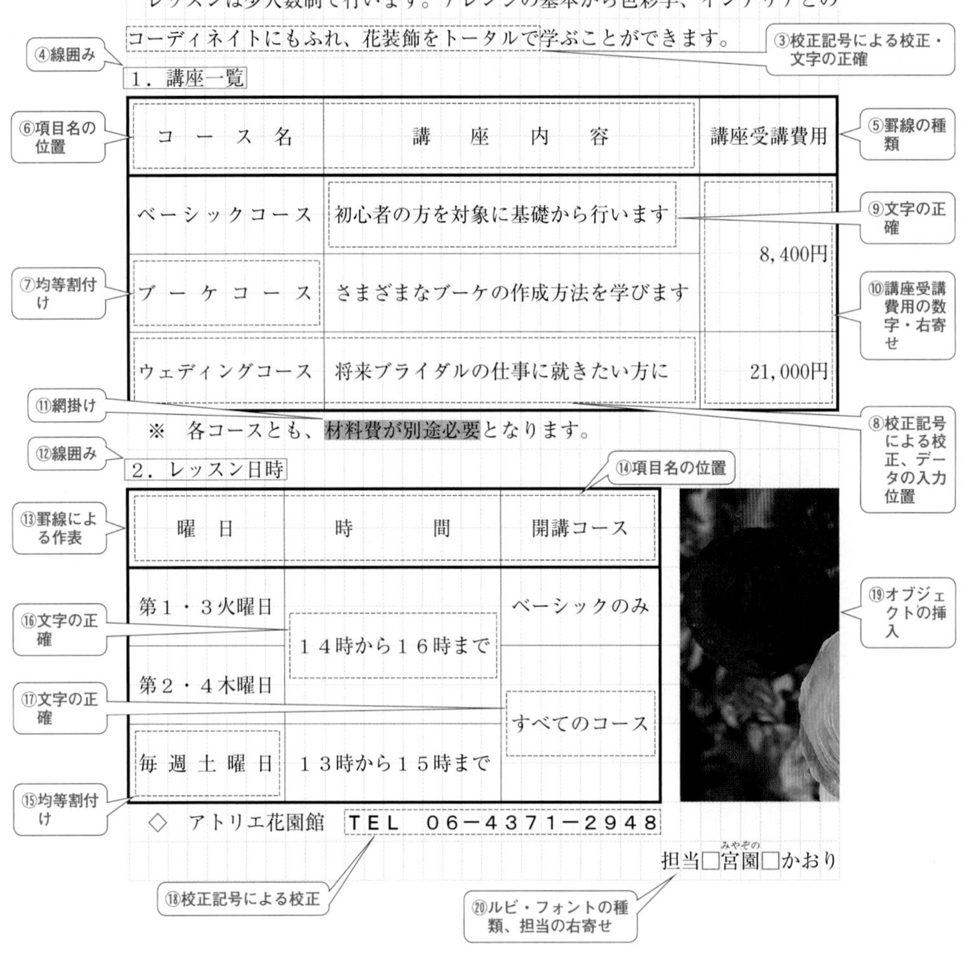

フラワーアレンジメント教室のご案内

レッスンは少人数制で行います。アレンジの基本から色彩学、インテリアとのコーディネイトにもふれ、花装飾をトータルで学ぶことができます。

1．講座一覧

コース名	講座内容	講座受講費用
ベーシックコース	初心者の方を対象に基礎から行います	8,400円
ブーケコース	さまざまなブーケの作成方法を学びます	
ウェディングコース	将来ブライダルの仕事に就きたい方に	21,000円

※　各コースとも、材料費が別途必要となります。

2．レッスン日時

曜日	時間	開講コース
第１・３火曜日	１４時から１６時まで	ベーシックのみ
第２・４木曜日		すべてのコース
毎週土曜日	１３時から１５時まで	

◇　アトリエ花園館　ＴＥＬ　０６－４３７１－２９４８

担当□宮園（みやぞの）□かおり

問題→本誌Ｐ．142

模擬問題　筆記１回　解答

問題→本誌P．144

1	① ク	② オ	③ コ	④ ア	⑤ カ	⑥ ウ	⑦ サ	⑧ キ
2	① オ	② ○	③ シ	④ キ	⑤ ア	⑥ サ	⑦ ○	⑧ ウ
3	① イ	② ウ	③ イ	④ ウ	⑤ ア	⑥ ア	⑦ イ	⑧ ウ
4	① ウ	② ウ	③ イ	④ ア	⑤ ウ	⑥ ア		
5	① あみど		② りんばん		③ ていけい			
	④ かんけつ		⑤ しゅっか		⑥ ようし			
6	① イ	② ウ	③ ア	④ イ				
7	① ウ	② イ	③ ア	④ イ	⑤ ア	⑥ ウ		
8	① ア	② イ	③ ウ	④ ア				

■ 模擬問題　実技２回 ■　①～⑳各５点、70点以上で合格

※審査箇所以外は、文字の正確エラーや編集エラーがあってもエラーにはならない。※審査箇所に未入力文字・誤字・脱字・余分字などのエラーが一つでもあれば、当該項目は不正解とする。

①	文書の余白	余白が上下左右それぞれ20mm以上30mm以下となっていない場合はエラーとする。 ※ただし、下余白については30mmを超えても35mm以下であれば許容とする。	全体で５点
	フォントの種類・サイズ	審査箇所で指示のない文字は、フォントの種類が明朝体の全角で、サイズは12ポイントに統一されていること。	
	空白行	右の問題文にない１行を超えた空白行がある場合はエラーとする。	
	文書の印刷	逆さ印刷・裏面印刷・審査欄にかかった印刷・複数ページにまたがった印刷・破れ印刷など、本人による印刷ミスがある場合はエラーとする。	

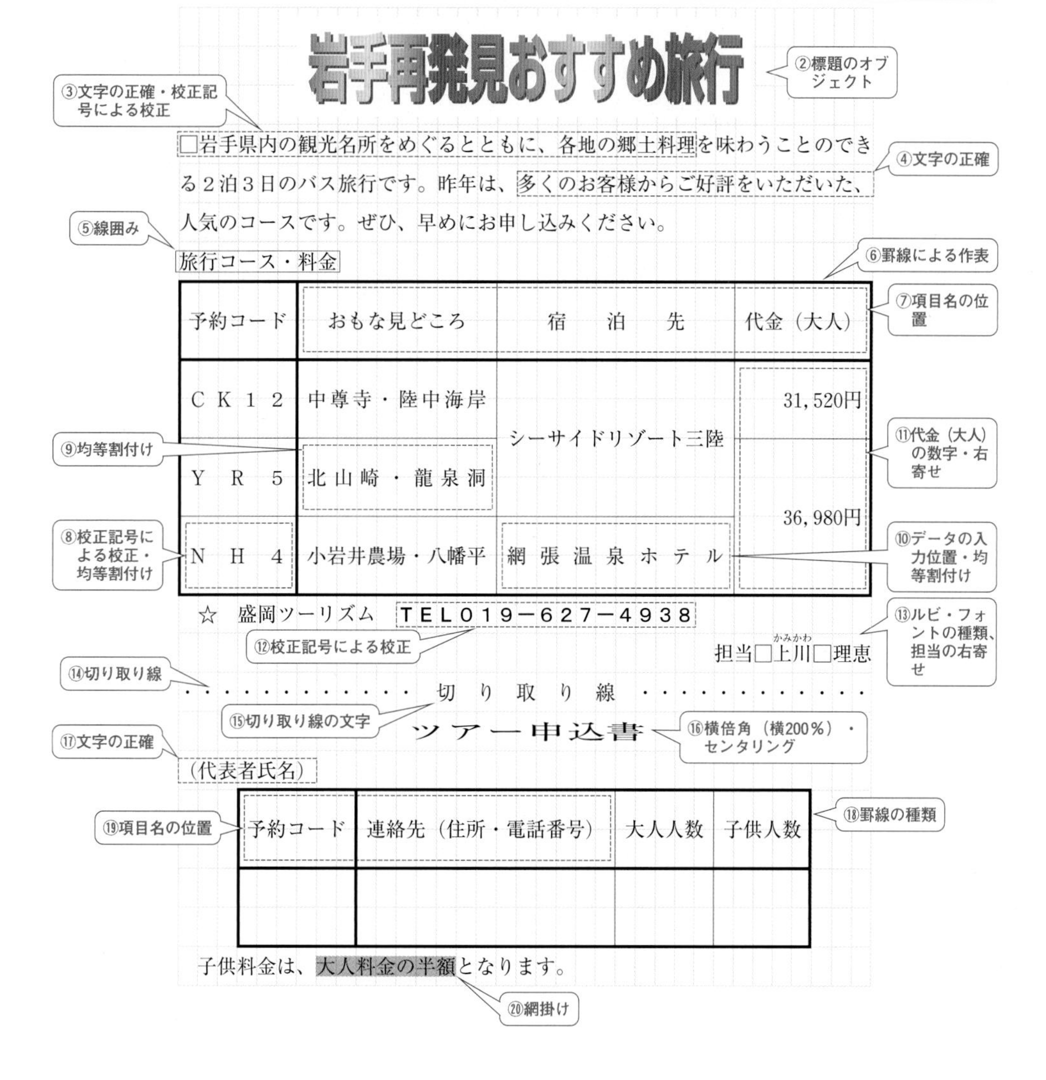

岩手再発見おすすめ旅行

□岩手県内の観光名所をめぐるとともに、各地の郷土料理を味わうことのできる２泊３日のバス旅行です。昨年は、多くのお客様からご好評をいただいた、人気のコースです。ぜひ、早めにお申し込みください。

旅行コース・料金

予約コード	おもな見どころ	宿泊先	代金（大人）
ＣＫ１２	中尊寺・陸中海岸	シーサイドリゾート三陸	31,520円
ＹＲ５	北山崎・龍泉洞		
ＮＨ４	小岩井農場・八幡平	網張温泉ホテル	36,980円

☆　盛岡ツーリズム　ＴＥＬ０１９－６２７－４９３８

担当□上川（かみかわ）□理恵

・・・・・・・・・・・・切り取り線・・・・・・・・・・・・

ツアー申込書

（代表者氏名）

予約コード	連絡先（住所・電話番号）	大人人数	子供人数

子供料金は、大人料金の半額となります。

問題→本誌Ｐ.148

■ 模擬問題　筆記２回　解答 ■　問題→本誌P.150

1	①　ク	②　キ	③　サ	④　カ	⑤　コ	⑥　ア	⑦　ケ	⑧　オ
2	①　サ	②　エ	③　〇	④　オ	⑤　〇	⑥　ウ	⑦　キ	⑧　カ
3	①　ウ	②　ア	③　ウ	④　イ	⑤　ア	⑥　イ	⑦　ウ	⑧　ア
4	①　ウ	②　イ	③　ア	④　ウ	⑤　ア	⑥　イ		
5	①　かんぺき	②　めんどう	③　のうき					
	④　そきゅう	⑤　けんあん	⑥　ぶんかつ					
6	①　ウ	②　ア	③　イ	④　ア				
7	①　ア	②　イ	③　イ	④　ウ	⑤　ア	⑥　ウ		
8	①　イ	②　ア	③　ウ	④　イ				

便利なショートカットキー（Windows）

キー	機能
Ctrl + C	コピー
Ctrl + X	切り取り
Ctrl + V	貼り付け
Ctrl + Z	元に戻す
Ctrl + Y	「元に戻す」の取り消し
Ctrl + P	印刷
Ctrl + S	上書き保存
Ctrl + A	すべて選択
Ctrl + B	文字列を太字にする
Ctrl + I	文字列を斜体にする
Ctrl + U	文字列に下線を引く
Ctrl + F	検索
Ctrl + O	ファイルを開く
Ctrl + N	新規作成
Ctrl + Shift + N	フォルダの新規作成
Ctrl + D	ごみ箱に移動
Alt + ←	前のページに戻る
Alt + →	次のページに進む
Alt + Tab	ウィンドウの切り替え
Alt + F4	使用中の項目を閉じる/ 作業中のプログラムを終了
Ctrl + Alt + Del	強制終了

キー	機能
F1	ヘルプを開く
F2	ファイルやフォルダの名前を変更
F3	ファイルやフォルダの検索
F4	アドレスバーを表示/ 操作を繰り返す
F5	作業中のウィンドウを 最新の情報に更新
F6	ひらがなに変換
F7	全角カタカナに変換
F8	半角カタカナに変換
F9	全角英数に変換
F10	半角英数に変換
F11	ウィンドウを全画面で表示
F12	名前を付けて保存 （WordやExcel）

年　　組　　番

２級別冊②　掲載内容

別冊②

公益財団法人　全国商業高等学校協会主催・文部科学省後援

第69回　ビジネス文書実務検定試験　(4. 11. 27)

第２級

速度部門　問題

（制限時間10分）

試験委員の指示があるまで、下の事項を読みなさい。

〔書式設定〕

a．１行の文字数を３０字に設定すること。
b．フォントの種類は明朝体とすること。
c．プロポーショナルフォントは使用しないこと。

〔注意事項〕

1．ヘッダーに左寄せで受験級、試験場校名、受験番号を入力すること。
2．問題のとおり、すべて全角文字で入力すること。
3．長音は必ず長音記号を用いること。
4．入力したものの訂正や、適語の選択などの操作は、制限時間内に行うこと。
5．問題は、文の区切りに句読点を用いているが、句点に代えてピリオドを、読点に代えてコンマを使用することができる。ただし、句点とピリオド、あるいは、読点とコンマを混用することはできない。混用した場合はエラーとする。
6．時間が余っても、問題文を繰り返し入力しないこと。

第69回　ビジネス文書実務検定試験　(4. 11. 27)

第２級　速度部門問題　(制限時間10分)

誕生石とは、各月に割り当てられた宝石のことをいう。昨年末に	30
国内の宝飾品関係の３団体によって改定し、新たに１０種類の石が	60
追加された。この改定は６３年ぶりであったため、ＳＮＳを中心と	90
して話題になった。	100
諸説あるが、誕生石は１８世紀にポーランドの宝石商が考案し、	130
各地に広まったといわれている。その後、いくつもの団体がそれぞ	160
れにアレンジを加えたことにより、各月の誕生石が異なっていた。	190
米国で１９１２年に開催された宝石商組合の大会において、宝石の	220
普及を目的として初めて統一が図られた。	240
米国で定めたものを参考に、日本では国内の風土や風習に合わせ	270
た修正が加えられた。今回新しく追加された石は、春の桜や夏の森	300
などを感じさせるもので、日本の四季を連想させる。どの月におい	330
ても複数の色の石が入ったことで、選択の幅が広がった。	357
自然によって作られた石には地球の力が宿っており、身に着ける	387
ことで幸運を呼び寄せるともいわれている。それぞれの宝石には、	417
意味や石言葉が込められている。この機会に、自分自身の誕生石を	447
調べてみてはどうだろうか。	460

公益財団法人　全国商業高等学校協会主催・文部科学省後援

第69回　ビジネス文書実務検定試験　(4. 11. 27)

第２級

ビジネス文書部門　筆記問題

(制限時間15分)

試験委員の指示があるまで、下の事項を読みなさい。

〔 注　意　事　項 〕

1．試験委員の指示があるまで、問題用紙と解答用紙に手を触れてはいけません。
2．問題は1から8までで、３ページに渡って印刷されています。
3．試験委員の指示に従って、解答用紙に「試験場校名」と「受験番号」を記入しなさい。
4．解答はすべて解答用紙に記入しなさい。
5．試験は「始め」の合図で開始し、「止め」の合図があったら解答の記入を中止し、ただちに問題用紙を閉じなさい。
6．問題が不鮮明である場合には、挙手をして試験委員の指示に従いなさい。なお、問題についての質問には一切応じません。
7．問題用紙・解答用紙の回収は、試験委員の指示に従いなさい。

※「解答用紙」は22ページに、「模範解答」は28ページに掲載しています。

1　次の各用語に対して、最も適切な説明文を解答群の中から選び、記号で答えなさい。

① メーリングリスト　② 段組み　③ ＪＩＳ第２水準
④ 手書き入力　⑤ 常用漢字　⑥ インクカートリッジ
⑦ ＰＰＣ用紙　⑧ 行ピッチ

【解答群】

ア．熱を感じると黒く変色する印刷用紙のこと。熱・光・経年変化に弱いので、保存が必要な場合は注意を要する。
イ．マウスでドラッグし、漢字や記号を入力する方法のこと。
ウ．ＪＩＳで定められた漢字の規格で、２９６５字が５０音順に並んでいる。
エ．コピー機での使用に最適な特徴を持つ用紙のこと。
オ．新聞や辞書などのように、同一ページ内で文字列を複数段に構成する機能のこと。
カ．インクジェットプリンタで使う液体インクの入った容器のこと。
キ．現代の国語を書き表す場合の漢字使用の目安とされる、２１３６文字の漢字のこと。
ク．横書きの文書の中で、上下に隣接する行の文字の中心から中心までの長さのこと。
ケ．１６進数で表されたＪＩＳコードにより、漢字や記号を入力する方法のこと。
コ．国語の文章の表記に用いる漢字のうち、３３９０字が部首別に並んでいる規格のこと。
サ．メンバーで代表のアドレスを共有し、メールを全員に配信するシステムのこと。
シ．メールの操作をする権限のこと。メールアドレス、ユーザＩＤ、パスワードなどがセットになって提供される。

2　次の各文の下線部について、正しい場合は○を、誤っている場合は最も適切な用語を解答群の中から選び、記号で答えなさい。

① 主にワープロソフトで扱うファイルのことを**文書ファイル**という。
② **Cc**とは、本来の受信者や同時に受信している他の受信者にメールアドレスを知らせないで、同じメールを送ることができる電子メールの送信先指定方法である。
③ ページの任意の位置に、あらかじめ設定した書式とは別に、独自に文字が入力できるように設定する枠のことを**オブジェクト**という。
④ **透かし**とは、文字の背景に配置する模様や文字、画像のことである。
⑤ 指定されたサイズの用紙を適切な枚数入れて、プリンタの内部にセットする装置のことを**シートフィーダ**という。
⑥ **合字**とは、漢字などにつけるふりがなのことである。
⑦ 受取人に用件を適確に伝えるために、メールの内容を簡潔に表現した見出しのことを**署名**という。
⑧ **ドット**とは、ディスプレイやプリンタ、スキャナなどで入出力される、文字や画像のきめの細かさを意味する尺度のことである。

【解答群】

ア．レターサイズ　**イ**．ツールボタン　**ウ**．解像度
エ．用紙カセット　**オ**．マルチシート　**カ**．和欧文字間隔
キ．静止画像ファイル　**ク**．Bcc　**ケ**．件名
コ．塗りつぶし　**サ**．ルビ　**シ**．テキストボックス

3　次の各文の〔　　〕の中から最も適切なものを選び、記号で答えなさい。

① 情報を知らせたり、事情を説明したりするための文書のことを〔ア．礼状　イ．祝賀状　ウ．案内状〕という。

② 〔ア．回覧　イ．規定・規程〕とは、各部署などに、順々にまわして伝えるための文書のことである。

③ 取引条件を記し、買主からの注文を請け負ったことを知らせるための文書のことを〔ア．注文書　イ．注文請書　ウ．物品受領書〕という。

④ ４のローマ数字での表記は、〔ア．Ⅸ　イ．Ⅳ　〕である。

⑤ 個人が市区町村の役所に、印鑑登録の届出をしている個人印のことを〔ア．実印　イ．代表者印　ウ．電子印鑑〕という。

⑥ Ctrl + X は、〔ア．貼り付け　イ．コピー　ウ．切り取り〕の操作を実行するショートカットキーである。

⑦ 〔ア．プレゼンテーション　イ．サブタイトル　ウ．配布資料〕とは、標題の補足説明をするためにつける見出しのことである。

⑧ プレゼンテーションで活用する資料や道具の総称のことを〔ア．ツール　イ．レイアウト　ウ．ポインタ〕という。

4　次の文書についての各問いの答えとして、最も適切なものをそれぞれのア～ウの中から選び、記号で答えなさい。

A **価格改定のお知らせ**

B　１２月１日より、
原材料費の高騰から一部商品を値上げいたします。

対　象　商　品	サイズ名	現行価格	改定価格
季節のミックスジュース	ＳＨＯＲＴ	D 370円	410円
	ＭＥＤＩＵＭ	420円	460円
C	ｇｒａｎｄｅ	460円	500円

○　価格は税込み表示です。
E

① Aに設定されている文字修飾はどれか。
　ア．太字　　イ．影付き　　ウ．イタリック

② Bの校正記号の指示の意味はどれか。
　ア．入れ替え　　イ．行を起こす　　ウ．行を続ける

③ Cを「ＧＲＡＮＤＥ」と校正したい場合の校正記号はどれか。
　ア．ｇｒａｎｄｅ（二重下線）　　イ．1.5ポ ｇｒａｎｄｅ　　ウ．ｇｒａｎｄｅ 大文字

④ Dに用いられている編集機能はどれか。
　ア．均等割付け　　イ．センタリング　　ウ．右揃え

⑤ Eに設定されている文字修飾はどれか。
　ア．一重下線　　イ．二重下線　　ウ．波線の下線

⑥ Fに表示する登録の有無に関係なく商標を表すマークはどれか。
　ア．JIS　　イ．©　　ウ．ＴＭ

5　次の各文の下線部の読みを、ひらがなで答えなさい。

① 彼は**律儀**な人だといわれている。
② 宝くじが当たったら家を買うと話したら、とらぬ**狸**の皮算用だと友人に言われた。
③ 彼女の車に**便乗**した。
④ 新装開店を記念して、来店客に**粗品**を渡す。
⑤ 上司の**決裁**が下りるのを待った。
⑥ 大会会場に生徒を**引率**する。

6　次の＜Ａ＞・＜Ｂ＞の各問いに答えなさい。

＜Ａ＞次の文の三字熟語について、下線部の読みで最も適切なものを〔　　〕の中から選び、記号で答えなさい。

① 彼は私の**愛**弟子です。　〔ア．あい　イ．まな〕

＜Ｂ＞次の各文の下線部は、三字熟語の一部として誤っている。最も適切なものを〔　　〕の中から選び、記号で答えなさい。

② 建物の骨組みが完成し、上**頭**式を行った。　〔ア．棟　イ．等　ウ．塔〕
③ 早急に**禅語**策を講じて対応する。　〔ア．前後　イ．善後〕
④ 季節ごとの風物**試**を調べる。　〔ア．史　イ．詞　ウ．詩〕

7　次の各文の下線部に漢字を用いたものとして、最も適切なものを〔　　〕の中から選び、記号で答えなさい。

① ぬか床(どこ)に大根を**つける**。　〔ア．着ける　イ．付ける　ウ．漬ける〕
② 相手の非を**せめる**。　〔ア．責める　イ．攻める〕
③ 季節外れの花が**さく**。　〔ア．割く　イ．裂く　ウ．咲く〕
④ 空気が**かわいて**いたため加湿した。　〔ア．渇いて　イ．乾いて〕
⑤ 砥石(といし)で包丁の**は**を研いだ。　〔ア．刃　イ．葉　ウ．歯〕
⑥ 道に迷い、**あたり**を見回す。　〔ア．当たり　イ．辺り〕

8　次の各文の〔　　〕の中から、ことわざ・慣用句の一部として最も適切なものを選び、記号で答えなさい。

① 全国大会の決勝戦を前に〔ア．指　イ．腕　ウ．のど〕が鳴る。
② 筋を〔ア．通す　イ．尽くす〕ことで相手からの信頼を得た。
③ 手に〔ア．涙　イ．手　ウ．汗〕を握る熱戦だった。
④ たまっていた不平不満をすべて話して、溜飲(りゅういん)を〔ア．下げる　イ．上げる〕。

公益財団法人　全国商業高等学校協会主催・文部科学省後援

第69回　ビジネス文書実務検定試験　(4.11.27)

第２級

ビジネス文書部門　実技問題

(制限時間15分)

試験委員の指示があるまで、下の事項を読みなさい。

〔 書 式 設 定 〕

ａ．余白は上下左右それぞれ２５ｍｍとすること。
ｂ．指示のない文字のフォントは、明朝体の全角で入力し、サイズは１２ポイントに統一すること。
　ただし、プロポーショナルフォントは使用しないこと。
ｃ．１行の文字数　　３７字
ｄ．複数ページに渡る印刷にならないよう書式設定に注意すること。
※　なお、問題文は１ページ２８行で作成されていますが、解答にあたっては、行数を調整すること。

〔 注 意 事 項 〕

１．ヘッダーに左寄せで受験級、試験場校名、受験番号を入力すること。
２．Ａ４判縦長用紙１枚に体裁よく作成し、印刷すること。
３．訂正・挿入・削除・適語の選択などの操作は制限時間内に行うこと。

オブジェクトやファイルなどのデータは、
試験委員の指示に従い、挿入すること。

※「模範解答」は25ページに掲載しています。

第69回　ビジネス文書実務検定試験　(4.11.27)

第２級　ビジネス文書部門実技問題　(制限時間15分)

【問　題】

次の指示に従い、右のような文書を作成しなさい。

【指　示】

1．右の問題文を校正記号に従って入力すること。
2．問題文に合った標題のオブジェクトを、用意されたフォルダなどから選び、指示された位置に挿入しセンタリングすること。
3．表は、行頭・行末を越えずに作成し、行間は、２．０とすること。
4．罫線は、右の表のように太実線と細実線とを区別すること。
5．表の枠内の文字は１行で入力し、上下のスペースが同じであること。
6．表内の「クラス名」、「調理技術」、「レッスン料」は下の資料を参照し、項目名とデータが正しく並ぶように作成すること。

資料

クラス名	調理技術	レッスン料
スキルアップ	応用	1,000円
マクロビ	基礎	1,000円
入門ごはん	基礎	500円

7．表内の「レッスン料」の数字は、明朝体の半角で入力し、３桁ごとにコンマを付けること。
8．切り取り線「・・・・・・」の部分は、行頭、行末を越えないように作成すること。また、「体験申込書」の表より短くしないこと。
9．切り取り線には、右の問題文のように「切　り　取　り　線」の文字を入力し、センタリングすること。
10．「体験申込書」の表はセンタリングすること。
11．①～⑨の処理を行うこと。
12．右の問題文にない空白行を入れないこと。

オブジェクト（標題）の挿入・センタリング

当料理スクールでは、体験教室を常時開催しています。会員の方も、別クラスに参加して料理のレパートリーを増やしてみませんか。実施日や授業内容などの詳細は、裏面をご確認ください。

①一重下線を引く。

【レッスン一覧】　②各項目名は、枠の中で左右にかたよらないようにする。

クラス名	調理技術	内　　容	レッスン料
マクロビ	基礎	毎日食べたくなる和洋中の基本的な料理	500円
		旬の~~野菜~~素材を使う体に優しい料理	
		季節や行事に合わせた特別な献立	

④センタリングする（均等割付けしない）。
⑤左寄せする（均等割付けしない）。
③枠内で均等割付けする。
⑥右寄せする。

◎　体験に必要なエプロンやハンドタオルは各自でご用意ください。

担当：生沢（いきさわ）　美羽　⑦明朝体のひらがなでルビをふり、右寄せする。

・・・・・・・・・・・・・・・切　り　取　り　線・・・・・・・・・・・・・・・

体験申込書　⑧フォントサイズは24ポイントで、センタリングする。

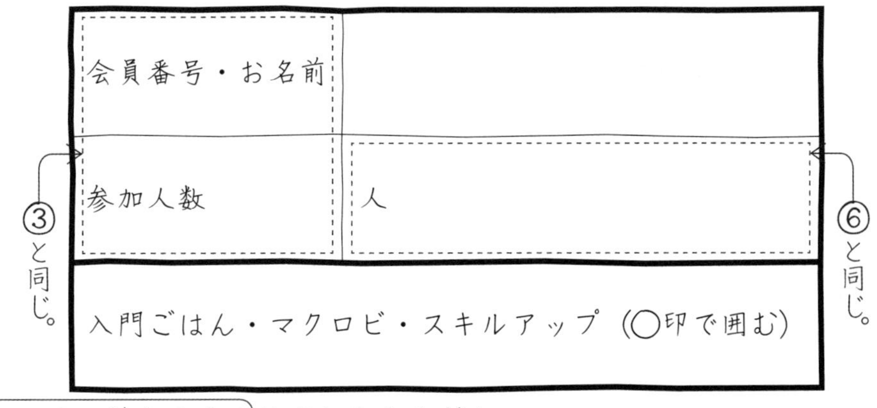

会員番号・お名前	
参加人数	人
入門ごはん・マクロビ・スキルアップ（○印で囲む）	

③と同じ。
⑥と同じ。

※　レッスン料を添えてお申し込みください。　⑨網掛けする。

※　会員以外の方でも参加可能（ゴ）です。

公益財団法人 全国商業高等学校協会主催・文部科学省後援

第70回　ビジネス文書実務検定試験　(5.7.2)

第２級　速度部門問題　(制限時間10分)

◆ **【書式設定】・【注意事項】** 第69回（１ページ）を参照すること。

最近では、公衆電話を見かけることが少なくなった。かつては駅	30
や公園などに設置されていたが、携帯電話やスマートフォンの普及	60
によって年々減少している。しかし、その存在意義が見直されてき	90
ている。	95
災害が起きた際、安否の確認や緊急通報などで電話回線が混雑す	125
ると、スマートフォンは通信が制限される場合が多い。そのような	155
ときでも、公衆電話はつながりやすい仕組みになっている。電力が	185
電話回線を通じて供給されるため、停電時も使える。	210
ある小学校が使い方教室を開いたところ、受話器を持ち上げる前	240
に硬貨を入れたため、発信することのできない児童が見られた。ま	270
た、ＮＴＴ東日本の調査により、約８割の子どもが公衆電話を利用	300
したことがないとわかった。このことを踏まえ、同社はポスターや	330
チラシを作成して、操作方法の周知に向けて取り組んでいる。	359
公衆電話は、緊急時でも有効な通信手段となるため、子どもに限	389
らず大人もその有用性を認識するべきだろう。ウェブページでは、	419
使い方や設置場所を簡単に確認できる。もしものときに備え、普段	449
から把握しておきたい。	460

第70回　ビジネス文書実務検定試験　(5.7.2)

第２級　ビジネス文書部門筆記問題　(制限時間15分)

◆**【注意事項】**第69回（３ページ）を参照すること。
◆「解答用紙」は23ページに、「模範解答」は28ページに掲載しています。

1　次の各文に対して、最も適切な用語を解答群の中から選び、記号で答えなさい。

① ユーザが使い勝手をよくするため、新たな単語とその読みを辞書ファイルに記憶すること。
② レーザプリンタやコピー機などで使う粉末状のインクのこと。
③ 横書きの１行の中で、左右に隣り合う文字の外側から外側までの長さのこと。
④ 写真やイラストなどのデータを保存するファイルのこと。その特徴によって使い分けられる。
⑤ 知人や取引先の名前やメールアドレスを登録・保存した一覧のこと。
⑥ 漢字などに付けるふりがなのこと。
⑦ 16進数で表されたＪＩＳコードやUnicodeにより、漢字や記号を入力する方法のこと。
⑧ パソコンの画面や印刷で、文字を構成する一つひとつの点のこと。

【解答群】

ア．文字間隔	**イ**．定型句登録	**ウ**．静止画像ファイル
エ．コード入力	**オ**．ドット	**カ**．単語登録
キ．ルビ	**ク**．トナー	**ケ**．予測入力
コ．メールアカウント	**サ**．文字ピッチ	**シ**．アドレスブック

2　次の各文の下線部について、正しい場合は○を、誤っている場合は最も適切な用語を解答群の中から選び、記号で答えなさい。

① **インデント**とは、データの破損や紛失などに備え、別の記憶装置や記憶媒体にまったく同じデータを複製し、保存することである。
② 表示する文書（シート）を切り替えるときにクリックする部分のことを**マルチシート**という。
③ **ネチケット**とは、インターネットでメールや情報発信をする際に、ルールを守り、他人の迷惑になる行為を慎むことである。
④ **塗りつぶし**とは、余白も含めた、文字が入力される用紙全体に設定される色や画像、またはその領域のことである。
⑤ 文書の連続したページを、１枚の用紙に二つ折りにしてとじられるように印刷することを**ファイリング**という。
⑥ メニュー（コマンド）を割り当てたアイコンのことを**オブジェクト**という。
⑦ **Bcc**とは、電子メールの送信先指定方法の一つで、主となる本来の宛先の受信者のメールアドレスのことである。
⑧ 画数やデザインが異なるが同じ文字として利用される漢字のことを**異体字**という。

【解答群】

ア．ルーラー	**イ**．バックアップ	**ウ**．To
エ．透かし	**オ**．インクカートリッジ	**カ**．From
キ．背景	**ク**．袋とじ印刷	**ケ**．常用漢字
コ．機種依存文字	**サ**．ワークシートタブ	**シ**．ツールボタン

3 次の各文の〔　　〕の中から最も適切なものを選び、記号で答えなさい。

① 〔ア．通達　イ．通知　ウ．回覧〕とは、上級機関が所管の機関・職員に指示をするための文書のことである。

② 〔ア．納品書　イ．見積書　ウ．請求書〕とは、代金の支払いを求めるための文書のことである。

③ 取引先と親交を深めるため、敬意を書面にて表す儀礼的な文書のことを〔ア．挨拶状　イ．添え状〕という。

④ ファイルを選択して、電子メールに付け添えるときは〔ア．送信　イ．添付　ウ．書式〕のボタンをクリックする。

⑤ 個人が日常生活で使用するもので、印鑑登録をしていない個人印のことを〔ア．役職印　イ．捺印　ウ．認印〕という。

⑥ Ctrl + P は、〔ア．印刷　イ．元に戻す　ウ．元に戻すを戻す〕の操作を実行するショートカットキーである。

⑦ 〔ア．レーザポインタ　イ．ツール　ウ．配布資料〕とは、スライドを印刷し、記入欄を設けるなどして綴じて渡す印刷物のことである。

⑧ 企画・提案・研究成果などを、説明または発表することを〔ア．スライドショー　イ．プレゼンテーション〕という。

4 次の文書についての各問いの答えとして、最も適切なものをそれぞれのア～ウの中から選び、記号で答えなさい。

① カンマ区切りファイルの拡張子として正しいのはどれか。

ア．ファイル０１.txt　　イ．ファイル０１.gif　　ウ．ファイル０１.csv

② 下の編集前の文字列から編集後の文字列にするために用いられた文字修飾はどれか。

編集前：全国高等学校ワープロ競技大会　⇨　編集後：*全国高等学校ワープロ競技大会*

ア．中抜き　　イ．斜体（イタリック）　　ウ．影付き

③ 下の文章の作成で利用した編集機能はどれか。

毎年、インターハイへの出場を懸けて、様々な競技の予選会が県内で実施され	**ている。一生懸命にプレーをする選手の姿は、何よりも美しく、見ている人の心**	**を魅了する。今年も高校生の熱い戦いが繰り広げられるだろう。**

ア．網掛け　　イ．段組み　　ウ．禁則処理

④ 下の校正記号の意味はどれか。

ました。┘ところで

ア．行を起こす　　イ．入れ替え　　ウ．行を続ける

⑤ 「ＫＡＲＡＴＥ」と校正したい場合の校正記号はどれか。

ア．KARATE（24ポ）　　イ．KARATE（ゴ）　　ウ．KARATE（24ポ）

⑥ 下の点線で囲まれているマークの名称はどれか。

©2023 ゼンショウクン CORPORATION

ア．著作権マーク　　イ．登録商標マーク　　ウ．商標マーク

5　次の各文の下線部の読みを、ひらがなで答えなさい。

① 授業の内容は、法の不**遡及**の原則についてだった。

② 私の故郷は**蜜柑**の名産地である。

③ **鳩**は平和の象徴である。

④ 彼の年齢を**考慮**する必要がある。

⑤ 転んで**肋骨**にひびが入った。

⑥ 高級な**海苔**を購入した。

6　次の＜Ａ＞・＜Ｂ＞の各問いに答えなさい。

＜Ａ＞次の各文の三字熟語について、下線部の読みで最も適切なものを〔　　〕の中から選び、記号で答えなさい。

① 「お世話になっております」は、ビジネスシーンでの**常**套句だ。〔ア．じょう　イ．つね〕

② 高校球児にとって甲子園は**檜**舞台である。〔ア．けやき　イ．ひのき　ウ．はつ〕

＜Ｂ＞次の各文の下線部は、三字熟語の一部として誤っている。最も適切なものを〔　　〕の中から選び、記号で答えなさい。

③ 習得した**恋**金術を弟子に引き継ぐ。〔ア．連　イ．練　ウ．錬〕

④ 高飛**社**な客にも笑顔で応対する。〔ア．者　イ．車〕

7　次の各文の下線部に漢字を用いたものとして、最も適切なものを〔　　〕の中から選び、記号で答えなさい。

① 茶畑で新茶を**つむ**。〔ア．積む　イ．摘む　ウ．詰む〕

② 両親に恋人を**あわせる**。〔ア．合わせる　イ．併せる　ウ．会わせる〕

③ 危険を**かえりみず**に救助へ向かった。〔ア．省みず　イ．顧みず〕

④ 夜が**ふける**と気温が下がる。〔ア．更ける　イ．老ける〕

⑤ 道が二股に**わかれる**。〔ア．別れる　イ．分かれる〕

⑥ 煮た小豆を**こす**。〔ア．漉す　イ．超す　ウ．越す〕

8　次の各文の〔　　〕の中から、ことわざ・慣用句の一部として最も適切なものを選び、記号で答えなさい。

① 石に〔ア．かじり　イ．しがみ〕ついてでも、目的を達成する覚悟だ。

② リング上では、試合開始前から両者が火花を〔ア．飛ばし　イ．散らし　ウ．醸（かも）し〕ていた。

③ 担任の先生は、結果よりも過程に〔ア．重き　イ．重視〕を置いている。

④ 私に白羽の〔ア．根　イ．葉　ウ．矢〕が立ったのは想定外だった。

第70回　ビジネス文書実務検定試験　(5.7.2)

第２級　ビジネス文書部門実技問題　（制限時間15分）

◆**【書式設定】・【注意事項】**第69回（７ページ）を参照すること。

※なお、問題文は１行の文字数37字、１ページ27行で作成されていますが、解答にあたっては、行数を調整すること。

◆「模範解答」は26ページに掲載しています。

【問　題】

次の指示に従い、右のような文書を作成しなさい。

【指　示】

1．右の問題文を校正記号に従って入力すること。

2．問題文に合った標題のオブジェクトを、用意されたフォルダなどから選び、指示された位置に挿入しセンタリングすること。

3．表は、行頭・行末を越えずに作成し、行間は、２．０とすること。

4．罫線は、右の表のように太実線と細実線とを区別すること。

5．表の枠内の文字は１行で入力し、上下のスペースが同じであること。

6．表内の「フレーバー名」、「種類」、「価格（税込）」は下の資料を参照し、項目名とデータが正しく並ぶように作成すること。

資料

フレーバー名	種　　類	価格（税込）
黒トリュフ	アイスクリーム	1,080円
とまと	氷菓	360円
生キャラメル	アイスクリーム	360円

7．表内の「価格（税込）」の数字は、明朝体の半角で入力し、３桁ごとにコンマを付けること。

8．切り取り線「・・・・・・」の部分は、行頭、行末を越えないように作成すること。また、「プレゼント応募券」の表より短くしないこと。

9．切り取り線には、右の問題文のように「切　り　取　り」の文字を入力しセンタリングすること。

10．「プレゼント応募券」の表はセンタリングすること。

11．①～⑨の処理を行うこと。

12．右の問題文にない空白行を入れないこと。

オブジェクト（標題）の挿入・センタリング

当店では、オリジナルアイスの試食販売会を開催しています。定番の商品をはじめ、厳選した素材を使った新作フレーバーをお試しください。

【新商品】

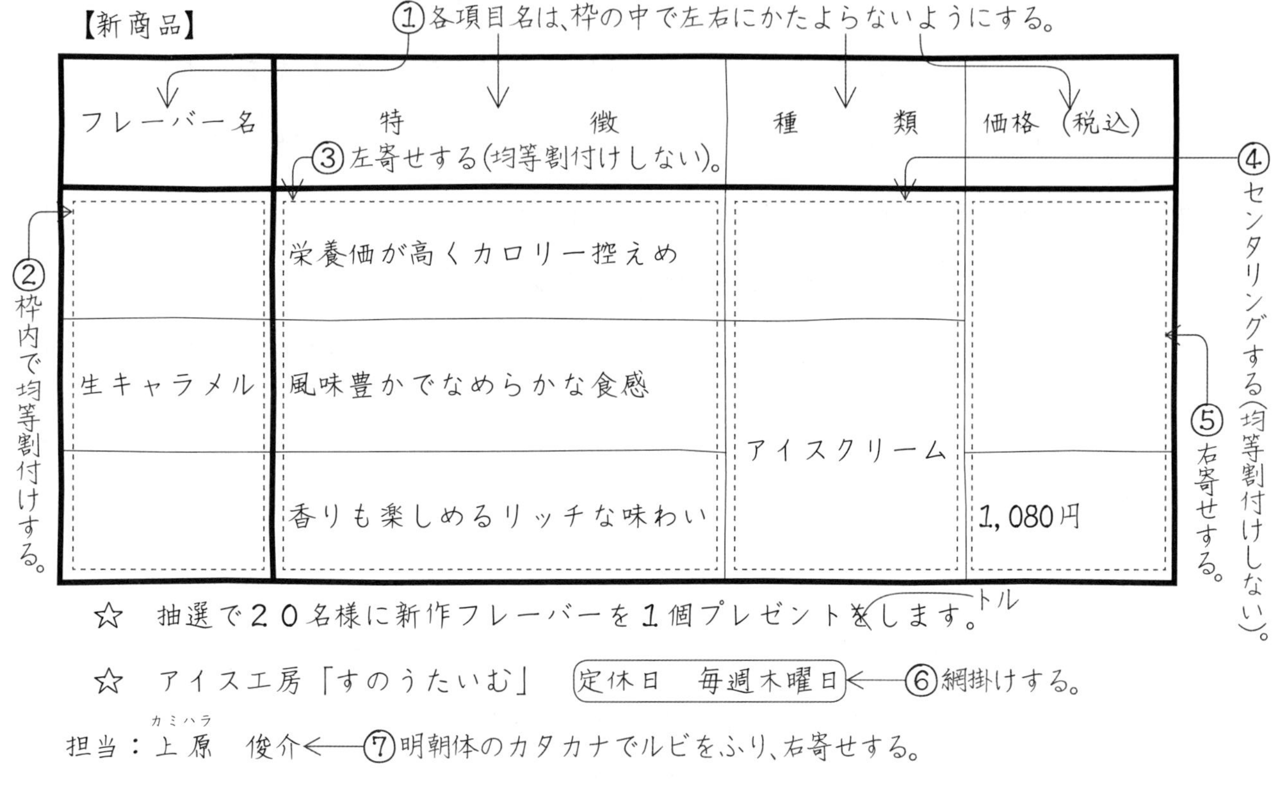

フレーバー名	特　　　徴	種　　類	価格（税込）
	栄養価が高くカロリー控えめ		
生キャラメル	風味豊かでなめらかな食感	アイスクリーム	
	香りも楽しめるリッチな味わい		1,080円

①各項目名は、枠の中で左右にかたよらないようにする。
③左寄せする（均等割付けしない）。
②枠内で均等割付けする。
④センタリングする（均等割付けしない）。
⑤右寄せする。

☆　抽選で２０名様に新作フレーバーを１個プレゼントをします。トル

☆　アイス工房「すのうたいむ」　定休日　毎週木曜日←⑥網掛けする。

担当：上原（カミハラ）　俊介←⑦明朝体のカタカナでルビをふり、右寄せする。

・・・・・・・・・・・・・・・・・・・・切　り　取　り・・・・・・・・・・・・・・・・・・・・

プレゼント応募券←⑧フォントは横２００％（横倍角）で、文字を線で囲み、センタリングする。

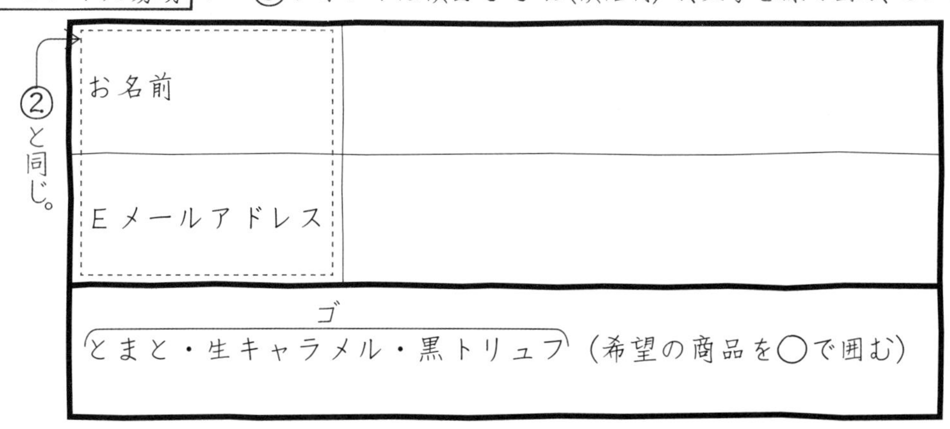

お名前	
Eメールアドレス	
とまと・生キャラメル・黒トリュフ（希望の商品を○で囲む）	

②と同じ。
ゴ

※　webサイトからも応募できます。

※　応募期間　４月２８日～５月１０日

⑨二重下線を引く。

公益財団法人 全国商業高等学校協会主催・文部科学省後援

第71回　ビジネス文書実務検定試験 (5.11.26)

第２級　速度部門問題　（制限時間10分）

◆ **【書式設定】・【注意事項】** 第69回（１ページ）を参照すること。

昨年、アートを生成する新しいプログラムが発表され、世界中で	30
注目されている。言葉や文章の入力だけで、人工知能が画像を作成	60
する技術のことであり、画像生成ＡＩといわれる。これを使用すれ	90
ば、誰でも簡単にプロ並みの画像が作り出せるという。	116
このプログラムは、膨大な絵や写真、それに関連する言葉を学習	146
している。人が描きたい絵の条件を入力すると、集めた情報から、	176
人工知能がイメージに近いものを選定して生成する仕組みだ。さら	206
に詳細な条件を追加すれば、よりイメージに近づく。	231
しかし、技術の進歩に対して、法や制度などの整備が遅れている	261
という指摘もある。例えば、学習のためのデータは、著作者の許可	291
なく収集されているのが現状だ。新しく生み出されたものが、既存	321
の作品の著作権を侵害している場合もある。	342
今年になり、文部科学省から生成ＡＩの活用について、暫定的な	372
ガイドラインが発表された。使用者が情報モラルを身に付ける前か	402
ら、自由に使うのは適切でないとしている。定めたルールを理解し	432
て正しく活用することで、芸術はさらに発展していくだろう。	460

公益財団法人 全国商業高等学校協会主催・文部科学省後援

第71回　ビジネス文書実務検定試験　(5.11.26)

第2級　ビジネス文書部門筆記問題　(制限時間15分)

◆**【注意事項】**第69回（3ページ）を参照すること。
◆「解答用紙」は24ページに、「模範解答」は28ページに掲載しています。

1　次の各用語に対して、最も適切な説明文を解答群の中から選び、記号で答えなさい。

① 文字化け　② タブ　③ オブジェクト
④ ツールバー　⑤ ルーラー　⑥ 網掛け
⑦ 感熱紙　⑧ メール本文

【解答群】

ア．画像やグラフなど、文書の中に貼り付けるデータのこと。
イ．新聞紙などから作った再生パルプを混入してある用紙のこと。
ウ．範囲指定した部分を強調するため、その範囲に網目模様を掛ける機能のこと。
エ．電車の切符、レシート、拡大印刷機などで使われる、熱を感じると黒く変色する印刷用紙のこと。
オ．メニュー（コマンド）を割り当てたアイコンのこと。
カ．電子メールに付けて送付される、文書や画像などのデータのこと。
キ．文字集合または符号化方式や機種依存文字などの不一致によって、Ｗｅｂサイトやメールの文字が正しく表現されない現象のこと。
ク．一つの文書やウィンドウで、複数の文書（シート）を同時に取り扱う機能のこと。
ケ．行頭や行末などを変更するため、画面の上部と左側に用意された目盛のこと。
コ．宛名・前文・主文・末文・署名からなる、メールの主たる内容となる文章のこと。
サ．ツールボタンを機能別にまとめた部分のこと。
シ．あらかじめ設定した位置に、文字やカーソルを移動させる機能のこと。

2　次の各文の下線部について、正しい場合は○を、誤っている場合は最も適切な用語を解答群の中から選び、記号で答えなさい。

① **インデント**とは、ディスプレイの大きさのことである。
② １インチあたりの点の数で示される解像度の単位のことを **dpi** という。
③ 新しい入力の際に予想される変換候補を優先して表示することを**定型句登録**という。
④ 8.5インチ×11インチ＝215.9mm×279.4mmの用紙サイズのことを**レターサイズ**という。
⑤ **合字**とは、ファイル名の次に、ピリオドに続けて指定する文字や記号のことである。
⑥ メールの操作をする権限のことを、**メールアドレス**という。
⑦ **行ピッチ**とは、横書きの１行の中で、左右に隣り合う文字の中心から中心までの長さのことである。
⑧ **用紙カセット**とは、印刷のたびに適切な用紙に換えられるように、プリンタの外部から用紙をセットする装置のことである。

【解答群】

ア．行間隔	**イ**．手差しトレイ	**ウ**．予測入力
エ．文字ピッチ	**オ**．メールアカウント	**カ**．Ａ４
キ．添付ファイル	**ク**．ドット	**ケ**．From
コ．拡張子	**サ**．画面サイズ	**シ**．トナー

3　次の各文の〔　　〕の中から最も適切なものを選び、記号で答えなさい。

① ある物事について、誓いを立てるための文書のことを〔**ア**. 願い　**イ**. 誓約書　**ウ**. 確認書〕という。

② 〔**ア**. 納品書　**イ**. 注文請書〕とは、買主に商品などを納めたことを知らせるための文書のことである。

③ 取引先に感謝の気持ちを述べるための文書のことを〔**ア**. 礼状　**イ**. 祝賀状　**ウ**. 委嘱状〕という。

④ No.と同じ使い方をする番号記号は、〔**ア**. μ　**イ**. Ⅲ　**ウ**. ＃　〕である。

⑤ ある事実が発生した時間と場所を特定し、それを証明する仕組みのことを〔**ア**. 電子印鑑　**イ**. タイムスタンプ〕という。

⑥ [Ctrl]＋[V]は、〔**ア**. 切り取り　**イ**. コピー　**ウ**. 貼り付け〕の操作を実行するショートカットキーである。

⑦ 〔**ア**. スライドショー　**イ**. プレゼンテーション　**ウ**. スクリーン〕とは、資料を自動的にページ送りして、連続して提示することである。

⑧ スライド上に表示する、オブジェクトやテキストの配置のことを〔**ア**. タイトル　**イ**. レイアウト〕という。

4　次の各問いの答えとして、最も適切なものをそれぞれのア～ウの中から選び、記号で答えなさい。

① 他の受信者にメールアドレスを知らせないで、同じメールを送るときにアドレスを入れる箇所はどれか。

ア. Bcc　　**イ**. To　　**ウ**. Cc

② 受取人に用件を伝えるために、メールの内容を簡潔に表現した見出しはどれか。

ア. 宛名　　**イ**. 署名　　**ウ**. 件名

③ フルカラー、可逆圧縮の画像データの拡張子として正しいのはどれか。

ア. 写真０１.txt　　**イ**. 写真０１.gif　　**ウ**. 写真０１.png

④ 罫線の中など、指定した範囲内に色や模様を付ける機能はどれか。

ア. 網掛け　　**イ**. 塗りつぶし　　**ウ**. 背景

⑤ 「河越商業高校」と校正したい場合の校正記号はどれか。

ア. 河越商業科高校（「科」に校正記号：トルツメ）　　**イ**. 河越商業科高校（「科」に校正記号：ゴ）　　**ウ**. 河越商業科高校（「科」に校正記号：トルアキ）

⑥ 下の校正記号の意味はどれか。

H2O（「2」に校正記号）

ア. 下付き文字に直す

イ. 移動

ウ. 上付き文字を下付き文字にする

5　次の各文の下線部の読みを、ひらがなで答えなさい。

①　梅雨の間は、**傘**が手放せない。

②　新鮮な**柚子**の風味が食欲をそそる。

③　職場ではメールの通信**履歴**を残している。

④　自分の置かれた現状を**把握**することが重要だ。

⑤　お**彼岸**に、帰省するのが楽しみだ。

⑥　感想文の**推敲**を重ねる。

6　次の＜Ａ＞・＜Ｂ＞の各問いに答えなさい。

＜Ａ＞次の各文の三字熟語について、下線部の読みで最も適切なものを〔　　〕の中から選び、記号で答えなさい。

①　彼の反応はいつも**大**袈裟です。　〔ア．だい　イ．おお〕

＜Ｂ＞次の各文の下線部は、三字熟語の一部として誤っている。最も適切なものを〔　　〕の中から選び、記号で答えなさい。

②　開店当初は、**歓呼**鳥が鳴いていた。　〔ア．閑古　イ．官戸〕

③　いくつもの**主**羅場をくぐり抜けてきた。　〔ア．種　イ．修　ウ．朱〕

④　彼は知ったかぶりをする**反歌**通だ。　〔ア．頒価　イ．繁華　ウ．半可〕

7　次の各文の下線部に漢字を用いたものとして、最も適切なものを〔　　〕の中から選び、記号で答えなさい。

①　火山が煙を**ふく**。　〔ア．吹く　イ．拭く　ウ．噴く〕

②　検定合格を目指し反復学習に**つとめる**。〔ア．努める　イ．勤める〕

③　玉子の**きみ**が美味しい。　〔ア．君　イ．気味　ウ．黄身〕

④　人間は考える**あし**である。　〔ア．足　イ．葦〕

⑤　沸騰した湯を**さまして**飲んだ。　〔ア．覚まして　イ．冷まして　ウ．醒まして〕

⑥　真夏になる前から暑さに体を**ならす**。　〔ア．慣らす　イ．鳴らす〕

8　次の各文の〔　　〕の中から、ことわざ・慣用句の一部として最も適切なものを選び、記号で答えなさい。

①　裁判官を辞めて〔ア．海　イ．西　ウ．野〕に下り探偵になった。

②　師匠に〔ア．勝る　イ．負ける〕とも劣らない腕前だった。

③　芸人は〔ア．声　イ．名　ウ．面〕が売れると一人前だ。

④　進路のことで〔ア．頭　イ．腹〕を痛める。

公益財団法人 全国商業高等学校協会主催・文部科学省後援

第71回　ビジネス文書実務検定試験　（5. 11. 26）

第２級　ビジネス文書部門実技問題　（制限時間15分）

◆**【書式設定】・【注意事項】**第69回（７ページ）を参照すること。
※なお、問題文は１行の文字数37字、１ページ24行で作成されていますが、解答にあたっては、行数を調整すること。
◆「模範解答」は27ページに掲載しています。

【問　題】

次の指示に従い、右のような文書を作成しなさい。

【指　示】

1．右の問題文を校正記号に従って入力すること。

2．表は、行頭・行末を越えずに作成し、行間は、２．０とすること。

3．罫線は、右の表のように太実線と細実線とを区別すること。

4．表の枠内の文字は１行で入力し、上下のスペースが同じであること。

5．表内の「イベント名」、「開催曜日」、「会場」、「入館料金」は下の資料を参照し、項目名とデータが正しく並ぶように作成すること。

資料

イベント名	開催曜日	会　場
テイスティング	平日	展示室
こどもお茶会	土・日・祝日	いこいカフェ
型染め体験	土・日・祝日	展示室

区　分	入館料金
小学生・中学生	300円
大人（高校生以上）	500円

6．表内の「入館料金」と「和菓子付き茶席券」の数字は、明朝体の半角で入力し、３桁ごとにコンマを付けること。

7．出題内容に合ったイラストのオブジェクトを、用意されたフォルダなどから選び、指示された位置に挿入すること。ただし、適切な大きさで、他の文字や線などにかからないこと。

8．①～⑨の処理を行うこと。

9．右の問題文にない空白行を入れないこと。

秋の企画展のご案内 ←①フォントサイズは36ポイントで、斜体文字にし、センタリングする。

ティーミュージアムでは、世界で飲まれているお茶の企画展を行います。無料のイベント（の）ほか、日本庭園を開放した茶席を用意しました。お誘い合わせの上、ぜひご来場ください。

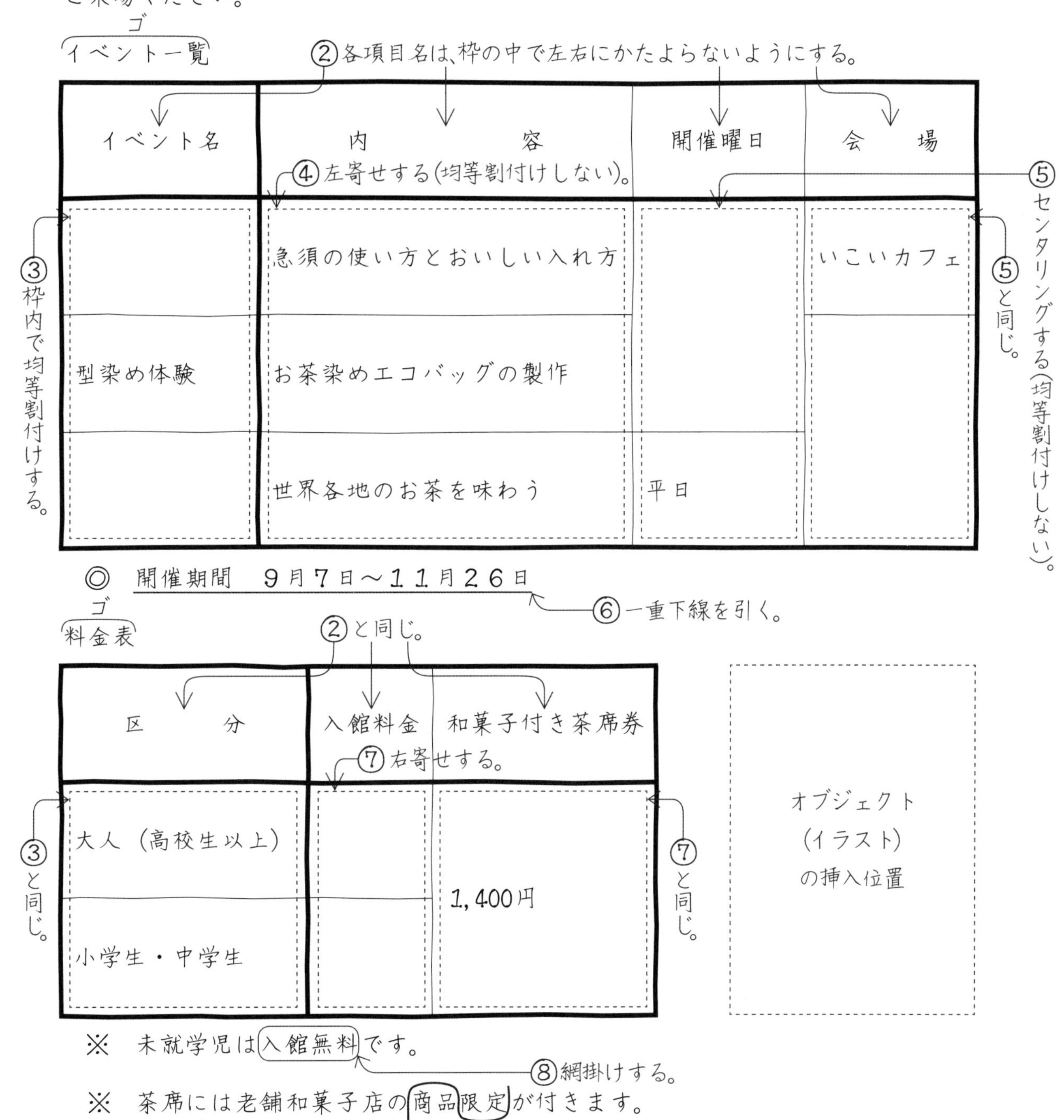
ゴ
イベント一覧

②各項目名は、枠の中で左右にかたよらないようにする。

イベント名	内　　　　　容	開催曜日	会　　場
	急須の使い方とおいしい入れ方		いこいカフェ
型染め体験	お茶染めエコバッグの製作		
	世界各地のお茶を味わう	平日	

③枠内で均等割付けする。
④左寄せする（均等割付けしない）。
⑤センタリングする（均等割付けしない）。
⑤と同じ。

◎　開催期間　9月7日～11月26日 ←⑥一重下線を引く。

ゴ
料金表

②と同じ。

区　　　分	入館料金	和菓子付き茶席券
大人（高校生以上）		1,400円
小学生・中学生		

③と同じ。
⑦右寄せする。
⑦と同じ。

オブジェクト
（イラスト）
の挿入位置

※　未就学児は入館無料です。 ←⑧網掛けする。

※　茶席には老舗和菓子店の商品限定が付きます。

担当：国谷（くにや）　裕太 ←⑨明朝体のひらがなでルビをふり、右寄せする。

公益財団法人　全国商業高等学校協会主催・文部科学省後援

第69回　ビジネス文書実務検定試験　(4.11.27)

第2級ビジネス文書部門筆記問題・解答用紙

1	①	②	③	④	⑤	⑥	⑦	⑧

2	①	②	③	④	⑤	⑥	⑦	⑧

3	①	②	③	④	⑤	⑥	⑦	⑧

4	①	②	③	④	⑤	⑥

5	①	②	③
	④	⑤	⑥

6	①	②	③	④

7	①	②	③	④	⑤	⑥

8	①	②	③	④

試験場校名	受験番号

得　点

公益財団法人　全国商業高等学校協会主催・文部科学省後援

第70回　ビジネス文書実務検定試験　(5.7.2)

第２級ビジネス文書部門筆記問題・解答用紙

1	①	②	③	④	⑤	⑥	⑦	⑧

2	①	②	③	④	⑤	⑥	⑦	⑧

3	①	②	③	④	⑤	⑥	⑦	⑧

4	①	②	③	④	⑤	⑥

5	①	②	③
	④	⑤	⑥

6	①	②	③	④

7	①	②	③	④	⑤	⑥

8	①	②	③	④

試験場校名	受験番号

得　点

公益財団法人　全国商業高等学校協会主催・文部科学省後援

第71回　ビジネス文書実務検定試験　(5.11.26)

第２級ビジネス文書部門筆記問題・解答用紙

1	①	②	③	④	⑤	⑥	⑦	⑧

2	①	②	③	④	⑤	⑥	⑦	⑧

3	①	②	③	④	⑤	⑥	⑦	⑧

4	①	②	③	④	⑤	⑥

5	①	②	③
	④	⑤	⑥
		お	

6	①	②	③	④

7	①	②	③	④	⑤	⑥

8	①	②	③	④

試験場校名	受験番号

得　点

第２級ビジネス文書部門実技問題　模範解答

当料理スクールでは、体験教室を常時開催しています。会員の方も、別クラスに参加して料理のレパートリーを増やしてみませんか。実施日や授業内容などの詳細は、裏面をご確認ください。

【レッスン一覧】

クラス名	調理技術	内　　容	レッスン料
入門ごはん	基礎	毎日食べたくなる和洋中の基本的な料理	500円
マクロビ		旬の素材を使う体に優しい料理	1,000円
スキルアップ	応用	季節や行事に合わせた特別な献立	

◎　体験に必要なエプロンやハンドタオルは各自でご用意ください。

担当：生沢（いきさわ）　美羽

・・・・・・・・・・・・・・・・・切　り　取　り　線・・・・・・・・・・・・・・・・・

体験申込書

<table>
<tr><td>会員番号・お名前</td><td></td></tr>
<tr><td>参　加　人　数</td><td>人</td></tr>
<tr><td colspan="2">入門ごはん・マクロビ・スキルアップ（○印で囲む）</td></tr>
</table>

※　レッスン料を添えてお申し込みください。

※　**会員以外の方でも参加可能**です。

第２級ビジネス文書部門実技問題　模範解答

当店では、オリジナルアイスの試食販売会を開催しています。定番の商品をはじめ、厳選した素材を使った新作フレーバーをお試しください。

【新商品】

フレーバー名	特　　　　徴	種　　類	価格（税込）
と　ま　と	栄養価が高くカロリー控えめ	氷菓	360円
生キャラメル	風味豊かでなめらかな食感	アイスクリーム	
黒トリュフ	香りも楽しめるリッチな味わい		1,080円

☆　抽選で２０名様に新作フレーバーを１個プレゼントします。

☆　アイス工房「すのうたいむ」　定休日　毎週木曜日

担当：上原（カミハラ）　俊介

・・・・・・・・・・・・・・・・・・・切　り　取　り・・・・・・・・・・・・・・・・・・・

プレゼント応募券

お　名　前	
Eメールアドレス	
とまと・生キャラメル・黒トリュフ（希望の商品を○で囲む）	

※　Ｗｅｂサイトからも応募できます。

※　応募期間　４月２８日～５月１０日

公益財団法人　全国商業高等学校協会主催・文部科学省後援

第71回　ビジネス文書実務検定試験　(5.11.26)

第２級ビジネス文書部門実技問題　模範解答

秋の企画展のご案内

　ティーミュージアムでは、世界で飲まれているお茶の企画展を行います。無料のイベントのほか、日本庭園を開放した茶席を用意しました。お誘い合わせの上、ぜひご来場ください。

イベント一覧

イベント名	内　　容	開催曜日	会　場
こどもお茶会	急須の使い方とおいしい入れ方	土・日・祝日	いこいカフェ
型染め体験	お茶染めエコバッグの製作		展示室
テイスティング	世界各地のお茶を味わう	平日	

◎　開催期間　９月７日～１１月２６日

料金表

区　分	入館料金	和菓子付き茶席券
大人（高校生以上）	500円	1,400円
小学生・中学生	300円	

※　未就学児は入館無料です。

※　茶席には老舗和菓子店の限定商品が付きます。

担当：国谷（くにや）　裕太

第69回　(4. 11. 27)　(各２点　合計１００点)

	①	②	③	④	⑤	⑥	⑦	⑧
1	サ	オ	コ	イ	キ	カ	エ	ク
2	○	ク	シ	○	エ	サ	ケ	ウ
3	ウ	ア	イ	イ	ア	ウ	イ	ア
4	イ	ウ	ア	ウ	イ	ウ		
5	りちぎ	たぬき	びんじょう	そしな	けっさい	いんそつ		
6	イ	ア	イ	ウ				
7	ウ	ア	ウ	イ	ア	イ		
8	イ	ア	ウ	ア				

第70回　(5. 7. 2)　(各２点　合計１００点)

	①	②	③	④	⑤	⑥	⑦	⑧
1	カ	ク	ア	ウ	シ	キ	エ	オ
2	イ	サ	○	キ	ク	シ	ウ	○
3	ア	ウ	ア	イ	ウ	ア	ウ	イ
4	ウ	イ	イ	ア	ウ	ア		
5	そきゅう	みかん	はと	こうりょ	ろっこつ	のり		
6	ア	イ	ウ	イ				
7	イ	ウ	イ	ア	イ	ア		
8	ア	イ	ア	ウ				

第71回　(5. 11. 26)　(各２点　合計１００点)

	①	②	③	④	⑤	⑥	⑦	⑧
1	キ	シ	ア	サ	ケ	ウ	エ	コ
2	サ	○	ウ	○	コ	オ	エ	イ
3	イ	ア	ア	ウ	イ	ウ	ア	イ
4	ア	ウ	ウ	イ	ア	ウ		
5	かさ	ゆず	りれき	はあく	お　ひがん	すいこう		
6	イ	ア	イ	ウ				
7	ウ	ア	ウ	イ	イ	ア		
8	ウ	ア	イ	ア				

ビジネス文書実務検定試験　第２級　筆記まとめ問題　解答用紙

（1～8計50問各2点　合計100点）

筆記まとめ問題①（本誌→P. 135）

1	①	②	③	④	⑤	⑥	⑦	⑧
2	①	②	③	④	⑤	⑥	⑦	⑧
3	①	②	③	④	⑤	⑥	⑦	⑧
4	①	②	③	④	⑤	⑥		
5	①		②			③		
	④		⑤			⑥		
6	①	②	③	④				
7	①	②	③	④	⑤	⑥		
8	①	②	③	④				

得点

筆記まとめ問題②（本誌→P. 138）

1	①	②	③	④	⑤	⑥	⑦	⑧
2	①	②	③	④	⑤	⑥	⑦	⑧
3	①	②	③	④	⑤	⑥	⑦	⑧
4	①	②	③	④	⑤	⑥		
5	①		②			③		
	④		⑤			⑥		
6	①	②	③	④				
7	①	②	③	④	⑤	⑥		
8	①	②	③	④				

得点

年	組	番号	氏名

ビジネス文書実務検定試験　第２級　模擬問題　解答用紙

（[1]～[8]計50問各2点　合計100点）

筆記１回　（本誌 → P. 144）

[1]	①	②	③	④	⑤	⑥	⑦	⑧
[2]	①	②	③	④	⑤	⑥	⑦	⑧
[3]	①	②	③	④	⑤	⑥	⑦	⑧
[4]	①	②	③	④	⑤	⑥		
[5]	①		②		③			
	④		⑤		⑥			
[6]	①	②	③	④				
[7]	①	②	③	④	⑤	⑥		
[8]	①	②	③	④				

得点

筆記２回　（本誌 → P. 150）

[1]	①	②	③	④	⑤	⑥	⑦	⑧
[2]	①	②	③	④	⑤	⑥	⑦	⑧
[3]	①	②	③	④	⑤	⑥	⑦	⑧
[4]	①	②	③	④	⑤	⑥		
[5]	①		②		③			
	④		⑤		⑥			
[6]	①	②	③	④				
[7]	①	②	③	④	⑤	⑥		
[8]	①	②	③	④				

得点

年	組	番号	氏名

※定型の筆記問題解答用紙です。ご自由にご使用ください。

ビジネス文書実務検定試験　第２級　筆記問題　解答用紙

（1～8計50問各2点　合計100点）

第　　回

1	①	②	③	④	⑤	⑥	⑦	⑧
2	①	②	③	④	⑤	⑥	⑦	⑧
3	①	②	③	④	⑤	⑥	⑦	⑧
4	①	②	③	④	⑤	⑥		
5	①	②	③					
	④	⑤	⑥					
6	①	②	③	④				
7	①	②	③	④	⑤	⑥		
8	①	②	③	④				

得点

第　　回

1	①	②	③	④	⑤	⑥	⑦	⑧
2	①	②	③	④	⑤	⑥	⑦	⑧
3	①	②	③	④	⑤	⑥	⑦	⑧
4	①	②	③	④	⑤	⑥		
5	①	②	③					
	④	⑤	⑥					
6	①	②	③	④				
7	①	②	③	④	⑤	⑥		
8	①	②	③	④				

得点

年	組	番号	氏名

※定型の筆記問題解答用紙です。ご自由にご使用ください。

ビジネス文書実務検定試験　第２級　筆記問題　解答用紙

（1～8計50問各2点　合計100点）

第　　回

1	①	②	③	④	⑤	⑥	⑦	⑧
2	①	②	③	④	⑤	⑥	⑦	⑧
3	①	②	③	④	⑤	⑥	⑦	⑧
4	①	②	③	④	⑤	⑥		
5	①		②		③			
	④		⑤		⑥			
6	①	②	③	④				
7	①	②	③	④	⑤	⑥		
8	①	②	③	④				

得点

第　　回

1	①	②	③	④	⑤	⑥	⑦	⑧
2	①	②	③	④	⑤	⑥	⑦	⑧
3	①	②	③	④	⑤	⑥	⑦	⑧
4	①	②	③	④	⑤	⑥		
5	①		②		③			
	④		⑤		⑥			
6	①	②	③	④				
7	①	②	③	④	⑤	⑥		
8	①	②	③	④				

得点

年	組	番号	氏名

オブジェクト（標題）の挿入・センタリング

私たちの自然学校では、山や川の自然を創造的に活用した自然体験学習を実施しています。自然がいっぱい、遊びがいっぱいです。子どもだけでなく、大人も楽しめます。

ゴ

体験コース の内容 ←①文字の線囲みをする。

②各項目は、枠の中で左右にかたよらないようにする。

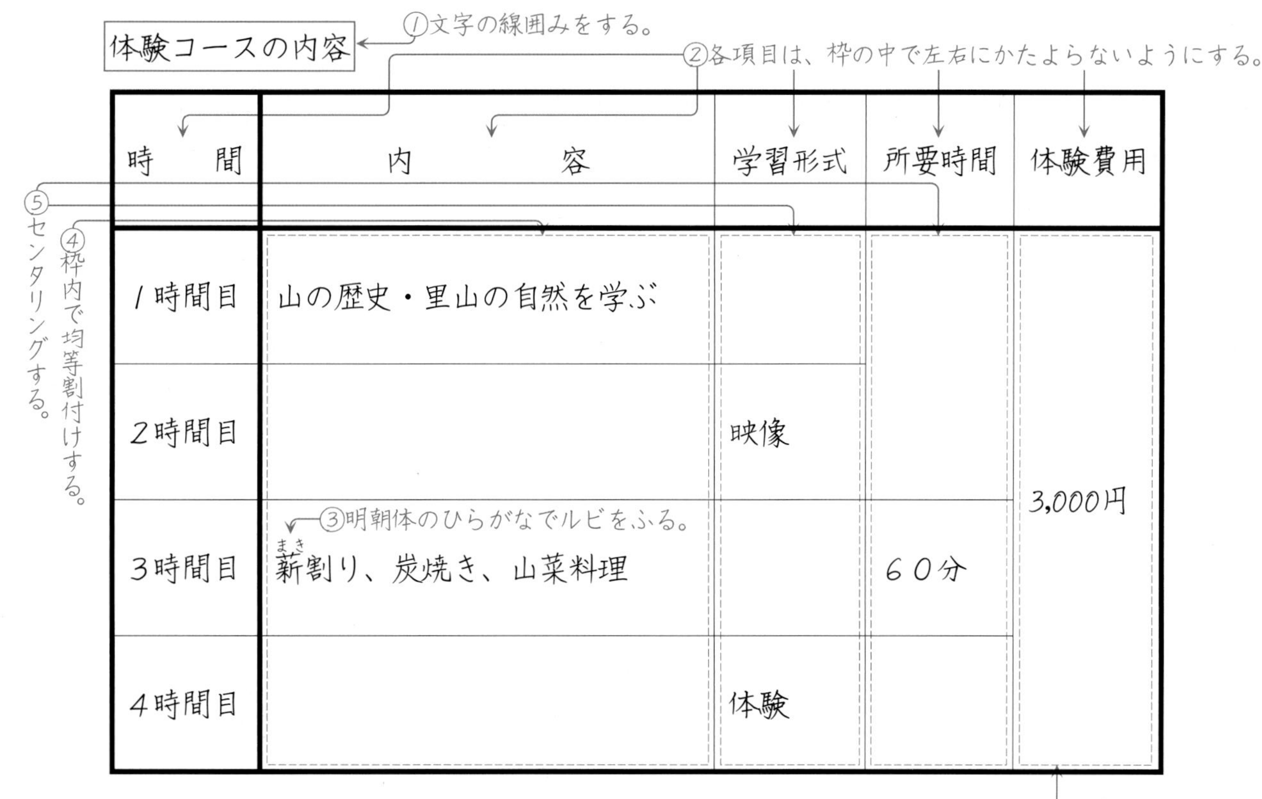

時　　間	内　　　　容	学習形式	所要時間	体験費用
1時間目	山の歴史・里山の自然を学ぶ			3,000円
2時間目		映像		
3時間目	薪(まき)割り、炭焼き、山菜料理		６０分	
4時間目		体験		

③明朝体のひらがなでルビをふる。
④枠内で均等割付けする。
⑤センタリングする。
⑥右寄せする。

※　3時間目終了後に昼食です。

※　実習で作った山菜料理のほかにおにぎり3個と豚汁がついています。

2

・・・・・・・・・・・・・・きりとり線・・・・・・・・・・・・・・

参加申込書 ←⑦横倍角（横２００％）のゴシック体で、センタリングする。

代表者氏名	
住所・電話番号	
参加人数　　人	体験費用は大人・子ども同額となります

④と同じ。

☆　参加日の２週間前までにお申し込みください。

11回 （制限時間　15分）

【書式設定】余白は上下左右それぞれ25㎜。指示のない文字のフォントは、明朝体の全角で入力し、サイズは12ポイントに統一。プロポーショナルフォントは使用不可。１行37字（問題文は１ページ25行で作成されていますが、解答にあたっては、行数を調整すること）。

【注意事項】ヘッダーに左寄せで年組、番号、氏名を入力する。

【問　題】

次の指示に従い、右のような文書を作成しなさい。

【指　示】

1．右の問題文を校正記号に従って入力すること。
2．表は、行頭・行末を越えずに作成し、行間は、2.0とすること。
3．罫線は、右の表のように太実線と細実線とを区別すること。
4．表の枠内の文字は１行で入力し、上下のスペースが同じであること。
5．表内の「主な目的地」、「宿泊地」、「オプション」、「体験料金」は下の資料を参照して作成すること。

資料

目的地

日　次	主　な　目　的　地
1日目	列車トロッコと保津川下り、天橋立
2日目	鳥取砂丘ラクダ体験と鳥取市内をゆっくり散策
3日目	世界遺産姫路城と神戸散策

宿泊地

日　次	宿　泊　地
1日目	城崎温泉・明月亭旅館
2日目	三朝温泉・夢の宿

オプション

場所	オ　プ　シ　ョ　ン	体験料金
鳥取	因州和紙手すき葉書づくり	500円
神戸	トンボ玉づくり教室	1,500円

6．表内の「体験料金」の数字は、明朝体の半角で入力し、３桁ごとにコンマを付けること。
7．出題内容に合ったイラストのオブジェクトを、用意されたフォルダなどから選び、指示された位置に挿入すること。ただし、適切な大きさで、他の文字や線などにかからないこと。
8．①～⑧の処理を行うこと。
9．右の問題文にない空白行を入れないこと。

①フォントサイズは２４ポイントのゴシック体で、一重下線を引き、センタリングする。

親睦会旅行について

恒例

今年も残すところ２ヶ月となりました。親睦会では、高齢の旅行会を下記のとおり実施します。なお、不参加の場合は、出発１０日前までにお知らせください。

１．日程　②二重下線を引く。

③網掛けする。

１１月２３日（土）～２５日（月）２泊３日

２．行程　②と同じ。

④各項目は、枠の中で左右にかたよらないようにする。

日　次	主　な　目　的　地	宿　泊　地
１日目		城崎温泉・明月亭旅館
２日目	鳥取砂丘ラクダ体験と鳥取市内をゆっくり散策	
３日目	世界遺産姫路城と神戸散策	―

⑤枠内で均等割付けする。

＊　集合は、指定された新幹線のぞみ号の座席です。

３．オプション　②と同じ。

２日目と３日目の散策時間に次のオプションがあります。

④と同じ。

場所	オ　プ　シ　ョ　ン	時　間	体験料金
鳥取	因州和紙手すき葉書づくり	６０分	
神戸		１５分	1,500円

⑤と同じ。

⑥右寄せする。

オブジェクトの挿入位置

◇　オプションは、出発３日前までに申し込みください。

⑦斜体文字にする。

担当　出田（いでた）　夏海

⑧明朝体のひらがなでルビをふり、右寄せする。

実技問題 ビジネス文書編

解答→別冊①Ｐ．７

12回 （制限時間　15分）

【書式設定】余白は上下左右それぞれ25㎜。指示のない文字のフォントは、明朝体の全角で入力し、サイズは12ポイントに統一。プロポーショナルフォントは使用不可。１行36字（問題文は１ページ25行で作成されていますが、解答にあたっては、行数を調整すること）。

【注意事項】ヘッダーに左寄せで年組、番号、氏名を入力する。

【問　題】

次の指示に従い、右のような文書を作成しなさい。

【指　示】

1．右の問題文を校正記号に従って入力すること。

2．問題文に合った標題のオブジェクトを、用意されたフォルダなどから選び、指示された位置に挿入しセンタリングすること。

3．表は、行頭・行末を越えずに作成し、行間は、2.0とすること。

4．罫線は、右の表のように太実線と細実線とを区別すること。

5．表の枠内の文字は１行で入力し、上下のスペースが同じであること。

6．表内の「講座の内容」、「受講費用等」は下の資料を参照して作成すること。

資料

講　　座　　名	講　座　の　内　容	受講費用等
ホームページ講座	最新のソフトを使用	5,250円
ＨＴＭＬ講座	最新のソフトを使用	5,250円
画像作成・デザイン講座	ロゴや背景など画像を作成	6,300円
写真加工講座	デジカメの使い方と編集	7,350円

7．表内の「受講費用等」の数字は、明朝体の半角で入力し、３桁ごとにコンマを付けること。

8．切り取り線「・・・・・・」の部分は、行頭、行末を越えないように作成すること。また、「受講申込書」の表より短くしないこと。

9．切り取り線には、右の問題文のように「きりとりせん」の文字を入力し、センタリングすること。

10．「受講申込書」の表は、センタリングすること。

11．①～⑦の処理を行うこと。

12．右の問題文にない空白行を入れないこと。

オブジェクト（標題）の挿入・センタリング

アップ

ていねいな指導と、効率の良い学習でスキルをはかるためのパソコンによるホームページ等の講座です。この機会にぜひチャレンジしてみて下さい。

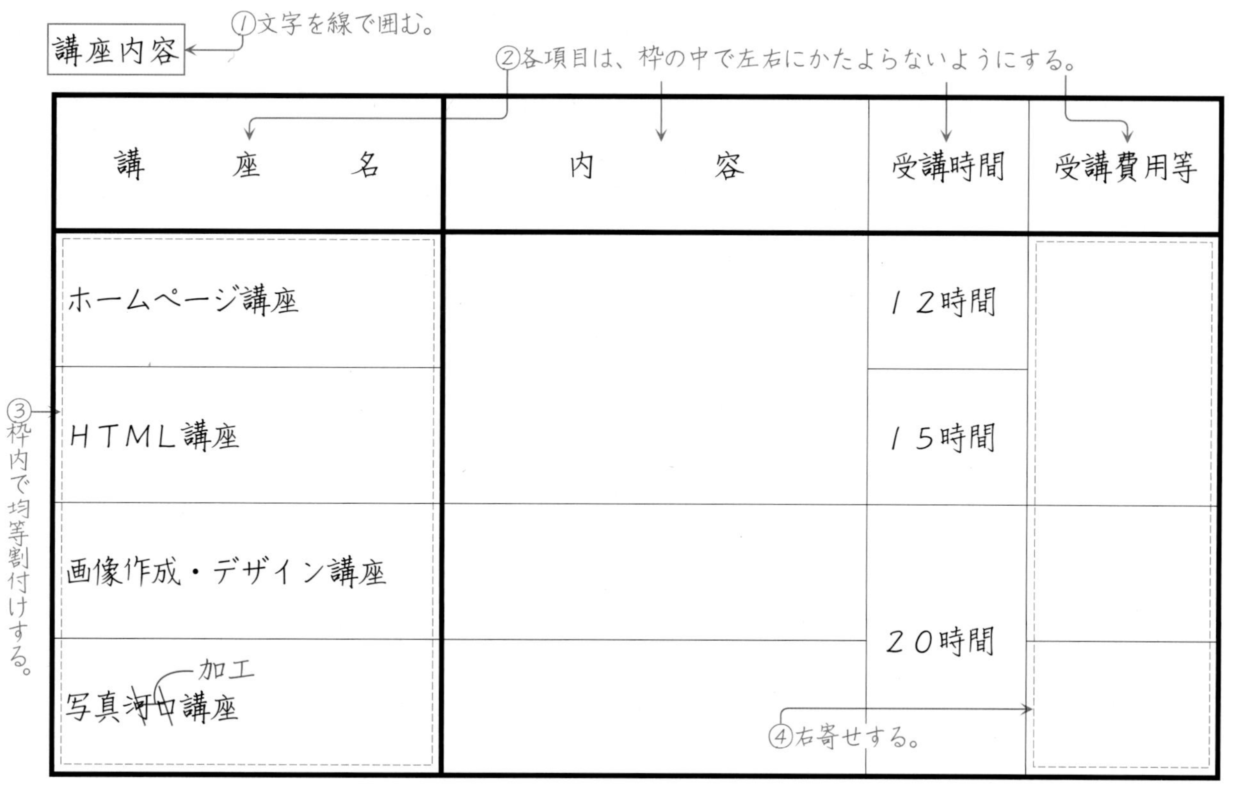
講座内容
①文字を線で囲む。
②各項目は、枠の中で左右にかたよらないようにする。
③枠内で均等割付けする。
加工
④右寄せする。

講　　座　　名	内　　容	受講時間	受講費用等
ホームページ講座		１２時間	
ＨＴＭＬ講座		１５時間	
画像作成・デザイン講座		２０時間	
写真河口講座			

※　好きな時間を予約し、インストラクターとマンツーマンで学習できます。

ゴ

⑤網掛けする。

桜ケ丘校　０１３０－９９９－１１５

担当　安倍（アンバイ）　弘志 ←⑥明朝体のカタカナでルビをふり、右寄せする。

・・・・・・・・・・・・・・・・　きりとりせん　・・・・・・・・・・・・・・・・

⑦横倍角（横２００％）で、二重下線を引き、センタリングする。

受講申込書

②と同じ。

お名前（年齢）	電話番号（自宅・携帯）	受講希望する講座名
（　）		

13回 （制限時間　15分）

【書式設定】余白は上下左右それぞれ25㎜。指示のない文字のフォントは、明朝体の全角で入力し、サイズは12ポイントに統一。プロポーショナルフォントは使用不可。１行35字（問題文は１ページ24行で作成されていますが、解答にあたっては、行数を調整すること）。

【注意事項】ヘッダーに左寄せで年組、番号、氏名を入力する。

【問　題】

次の指示に従い、右のような文書を作成しなさい。

【指　示】

１．右の問題文を校正記号に従って入力すること。

２．表は、行頭・行末を越えずに作成し、行間は、2.0とすること。

３．罫線は、右の表のように太実線と細実線とを区別すること。

４．表の枠内の文字は１行で入力し、上下のスペースが同じであること。

５．表内の「施設」、「特徴」、「１泊２食付き」、「コース」、「内容」は下の資料を参照して作成すること。

資料

施設・特徴・料金

施　設	１泊２食付き	特　　　　　徴
本館	18,000円	全部屋落ち着いた和室
別館	16,000円	全部屋落ち着いた和室
新館エグゼ	15,000円	海側は全部屋オーシャンビューの洋室
新館エグゼ	13,000円	山側は全部屋秀峰を望む洋室

食事場所

施　設	食事
本館・別館	各部屋
新館エグゼ	宴会場

夕食

コース	内　　　容
会席海鮮膳	腕自慢の小鉢１０品
海の幸舟盛り	旬の魚介類の盛り合わせ

６．表内の「１泊２食付き」の数字は、明朝体の半角で入力し、３桁ごとにコンマを付けること。

７．出題内容に合ったイラストのオブジェクトを、用意されたフォルダなどから選び、指示された位置に挿入すること。ただし、適切な大きさで、他の文字や線などにかからないこと。

８．①～⑦の処理を行うこと。

９．右の問題文にない空白行を入れないこと。

ご宿泊施設のご案内 ←①フォントサイズは２４ポイントで、センタリングする。

本館は、築４００年以上も経つ民家です。屋根は中門造りで、市の重要文化財に指定されています。かけ流しの天然温泉も好評です。

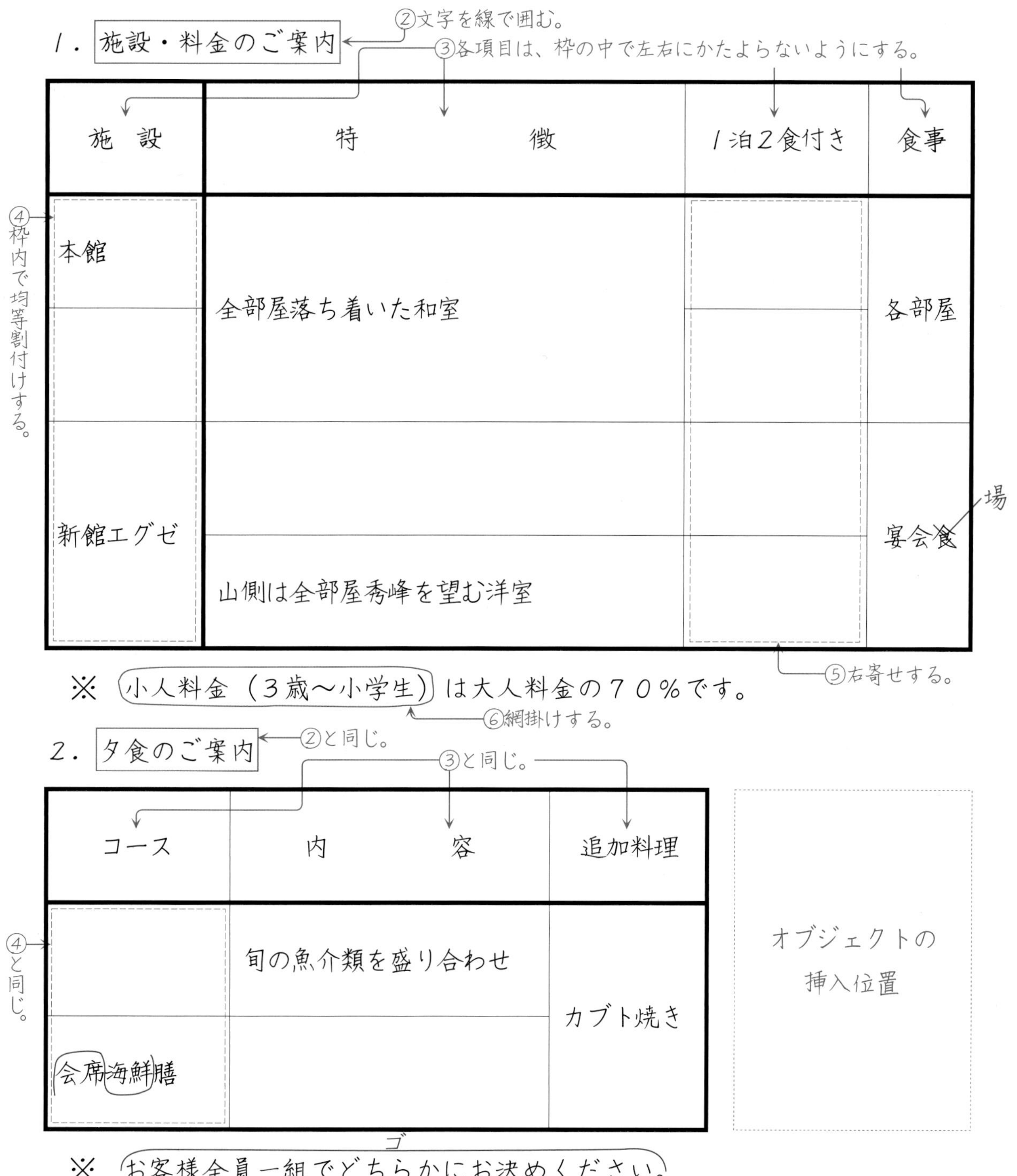

１．施設・料金のご案内 ←②文字を線で囲む。

③各項目は、枠の中で左右にかたよらないようにする。

施設	特徴	１泊２食付き	食事
本館	全部屋落ち着いた和室		各部屋
新館エグゼ			宴会食（→場）
	山側は全部屋秀峰を望む洋室		

④枠内で均等割付けする。

⑤右寄せする。

※ 小人料金（３歳～小学生）は大人料金の７０％です。

⑥網掛けする。

２．夕食のご案内 ←②と同じ。

③と同じ。

コース	内容	追加料理
	旬の魚介類を盛り合わせ	カブト焼き
会席海鮮膳		

④と同じ。

オブジェクトの挿入位置

※ お客様全員一組でどちらかにお決めください。（ゴ）

道本（どうもと）観光旅館

↑⑦明朝体のひらがなでルビをふり、右寄せする。

14回 （制限時間　15分）

【書式設定】 余白は上下左右それぞれ25㎜。指示のない文字のフォントは、明朝体の全角で入力し、サイズは12ポイントに統一。プロポーショナルフォントは使用不可。１行35字（問題文は１ページ23行で作成されていますが、解答にあたっては、行数を調整すること）。

【注意事項】 ヘッダーに左寄せで年組、番号、氏名を入力する。

【問　題】

次の指示に従い、右のような文書を作成しなさい。

【指　示】

1．右の問題文を校正記号に従って入力すること。

2．問題文に合った標題のオブジェクトを、用意されたフォルダなどから選び、指示された位置に挿入しセンタリングすること。

3．表は、行頭・行末を越えずに作成し、行間は、2.0とすること。

4．罫線は、右の表のように太実線と細実線とを区別すること。

5．表の枠内の文字は１行で入力し、上下のスペースが同じであること。

6．表内の「演目名」、「上演劇場名」、「主演」、「会員料金」は下の資料を参照して作成すること。

資料

Ｎｏ	演　目　名	上演劇場名	主　演	会員料金
1	吉例顔見世公演	芸術祭記念ホール	松本富一郎	5,000円
2	ミュージカル「雪姫Ａ」	芸術祭記念ホール	星空美沙	4,000円
3	プリティ・マイレディ	平成新座	緑川真央	4,000円

7．表内の「会員料金」の数字は、明朝体の半角で入力し、３桁ごとにコンマを付けること。

8．切り取り線「・・・・・・」の部分は、行頭、行末を越えないように作成すること。また、「演劇鑑賞会申込書」の表より短くしないこと。

9．切り取り線には、右の問題文のように「切　り　取　り　線」の文字を入力し、センタリングすること。

10.「演劇鑑賞会申込書」の表は、センタリングすること。

11. ①～⑨の処理を行うこと。

12. 右の問題文にない空白行を入れないこと。

オブジェクト（標題）の挿入・センタリング

①網掛けする。

会員のみなさまに、9月23日予定の演劇をお届けします。話題の舞台から最新のミュージカルまで、良い作品を見逃さないでください。

ラインアップ ←②文字を線で囲む。

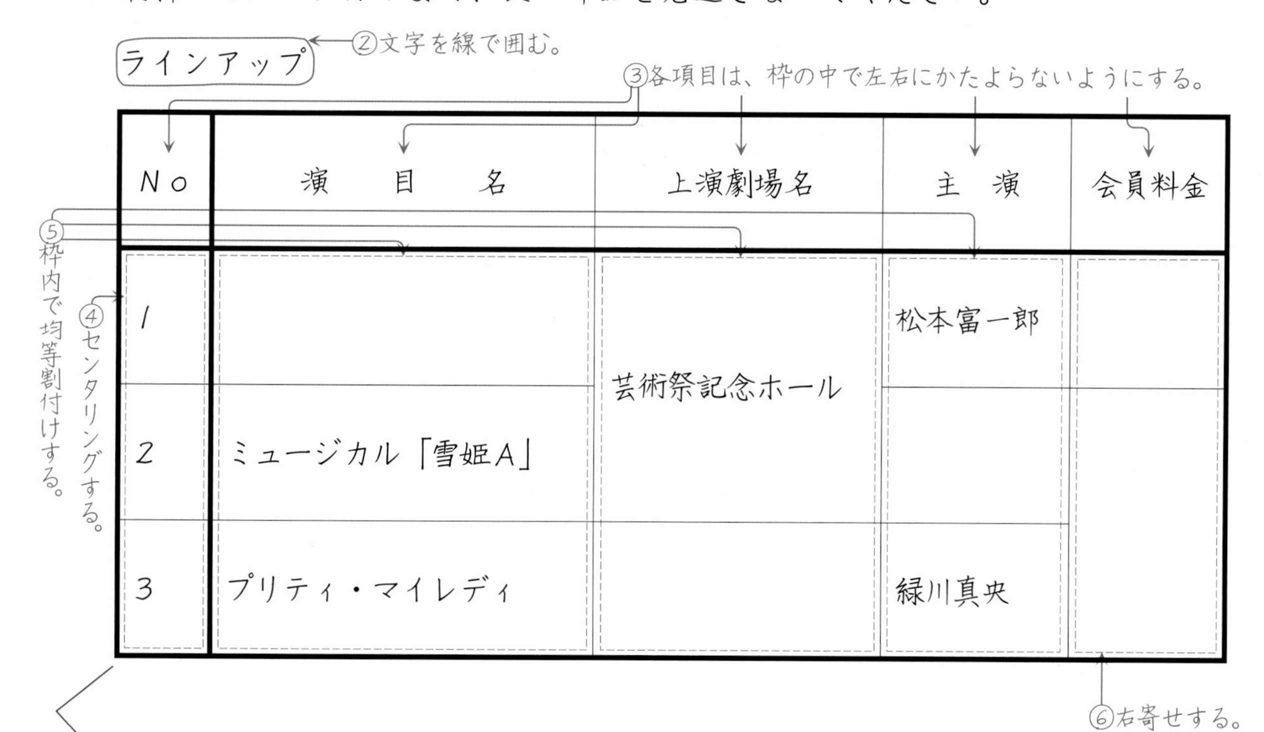

③各項目は、枠の中で左右にかたよらないようにする。
⑤枠内で均等割付けする。
④センタリングする。
⑥右寄せする。

No	演　目　名	上演劇場名	主　演	会員料金
1		芸術祭記念ホール	松本富一郎	
2	ミュージカル「雪姫A」			
3	プリティ・マイレディ		緑川真央	

◇　公演開始時間は、各劇場とも16時30分からです。

⑦二重下線を引く。

担当　大霧（おおきり）・関根 ←⑧明朝体のひらがなでルビをふり、右寄せする。

・・・・・・・・・・・・・　切　り　取　り　線　・・・・・・・・・・・・・

演劇鑑賞会申込書 ←⑨フォントサイズは24ポイントで、センタリングする。

③と同じ。

鑑賞希望No	会員番号（10桁）	申込者ご氏名	利用人数

15回 （制限時間　15分）

【書式設定】余白は上下左右それぞれ25㎜。指示のない文字のフォントは、明朝体の全角で入力し、サイズは12ポイントに統一。プロポーショナルフォントは使用不可。１行36字（問題文は１ページ24行で作成されていますが、解答にあたっては、行数を調整すること）。

【注意事項】ヘッダーに左寄せで年組、番号、氏名を入力する。

【問　題】

次の指示に従い、右のような文書を作成しなさい。

【指　示】

１．右の問題文を校正記号に従って入力すること。

２．表は、行頭・行末を越えずに作成し、行間は、2.0とすること。

３．罫線は、右の表のように太実線と細実線とを区別すること。

４．表の枠内の文字は１行で入力し、上下のスペースが同じであること。

５．表内の「地区」、「宿泊施設名」、「施設周辺情報」、「大人１名様」、「子供１名様」は下の資料を参照して作成すること。

資料

宿泊施設

地　区	宿泊施設名	施　設　周　辺　情　報
伊香保	湯の山荘	榛名湖、夢二記念館
箱根湯本	四季彩	美術館や博物館が多い
西伊豆	堂ヶ島潮風荘	三四郎島、らんの里、天窓洞の拠点観光

料金

利　用　日	大人１名様	子供１名様
休前日料金	7,623円	5,229円
通常料金	6,174円	5,229円

６．表内の「大人１名様」、「子供１名様」の数字は、明朝体の半角で入力し、３桁ごとにコンマを付けること。

７．出題内容に合ったイラストのオブジェクトを、用意されたフォルダなどから選び、指示された位置に挿入すること。ただし、適切な大きさで、他の文字や線などにかからないこと。

８．①～⑧の処理を行うこと。

９．右の問題文にない空白行を入れないこと。

宿泊施設のご案内 ←①フォントサイズは２４ポイントのゴシック体で、一重下線を引き、センタリングする。

次の宿泊施設は、組合員共済や家族のための施設です。安い価格で、安心してお気軽にご利用いただけます。

ご家族やグループでのご宿泊、会食、研修などにぜひご利用ください。

1．宿泊施設 ←②二重下線を引く。

③各項目は枠の中でかたよらないようにする。

④枠内で均等割付けする。

地　区	宿泊施設名	施　設　周　辺　情　報	その他
伊香保			露天風呂
	四季彩	美術館や博物館が多い	
西伊豆			全室海側

☆　組合員とその家族であれば、年間を通してご利用になれます。

2．料金表（1泊2食）←②と同じ。

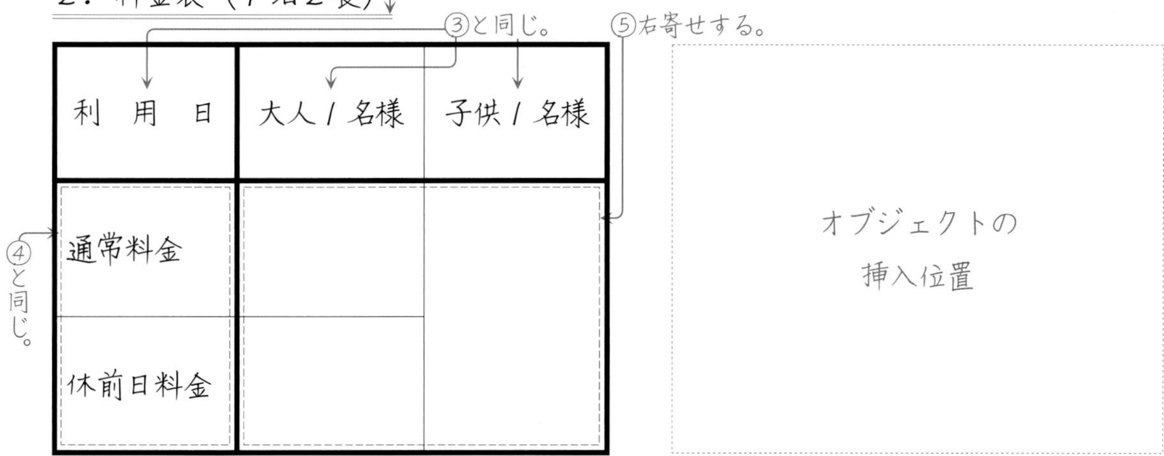

③と同じ。　⑤右寄せする。　④と同じ。

利　用　日	大人1名様	子供1名様
通常料金		
休前日料金		

オブジェクトの挿入位置

◎　料金には、奉仕料、消費税が含まれています。 ←⑥網掛けをする。

入湯税が必要な場合は、別途お支払いください。 ←⑦斜体文字にする。

福利厚生部　船越（ふなこし）

←⑧明朝体のひらがなでルビをふり、右寄せする。

解答→別冊①P．9

16回 （制限時間　15分）

【書式設定】余白は上下左右それぞれ25㎜。指示のない文字のフォントは、明朝体の全角で入力し、サイズは12ポイントに統一。プロポーショナルフォントは使用不可。１行35字（問題文は１ページ24行で作成されていますが、解答にあたっては、行数を調整すること）。

【注意事項】ヘッダーに左寄せで年組、番号、氏名を入力する。

【問　題】

次の指示に従い、右のような文書を作成しなさい。

【指　示】

１．右の問題文を校正記号に従って入力すること。

２．問題文に合った標題のオブジェクトを、用意されたフォルダなどから選び、指示された位置に挿入しセンタリングすること。

３．表は、行頭・行末を越えずに作成し、行間は、2.0とすること。

４．罫線は、右の表のように太実線と細実線とを区別すること。

５．表の枠内の文字は１行で入力し、上下のスペースが同じであること。

６．表内の「コース名」、「期間」、「対象」、「参加登録費用」は下の資料を参照して作成すること。

資料

コ　ー　ス　名	期　　　間	対　象	参加登録費用
日曜ジュニアコース	９月１日～１１月２４日	以上小学生	8,000円
ダイエットコース	９月３日～１０月２９日	１８歳以上	10,000円
シルバーコース	９月９日～１１月２５日	６０歳以上	10,000円

７．表内の「参加登録費用」の数字は、明朝体の半角で入力し、３桁ごとにコンマを付けること。

８．切り取り線「・・・・・・」の部分は、行頭、行末を越えないように作成すること。また、「申込用紙」の表より短くしないこと。

９．切り取り線には、右の問題文のように「切　り　取　り　線」の文字を入力し、センタリングすること。

10.「申込用紙」の表は、センタリングすること。

11. ①～⑦の処理を行うこと。

12. 右の問題文にない空白行を入れないこと。

オブジェクト（標題）の挿入・センタリング

改修

夏の回収工事が終わり、秋から新しい水泳教室が始まります。今回から新しくダイエットコースも加わりました。利用者のご要望に沿ったコースが出揃いました。どうぞご参加ください。

コース内容 ←①文字を線で囲む。

②各項目名は、枠の中で左右にかたよらないようにする。

コ　ー　ス　名	期　　間	対　象	参加登録費用
	９月９日～１１月２５日	６０歳以上	
ダイエットコース			
日曜ジュニアコース	９月１日～１１月２４日	以上小学生	

③枠内で均等割付けする。

◇　お問い合わせ先　ＴＥＬ　０１３０－２６－５４７６　　ゴ

④右寄せする。

担当　萩山（はぎやま）　裕一 ←⑤明朝体のひらがなでルビをふり、右寄せする。

・・・・・・・・・・・・・　切　り　取　り　線　・・・・・・・・・・・・・

申込用紙 ←⑥横倍角（横２００％）で、センタリングする。

参加希望コース名	氏名（ふりがなも記入）	年齢	携帯電話番号

※　申し込みは８月１８日で締め切りとなります。

⑦網掛けする。

17回 （制限時間　15分）

【書式設定】余白は上下左右それぞれ25㎜。指示のない文字のフォントは、明朝体の全角で入力し、サイズは12ポイントに統一。プロポーショナルフォントは使用不可。１行34字（問題文は１ページ23行で作成されていますが、解答にあたっては、行数を調整すること）。

【注意事項】ヘッダーに左寄せで年組、番号、氏名を入力する。

【問　題】

次の指示に従い、右のような文書を作成しなさい。

【指　示】

1．右の問題文を校正記号に従って入力すること。
2．表は、行頭・行末を越えずに作成し、行間は、2.0とすること。
3．罫線は、右の表のように太実線と細実線とを区別すること。
4．表の枠内の文字は１行で入力し、上下のスペースが同じであること。
5．表内の「参加団体」、「顧問」、「事前準備」、「利用上の注意」は下の資料を参照して作成すること。

資料

参加団体	顧　問	事　前　準　備
３年４組	東山先生	机・椅子・教卓
演劇部		大道具・小道具、舞台衣装
吹奏楽同好会	佐々木先生	楽器演奏・譜面台

利用上の注意

音楽室	最終の利用時間は２０時まで
視聴覚室・社会科室	マイク・楽器等の使用は近視（禁止）

6．出題内容に合ったイラストのオブジェクトを、用意されたフォルダなどから選び、指示された位置に挿入すること。ただし、適切な大きさで、他の文字や線などにかからないこと。
7．①～⑥の処理を行うこと。
8．右の問題文にない空白行を入れないこと。

芸術祭リハーサル表 ←①フォントサイズは３６ポイントのゴシック体で、一重下線を引き、センタリングする。

下のような予定で、芸術祭に参加する団体のリハーサルを行います。それぞれの団体は、この予定表に従って実施してください。

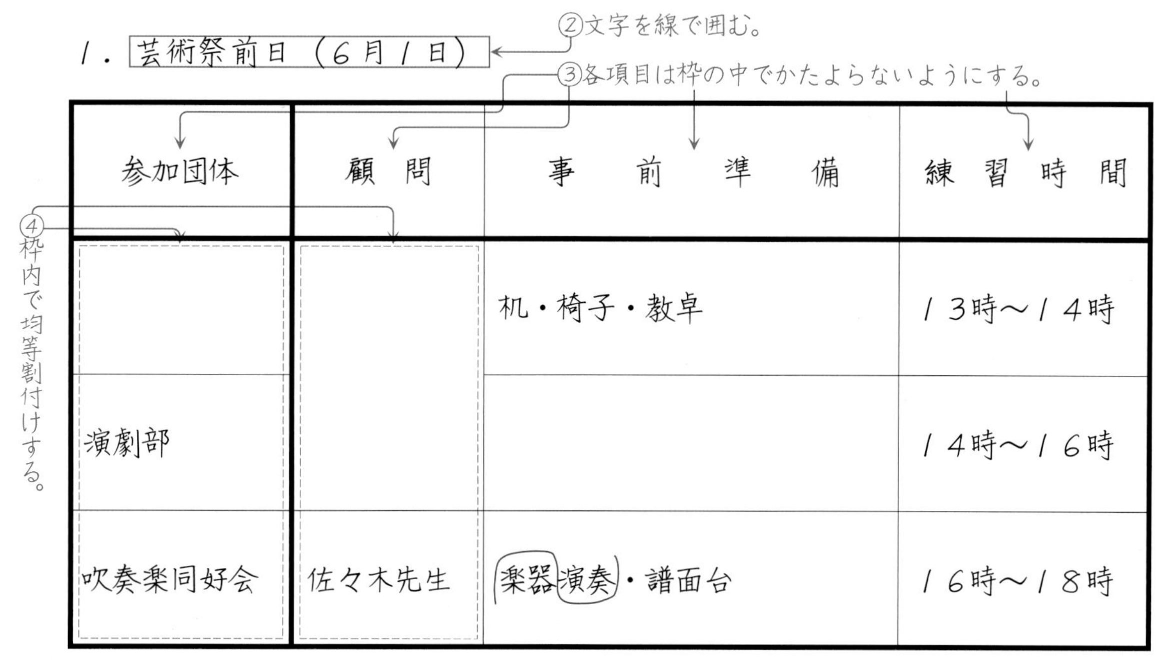

１．芸術祭前日（６月１日） ←②文字を線で囲む。

③各項目は枠の中でかたよらないようにする。

④枠内で均等割付けする。

参加団体	顧　問	事　前　準　備	練　習　時　間
		机・椅子・教卓	１３時～１４時
演劇部			１４時～１６時
吹奏楽同好会	佐々木先生	楽器演奏・譜面台	１６時～１８時

※　上記以外の照明器具や放送機器は、舞台に備え付けてあります。 ←⑤網掛けする。

②と同じ。→

２．リハーサル時間以外の練習場所

③と同じ。

④と同じ。

練習場所	利　用　上　の　注　意	利用団体（利→使）
音楽室		吹奏楽同好会
視聴覚室		演劇部
社会科室		３年４組

オブジェクトの挿入位置

実行委員会：木原（もきはら）

⑥明朝体のひらがなでルビをふり、右寄せする。

18回 （制限時間　15分）

【書式設定】 余白は上下左右それぞれ25㎜。指示のない文字のフォントは、明朝体の全角で入力し、サイズは12ポイントに統一。プロポーショナルフォントは使用不可。１行34字（問題文は１ページ24行で作成されていますが、解答にあたっては、行数を調整すること）。

【注意事項】 ヘッダーに左寄せで年組、番号、氏名を入力する。

【問　題】

次の指示に従い、右のような文書を作成しなさい。

【指　示】

1．右の問題文を校正記号に従って入力すること。
2．表は、行頭・行末を越えずに作成し、行間は、2.0とすること。
3．罫線は、右の表のように太実線と細実線とを区別すること。
4．表の枠内の文字は１行で入力し、上下のスペースが同じであること。
5．表内の「地区」、「宿泊施設」、「宿泊施設情報」、「食事場所」、「平日・休日」、「金曜・休前日」は下の資料を参照して作成すること。

資料

旅館

地　区	宿泊施設	宿　泊　施　設　情　報	食事場所
鳴子	ホテル天山	自然のままの露天風呂が評判	部屋食
鳴子	鳴子河畔の宿	川のせせらぎで満点旅情	小宴会場
十和田	湯の宿亀屋	源泉地の静かな宿でゆったりした気分	部屋食

料金

ご利用人数	平日・休日	金曜・休前日
1室2名様	12,500円	16,000円
1室3名様以上	11,000円	14,000円

6．表内の「平日・休日」、「金曜・休前日」の数字は、明朝体の半角で入力し、３桁ごとにコンマを付けること。
7．出題内容に合ったイラストのオブジェクトを、用意されたフォルダなどから選び、指示された位置に挿入すること。ただし、適切な大きさで、他の文字や線などにかからないこと。
8．①～⑧の処理を行うこと。
9．右の問題文にない空白行を入れないこと。

お風呂自慢の温泉宿 ←①フォントサイズは２４ポイントで、文字を線で囲み、センタリングする。

秋の東北で、紅葉を楽しめる「露店風呂」（店→天）が自慢の温泉宿を集めました。

源泉１００％掛け流しの湯でお肌もしっとり。ゆったりとした時間をお過ごしください。

↑②網掛けする。

１．おすすめの旅館 ←③二重下線を引く。

④各項目は、枠の中で左右にかたよらないようにする。

地　区	宿泊施設	宿　泊　施　設　情　報	食事場所
鳴子	湯の宿亀屋	源泉地の静かな宿でゆったりした気分	部屋食
		自然のままの露天風呂が評判	

⑤枠内で均等割付けする。

⑥センタリングする。

☆　各宿泊施設とも料金は下記のとおり同一料金です。

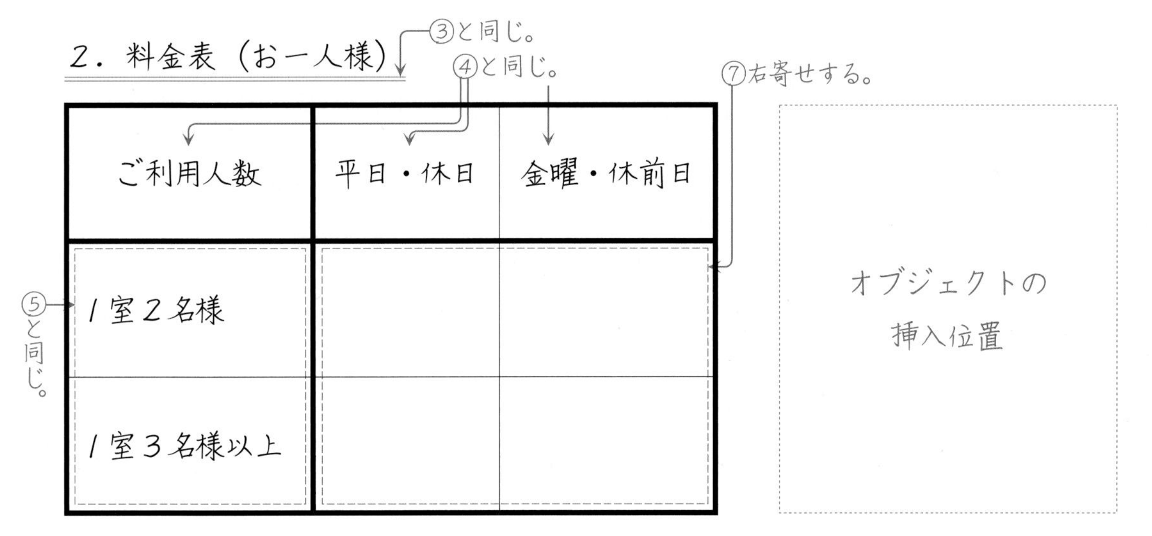

２．料金表（お一人様）←③と同じ。

④と同じ。

⑦右寄せする。

ご利用人数	平日・休日	金曜・休前日
１室２名様		
１室３名様以上		

⑤と同じ。

オブジェクトの挿入位置

◎　料金は、大人１泊２食付き（税サービス料込み）です。

小学生は大人料金の７０％です。（ゴ）

資料作成：神永（カミナガ）　美里

↑⑧明朝体のカタカナでルビをふり、右寄せする。

解答→別冊①Ｐ.11

19回 （制限時間　15分）

【書式設定】 余白は上下左右それぞれ25㎜。指示のない文字のフォントは、明朝体の全角で入力し、サイズは12ポイントに統一。プロポーショナルフォントは使用不可。１行33字（問題文は１ページ24行で作成されていますが、解答にあたっては、行数を調整すること）。

【注意事項】 ヘッダーに左寄せで年組、番号、氏名を入力する。

【問　題】

次の指示に従い、右のような文書を作成しなさい。

【指　示】

１．右の問題文を校正記号に従って入力すること。

２．表は、行頭・行末を越えずに作成し、行間は、2.0とすること。

３．罫線は、右の表のように太実線と細実線とを区別すること。

４．表の枠内の文字は１行で入力し、上下のスペースが同じであること。

５．表内の「部門」、「規定時間」、「応募締切」、「賞品」、「特別奨励金」は下の資料を参照して作成すること。

資料

応募作品

部　門	規　定　時　間	応　募　締　切
高校生の部	３分以上５分以内	１１月２９日（金）
高校生の部	５分以上７分以内	１１月２９日（金）
大学生の部	８分以上１０分以内	１２月１６日（月）
大学生の部	１０分以上１２分以内	１２月１６日（月）

表彰

各部門とも	賞　　　品	特別奨励金
最優秀賞	賞状・盾・ビデオカメラ	100,000円
特別賞	賞状・盾・ビデオカメラ	50,000円

６．表内の「特別奨励金」の数字は、明朝体の半角で入力し、３桁ごとにコンマを付けること。

７．出題内容に合ったイラストのオブジェクトを、用意されたフォルダなどから選び、指示された位置に挿入すること。ただし、適切な大きさで、他の文字や線などにかからないこと。

８．①～⑦の処理を行うこと。

９．右の問題文にない空白行を入れないこと。

全日本デジタルコンクール ←①フォントサイズは２４ポイントで、センタリングする。

事

文化祭や体育祭などの学校行司、クラブ活動やボランティア活動といった、学生・生徒の日常的な活動の動画を幅広く募集しています。

②網掛けする。

１．応募作品 ←③二重下線を引く。

④各項目は枠の中でかたよらないようにする。

⑤枠内で均等割付けする。

部　門	規　定　時　間	応　募　締　切	作品媒体
高校生の部	３分以上５分以内		DV−R（D）
	１０分以上１２分以内	１２月１６日（月）	

ゴ

◎　規定時間内に作成された、オリジナル未発表作品に限ります。

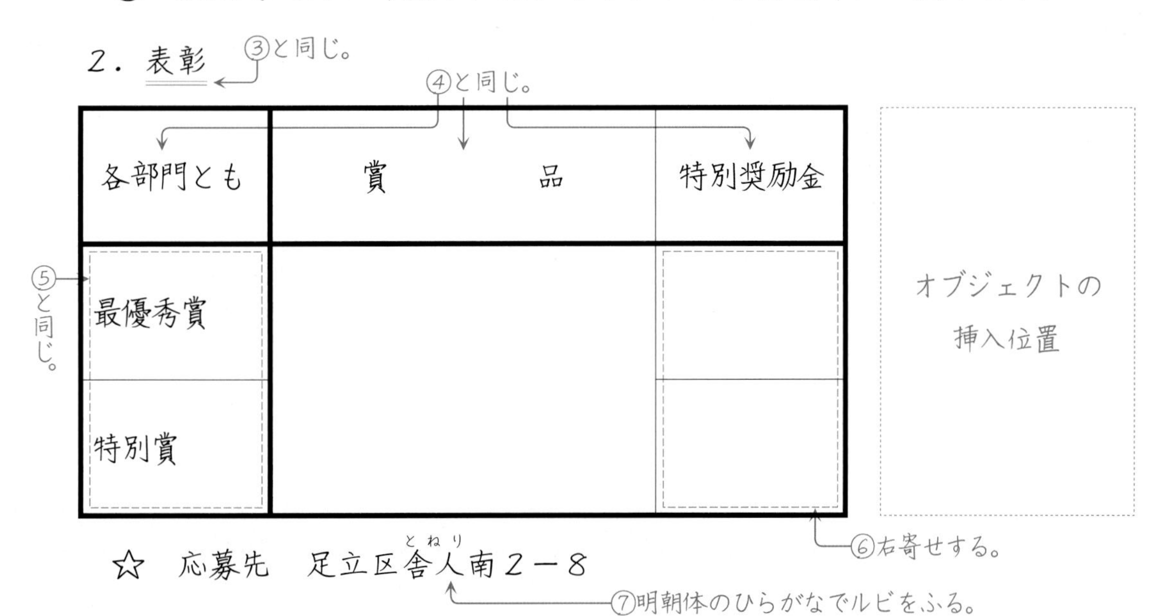

２．表彰 ←③と同じ。

④と同じ。

⑤と同じ。

各部門とも	賞　　　品	特別奨励金
最優秀賞		
特別賞		

オブジェクトの挿入位置

⑥右寄せする。

☆　応募先　足立区舎人南２−８

⑦明朝体のひらがなでルビをふる。（とねり）

デジタル出版協会「全日本デジタルコンクール」係

2 筆記問題

機械・機械操作

検定問題 1 2 に出題される内容　　青字部分を特に注意して覚えよう！

分野	用語	解説
一般	ルビ	漢字などに付けるふりがなのこと。 例 那覇（なは）
一般	文字ピッチ	横書きの１行の中で、左右に隣り合う文字の中心から中心までの長さのこと。 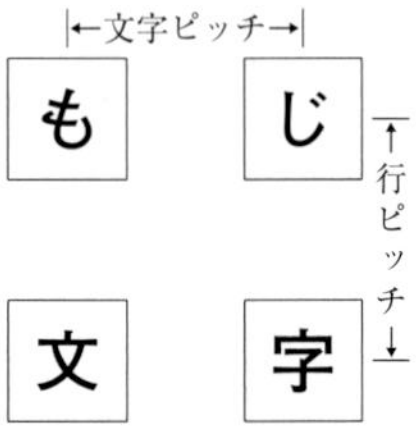
一般	行ピッチ	横書きの文書の中で、上下に隣接する行の文字の中心から中心までの長さのこと。
一般	和欧文字間隔	横書きの中で、左右に隣り合う全角文字の外側から半角文字の外側までの長さのこと。この間隔を通常の文字間隔より広めにとることで、英数字の視認性が良くなる。
一般	文字間隔	横書きの１行の中で、左右に隣り合う文字の外側から外側までの長さのこと。
一般	行間隔	横書きの中で、上下に隣接する行の文字の外側から外側までの長さのこと。
一般	マルチシート	一つの文書やウィンドウで、複数の文書（シート）を同時に取り扱う機能のこと。
一般	ワークシートタブ	表示する文書（シート）を切り替えるときにクリックする部分のこと。
入力	コード入力	16進数で表されたＪＩＳコードやUnicodeにより、漢字や記号を入力する方法のこと。
入力	手書き入力	マウスなどを使い、文字や記号の線の形をトレースし（なぞっ）て入力する方法のこと。
入力	タブ	ワープロソフトなどで、あらかじめ設定した位置に文字やカーソルを移動させる機能のこと。
入力	インデント	行中における文字列の開始位置と終了位置を変えること。 例 ①資産　企業が所有している財貨（現金、商品、備品、建物、土地など）や債権（売掛金、貸付金など）のこと。（←→ インデント）
入力	ツールボタン	メニュー（コマンド）を割り当てたアイコンのこと。
入力	ツールバー	ツールボタンを機能別にまとめた部分のこと。 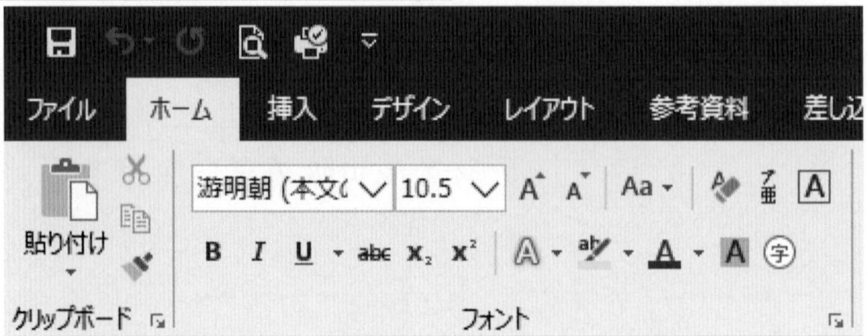

分野	用　語	解　説
入力	テキストボックス	ページの任意の位置に、あらかじめ設定した書式とは別に、独自に文字が入力できるように設定する枠のこと。
	単語登録	ユーザが使い勝手をよくするため、新たな単語とその読みを辞書ファイルに記憶すること。
	定型句登録	よく利用する文や語句などを、通常の「読み」よりも少ないタッチ数で辞書ファイルに記憶させること。
	オブジェクト	画像やグラフなど、文書の中に貼り付けるデータのこと。
	予測入力	過去の入力状況を記憶して、新しい入力の際に予想される変換候補を優先して表示することで、入力の打数や選択の手間を省力し支援する変換方式のこと。
キー操作	Ctrl+C	「コピー」の操作を実行するショートカットキーのこと。
	Ctrl+P	「印刷」の操作を実行するショートカットキーのこと。
	Ctrl+V	「貼り付け」の操作を実行するショートカットキーのこと。
	Ctrl+X	「切り取り」の操作を実行するショートカットキーのこと。
	Ctrl+Z	「元に戻す」の操作を実行するショートカットキーのこと。
	Ctrl+Y	「元に戻すを戻す」の操作を実行するショートカットキーのこと。
出力	dpi	1インチあたりの点の数で示される解像度の単位のこと。数値が大きいほど、きめの細かい表現ができる。 ※1インチ＝約2.54cm └→この数が多いほど、細かい表現が可能。
	ドット	パソコンの画面や印刷で、文字を構成する一つひとつの点のこと。 16ドット　32ドット
	画面サイズ	ディスプレイの大きさのこと。その大きさは、画面の対角線で測られる。単位としてインチを用いる（1インチ＝約2.54センチ）。
	解像度	ディスプレイやプリンタ、スキャナなどで入出力される、文字や画像のきめの細かさを意味する尺度のこと。
	ルーラー	余白や行頭・行末などを変更するため、画面の上部と左側に用意された目盛のこと。
	用紙カセット	指定されたサイズの用紙を適切な枚数入れて、プリンタの内部に用紙をセットする装置のこと。
	手差しトレイ	印刷のたびに適切な用紙に換えられるように、プリンタの外部から用紙をセットする装置のこと。
	トナー	レーザプリンタやコピー機などで使う粉末状のインクのこと。
	インクカートリッジ	インクジェットプリンタで使う液体インクの入った容器のこと。
	袋とじ印刷	文書の連続したページを、1枚の用紙に二つ折りにしてとじられるように印刷すること。
	レターサイズ	8.5インチ×11インチ＝215.9㎜×279.4㎜の用紙サイズのことで、アメリカ国内のローカル基準である。

分野	用　語	解　説
出力	再生紙	新聞紙などから作った再生パルプを混入してある用紙のこと。森林資源の保護に役立つが、経費削減には必ずしも貢献しないこともある。
	ＰＰＣ用紙	コピー機での使用に最適の特徴を持つ用紙のこと。ページプリンタでよく使われるほか、インクジェットプリンタでも利用が可能である。
	感熱紙	熱を感じると黒く変色する印刷用紙のこと。電車の切符、レシート、拡大印刷機などで使われる。熱・光・経年変化に弱いので、保存が必要な場合は注意を要する。
編集	網掛け	範囲指定した部分を強調するため、その範囲に網目模様を掛ける機能のこと。
	段組み	新聞や辞書などのように、同一ページ内で文字列を複数段に構成する機能のこと。
	背景	余白も含めた、文字が入力される用紙全体に設定される色や画像、またはその領域のこと。デザイン性を高めたり作業のリフレッシュ効果を狙ったり、公的文書や機密文書のセキュリティに役立てたりする。
	塗りつぶし	罫線の中など、指定した範囲内に色や模様を付けること。
	透かし	文字の背景に配置する模様や文字、画像のこと。取扱注意や㊙などの文字を入れ、注意を喚起するなどのために使うことが多い。 ←1級実技問題
記憶	ＪＩＳ第１水準	ＪＩＳで定められた漢字の規格で、常用漢字を中心に2965字が50音順に並んでいる。
	ＪＩＳ第２水準	ＪＩＳで定められた漢字の規格で、通常の国語の文章の表記に用いる漢字のうち第１水準を除いた、3390字が部首別に並んでいる。
	常用漢字	一般の社会生活において、現代の国語を書き表す場合の漢字使用の目安とされる、2136文字の漢字のこと。
	合字	複数の文字や記号を組み合わせ、一文字としてデザインした文字のこと。㈱、㈲、㈹、①、⑫、㍼、㍻、㋿など。ＩＭＥに登録された読みで入力するか、コード表を参照してコード入力する。
	機種依存文字	利用する機械や環境などによって、コードと表示が異なる文字のこと。①②③、ⅠⅡⅢ、㍼、㍻、㎝、㋿など。文字化けの原因となるので、異なる環境で共有する文書での利用には注意する。
	異体字	画数やデザインが異なるが同じ文字として利用される漢字のこと。 例　斉と齋、高と髙、富と冨、柳と栁、辺と邉など
	文字化け	文字集合または符号化方式や機種依存文字などの不一致によって、Ｗｅｂサイトやメールの文字が正しく表現されない現象のこと。
	バックアップ	データの破損や紛失などに備え、別の記憶装置や記憶媒体にまったく同じデータを複製し、保存すること。
	ファイリング	必要なときにすぐに使えるように、一定の基準により文書を分類して整理し、保管すること。広義には保存や廃棄まで含む。
	拡張子	ファイル名の次に、ピリオドに続けて指定する文字や記号のこと。通常は３文字または４文字で、ファイルの種類を表示する。

分野	用　語	解　説
記憶	文書ファイル	文書のデータを記憶した、主にワープロソフトで扱うファイルのこと。ワープロソフトごとに保存形式や拡張子は異なり、互換の内容によって分類される。互換性のある形式の拡張子として、rtf（リッチテキストファイル、文字修復が可能）、doc（ドキュメントファイル）、txt（テキストファイル）、csv（カンマ区切りファイル）、代表的なワープロ文書としてdocxなどがある。 ※文書ファイルの種類は個別に出題されることがあります。
	静止画像ファイル	写真やイラストなどのデータを保存するファイルのこと。その特徴によって使い分けられる。拡張子には、jpg（jpeg）（フルカラー、写真向き）、gif（256色、アニメーション向き）、bmp（フルカラー、非圧縮）、png（フルカラー、可逆圧縮）などがある。 ※静止画像ファイルの種類は個別に出題されることがあります。
電子メール	メールアドレス	電子メールの宛先となる住所に相当する文字列のこと。
	メールアカウント	メールの操作をする権限のこと。メールアドレス、ユーザＩＤ、パスワードなどがセットになって提供される。
	アドレスブック	電子メールで使う住所録に相当するもので、知人や取引先の名前やメールアドレスを登録・保存した一覧のこと。
	To	電子メールの送信先指定方法の一つで、主となる本来の宛先の受信者のメールアドレスのこと。原則として１人を指定するが、内容によっては区切り符号を使い、複数の宛先が指定できる。
	Cc	電子メールの送信先指定方法の一つで、本来の受信者と同時に、同じメールを送る宛先のメールアドレスのこと。Ccの受信者は、自分へはメールを参照や参考のために送られたと判断する。また、他の受信者にCcのアドレスが表示されるので配慮する。
	Bcc	電子メールの送信先指定方法の一つで、本来の受信者や、同時に受信している他の受信者にメールアドレスを知らせないで、同じメールを送る宛先のメールアドレスのこと。ただし、Bccの受信者はToとCcのアドレスを知ることができる。
	From	受け取った電子メールの送信元を表示する。返信の操作をすると、送信先として指定される。
	添付ファイル	電子メールに付けて送付される、文書や画像などのデータのこと。なるべく記憶容量を小さくし、一つにまとめるとよい。
	件名	受取人に用件を適確に伝えるために、メールの内容を簡潔に表現した見出しのこと。内容に応じて、Re:やFw:を付けるとよい。
	メール本文	メールの主たる内容となる文章のこと。**宛名・前文・主文・末文・署名**からなり、用件を記述する主文は、**一件一葉主義、簡潔主義、短文主義、５Ｗ１Ｈ**に沿って書き、読みやすいように適切な文節で改行する。また、不用意に個人情報を記入しないほか、ビジネス文書では**機種依存文字**・絵文字・顔文字・話し言葉・英文の略語なども使用しない。 ※太字の用語は個別に出題されることがあります。
	署名	メールの最後に付ける送信者の氏名や、アドレスなどの連絡先をまとめた領域のこと。相手が連絡で困らないように配慮する。
	ネチケット	インターネットでメールや情報発信をする際に、ルールを守り他の人の迷惑になる行為を慎むこと。電子メールやブログ、ＳＮＳなどでの発信では、特に注意する。

筆記問題 1

解答→別冊① P.12

1 次の各文は何について説明したものか、最も適切な用語を解答群の中から選び、記号で答えなさい。

① 横書きの１行の中で、左右に隣り合う文字の中心から中心までの長さのこと。
② ツールボタンを機能別にまとめた部分のこと。
③ プリンタの外部から用紙をセットする装置のこと。
④ ファイル名の次に、ピリオドに続けて指定する文字や記号のこと。通常は３文字または４文字で、ファイルの種類を表示する。
⑤ 一つの文書やウィンドウで、複数の文書（シート）を同時に取り扱う機能のこと。
⑥ ワープロソフトなどで、あらかじめ設定した位置に文字やカーソルを移動させる機能のこと。
⑦ 本来の受信者と同時に、同じメールを送る宛先のメールアドレスのこと。
⑧ １インチあたりの点の数で示される解像度の単位のこと。

【解答群】

ア．文字ピッチ　イ．マルチシート　ウ．Bcc
エ．タブ　オ．用紙カセット　カ．ツールバー
キ．dpi　ク．手差しトレイ　ケ．インデント
コ．テンプレート　サ．Cc　シ．拡張子

	①	②	③	④	⑤	⑥	⑦	⑧
1								

2 次の各用語に対して、最も適切な説明文を解答群の中から選び、記号で答えなさい。

① コード入力　② 単語登録　③ 予測入力
④ 画面サイズ　⑤ メールアドレス　⑥ ＪＩＳ第１水準
⑦ 和欧文字間隔　⑧ ワークシートタブ

【解答群】

ア．ＪＩＳで定められた漢字の規格で、常用漢字を中心に2965字が50音順に並んでいる。
イ．過去の入力状況を記憶しておき、新しい入力の際に予想される変換候補を優先して表示することで、入力の打数や選択の手間を省力し支援する変換方式のこと。
ウ．漢字の規格で、通常の国語の文章の表記に用いる漢字のうち3390字が部首別に並んでいる。
エ．ディスプレイの大きさのこと。
オ．横書きの中で、左右に隣り合う全角文字の外側から半角文字の外側までの長さのこと。
カ．横書きの１行の中で、左右に隣り合う文字の中心から中心までの長さのこと。
キ．電子メールの宛先となる住所に相当する文字列のこと。
ク．電子メールで使う住所録に相当するもので、知人や取引先の名前やメールアドレスを登録・保存した一覧のこと。
ケ．16進数で表されたＪＩＳコードやUnicodeにより、漢字や記号を入力する方法のこと。
コ．表示する文書（シート）を切り替えるときにクリックする部分のこと。
サ．通常の「読み」よりも少ないタッチ数で辞書ファイルに記憶させること。
シ．ユーザが使い勝手をよくするため、新たな単語とその読みを辞書ファイルに記憶すること。

	①	②	③	④	⑤	⑥	⑦	⑧
2								

3 次の各文は何について説明したものか、最も適切な用語を解答群の中から選び、記号で答えなさい。

① メニュー（コマンド）を割り当てたアイコンのこと。
② データの破損や紛失などに備え、別の記憶装置や記憶媒体にまったく同じデータを複製し、保存すること。
③ 上下に隣接する行の文字の外側から外側までの長さのこと。
④ よく利用する文や語句などを、通常の「読み」よりも少ないタッチ数で辞書ファイルに記憶させること。
⑤ 余白や行頭・行末などを変更するため、画面の上部と左側に用意された目盛のこと。
⑥ 主となる本来の宛先の受信者のメールアドレスのこと。
⑦ 漢字などに付けるふりがなのこと。
⑧ レーザプリンタやコピー機などで使う粉末状のインクのこと。

【解答群】

ア．ルーラー	イ．単語登録	ウ．トナー
エ．文字間隔	オ．To	カ．バックアップ
キ．ルビ	ク．行間隔	ケ．フォーマット
コ．From	サ．ツールボタン	シ．定型句登録

	①	②	③	④	⑤	⑥	⑦	⑧
3								

4 次の各用語に対して、最も適切な説明文を解答群の中から選び、記号で答えなさい。

① 文書ファイル	② 行ピッチ	③ ワークシートタブ
④ 件名	⑤ テキストボックス	⑥ オブジェクト
⑦ ドット	⑧ 袋とじ印刷	

【解答群】

ア．写真やイラストなどのデータを保存するファイルのこと。
イ．パソコンの画面や印刷で、文字を構成する一つひとつの点のこと。
ウ．表示する文書（シート）を切り替えるときにクリックする部分のこと。
エ．横書きの１行の中で、左右に隣り合う文字の中心から中心までの長さのこと。
オ．主にワープロソフトで扱うファイルのこと。
カ．文書の連続したページを、１枚の用紙に二つ折りにしてとじられるように印刷すること。
キ．１インチあたりの点の数で示される解像度の単位のこと。
ク．画像やグラフなど、文書の中に貼り付けるデータのこと。
ケ．横書きの文書の中で、上下に隣接する行の文字の中心から中心までの長さのこと。
コ．受取人に用件を適確に伝えるために、メールの内容を簡潔に表現した見出しのこと。
サ．メールの主たる内容となる文章のこと。
シ．あらかじめ設定した書式とは別に、独自に文字が入力できるように設定する枠のこと。

	①	②	③	④	⑤	⑥	⑦	⑧
4								

筆記問題 2

解答→別冊① P.12

1 次の各文の下線部について、正しい場合は○を、誤っている場合は最も適切な用語を解答群の中から選び、記号で答えなさい。

① **手書き入力**とは、16進数で表されたＪＩＳコードやUnicodeにより、漢字や記号を入力する方法のことである。
② **袋とじ印刷**とは、１枚の用紙を二つ折りにしてとじられるように印刷することである。
③ ＪＩＳで定められた漢字の規格で、常用漢字を中心に2965字が50音順に並んでいるものを**ＪＩＳ第２水準**という。
④ 一つの文書やウィンドウで、複数の文書（シート）を同時に取り扱う機能のことを**スクリーン**という。
⑤ あらかじめ設定した位置に文字やカーソルを移動させる機能のことを**インデント**という。
⑥ **ネチケット**とは、メールの操作をする権限のことである。
⑦ ページの任意の位置に、あらかじめ設定した書式とは別に、独自に文字が入力できるように設定する枠のことを**テキストボックス**という。
⑧ 横書きの中で、左右に隣り合う全角文字の外側から半角文字の外側までの長さのことを**マージン**という。

【解答群】

ア．和欧文字間隔	**イ**．行ピッチ	**ウ**．マルチシート
エ．言語バー	**オ**．コード入力	**カ**．タブ
キ．オブジェクト	**ク**．静止画像ファイル	**ケ**．メールアカウント
コ．メールアドレス	**サ**．ＪＩＳ第１水準	**シ**．タッチタイピング

	①	②	③	④	⑤	⑥	⑦	⑧
1								

2 次の各文の下線部について、正しい場合は○を、誤っている場合は最も適切な用語を解答群の中から選び、記号で答えなさい。

① 文書のデータを記憶した、主にワープロソフトで扱うファイルのことを**静止画像ファイル**という。
② **手差しトレイ**とは、プリンタの内部に用紙をセットする装置のことである。
③ 新しい入力の際に予想される変換候補を優先して表示することで、入力の打数や選択の手間を省力し支援する変換方式のことを**文節変換**という。
④ 横書きの１行の中で、左右に隣り合う文字の中心から中心までの長さのことを**文字ピッチ**という。
⑤ メニュー（コマンド）を割り当てたアイコンのことを**ツールバー**という。
⑥ １インチあたりの点の数で示される解像度の単位のことを**ドット**という。
⑦ 熱を感じると黒く変色する印刷用紙のことを**再生紙**という。
⑧ メールの最後に付ける送信者の氏名や、アドレスなどの連絡先をまとめた領域のことを**署名**という。

【解答群】

ア．アイコン	**イ**．ツールボタン	**ウ**．予測入力
エ．dpi	**オ**．バックアップ	**カ**．用紙カセット
キ．感熱紙	**ク**．文書ファイル	**ケ**．ＰＰＣ用紙
コ．添付ファイル	**サ**．文字間隔	**シ**．タブ

	①	②	③	④	⑤	⑥	⑦	⑧
2								

3 次の各文の下線部について、正しい場合は○を、誤っている場合は最も適切な用語を解答群の中から選び、記号で答えなさい。

① **ルビ**とは、漢字などに付けるふりがなのことをいう。
② マウスなどを使い、文字や記号の線の形をトレースし（なぞっ）て入力する方法のことを**タッチタイピング**という。
③ 文字や画像のきめの細かさを意味する尺度のことを**dpi**という。
④ **Ｂサイズ**とは、8.5インチ×11インチ＝215.9mm×279.4mmの用紙サイズのことで、アメリカ国内のローカル基準である。
⑤ **ＪＩＳ第２水準**とは、通常の国語の文章の表記に用いる漢字のうち、3390字が部首別に並んでいる規格のことである。
⑥ 横書きの中で、上下に隣接する行の文字の外側から外側までの長さのことを**行ピッチ**という。
⑦ 他の受信者にメールアドレスを知らせないで、同じメールを送る宛先のメールアドレスのことを**From**という。
⑧ レーザプリンタやコピー機などで使う粉末状のインクのことを**ドライブ**という。

【解答群】
ア．解像度　イ．トナー　ウ．オブジェクト
エ．カーソル　オ．レターサイズ　カ．ＪＩＳ第１水準
キ．Cc　ク．コード入力　ケ．行間隔
コ．文字間隔　サ．手書き入力　シ．Bcc

	①	②	③	④	⑤	⑥	⑦	⑧
3								

4 次の各文の下線部について、正しい場合は○を、誤っている場合は最も適切な用語を解答群の中から選び、記号で答えなさい。

① パソコンの画面や印刷で、文字を構成する一つひとつの点のことを**解像度**という。
② **ファイリング**とは、必要なときにすぐに使えるように、一定の基準により文書を分類して整理し、保管することである。
③ 罫線の中など、指定した範囲内に色や模様を付けることを**背景**という。
④ **スクロール**とは、行中における文字列の開始位置と終了位置を変えることである。
⑤ メールの操作をする権限のことを**アドレスブック**という。
⑥ 画像やグラフなど、文書の中に貼り付けるデータのことを**テキストボックス**という。
⑦ 余白や行頭・行末などを変更するため、画面の上部と左側に用意された目盛のことを**タブ**という。
⑧ 横書きの１行の中で、左右に隣り合う文字の外側から外側までの長さのことを**文字間隔**という。

【解答群】
ア．フォーマット　イ．メールアドレス　ウ．文字ピッチ
エ．塗りつぶし　オ．インデント　カ．文字修飾
キ．ワークシートタブ　ク．オブジェクト　ケ．ドット
コ．拡張子　サ．ルーラー　シ．メールアカウント

	①	②	③	④	⑤	⑥	⑦	⑧
4								

5 **次の各文の下線部について、正しい場合は○を、誤っている場合は最も適切な用語を解答群の中から選び、記号で答えなさい。**

① 電子メールに付けて送付される、文書や画像などのデータのことを**Bcc**という。
② **インクジェット用紙**とは、コピー機での使用に最適の特徴を持つ用紙のことである。
③ 横書きの文書の中で、上下に隣接する行の文字の中心から中心までの長さのことを**行間隔**という。
④ データの破損や紛失などに備え、別の記憶装置や記憶媒体にまったく同じデータを複製し、保存することを**名前を付けて保存**という。
⑤ **コード入力**とは、16進数で表されたＪＩＳコードやUnicodeにより、漢字や記号を入力する方法のことである。
⑥ 連続したページを、１枚の用紙に二つ折りにしてとじられるように印刷することを**袋とじ印刷**という。
⑦ **ワークシートタブ**とは、一つの文書やウィンドウで、複数の文書（シート）を同時に取り扱う機能のことである。
⑧ １インチあたりの点の数で示される解像度の単位を**ドット**という。

【解答群】

ア．感熱紙	**イ**．手書き入力	**ウ**．添付ファイル
エ．dpi	**オ**．均等割付け	**カ**．デバイスドライバ
キ．ごみ箱	**ク**．ＰＰＣ用紙	**ケ**．バックアップ
コ．行ピッチ	**サ**．シートフィーダ	**シ**．マルチシート

	①	②	③	④	⑤	⑥	⑦	⑧
5								

6 **次の各文の下線部について、正しい場合は○を、誤っている場合は最も適切な用語を解答群の中から選び、記号で答えなさい。**

① よく利用する文や語句などを、通常の「読み」よりも少ないタッチ数で辞書ファイルに記憶させることを**言語バー**という。
② ファイル名の次に、ピリオドに続けて指定する文字や記号のことを**互換性**といい、通常は３文字または４文字で、ファイルの種類を表示する。
③ **和欧文字間隔**とは、横書きの中で、左右に隣り合う全角文字の外側から半角文字の外側までの長さのことである。
④ ページの任意の位置に、あらかじめ設定した書式とは別に、独自に文字が入力できるように設定する枠のことを**文書ファイル**という。
⑤ メールの主たる内容となる文章のことを**メール本文**という。
⑥ 表示する文書（シート）を切り替えるときにクリックする部分のことを**テンプレート**という。
⑦ メニュー（コマンド）を割り当てたアイコンのことを**ファンクションキー**という。
⑧ 写真やイラストなどのデータを保存するファイルのことを**フォルダ**という。

【解答群】

ア．文字ピッチ	**イ**．ワークシートタブ	**ウ**．画面サイズ
エ．ツールボタン	**オ**．予測入力	**カ**．テキストボックス
キ．オブジェクト	**ク**．定型句登録	**ケ**．件名
コ．バックアップ	**サ**．拡張子	**シ**．静止画像ファイル

	①	②	③	④	⑤	⑥	⑦	⑧
6								

文書の種類

検定問題 3 4 に出題される内容

分野	用語			解説
通信文書（一般文書）	社内文書		通達	上級機関が所管の機関・職員に指示をするための文書のこと。
			通知	上級機関が所管の機関・職員に知らせるための文書のこと。
			連絡文書	必要な情報や事項をやりとりするための文書のこと。
			回覧	各部署などに、順々にまわして伝えるための文書のこと。
			規定・規程	社内で定められた決まりごとが書かれた文書のこと。
	社外文書	社交文書	挨拶状	取引先と親交を深めるため、敬意を書面にて表す儀礼的な文書のこと。 例 「取引開始のご挨拶」
			招待状	自社の式やイベントに顧客や取引先などを招くための文書のこと。 例 「新製品発表会のご招待」
			祝賀状	取引先の慶事に際して、その喜びを書面にて表す儀礼的な文書のこと。 例 「新社屋完成のお祝い」
			紹介状	人と会社、または会社と会社の仲立ちをするための文書のこと。 例 「優良企業のご紹介」
			礼状	取引先に感謝の気持ちを述べるための文書のこと。 例 「株式引き受けのお礼」
		取引文書	添え状	同封した各種の文書を説明するための文書のこと。 例 「同封書類について」
			案内状	情報を知らせたり事情を説明するための文書のこと。 例 「新入生へのご案内」
			依頼状	取引先などに対して、用件をまとめて説明し、それを遂行するようにお願いするための文書のこと。
帳票	社内文書		願い	会社や上司に提出し、その内容の許可を求める文書のこと。 例 「出張願」、「休暇願」
			届	会社や上司に提出することで、その内容が成立する文書のこと。 例 「結婚届」、「住所変更届」
	社外文書／取引文書		取引伝票	取引先との間で受け渡しされる、取引内容を簡潔に記した文書のこと。
			見積依頼書	売買に関する取引条件を売主に問い合わせるための文書のこと。
			見積書	見積もりの依頼を受けて、取引条件を買主に知らせるための文書のこと。見積有効期限も記す。
			注文書	取引条件を記し、売主に発注するための文書のこと。
			注文請書	取引条件を記し、買主の発注を了承したことを知らせるための文書のこと。
			納品書	買主に商品などを納めたことを知らせるための文書のこと。

分野	用語		解説
帳票	社外文書／取引文書	物品受領書	売主に商品などを受け取ったことを知らせるための文書のこと。
		請求書	代金の支払いを求めるための文書のこと。
		領収証	代金を受け取ったことを知らせるための文書のこと。
		委嘱状	ある仕事を他の人にゆだねるための文書のこと。
		誓約書	ある物事について、誓いを立てるための文書のこと。
		仕様書	①やり方や手順、順序などを記した文書のこと。仕様書き。 ②製品やサービスの機能・性能・特性や満たすべき条件などをまとめた文書のこと。
		確認書	取引などに際し、内容や取り決めなどについてお互いに確かめるための文書のこと。
	印鑑の種類	電子印鑑	文書を印刷をしない場合に、パソコン上で書類に押印ができるシステムのこと。その実効性を担保するために、タイムスタンプが付加される。
		代表者印	設立の際に法務局に登録し、会社の実印としての役割を担う印のこと。
		銀行印	預金を引き出す払い出し票などに使う印のこと。
		役職印	部長や課長などの、組織の役職者の認印として使われる印のこと。
		認印（みとめいん）	個人が日常生活で使用するもので、印鑑登録をしていない個人印のこと。「にんいん」とも読む。
		実印（じついん）	個人が市区町村の役所に、印鑑登録の届出をしている個人印のこと。
		押印（おういん）	正確には「記名押印」といい、ゴム印や印刷で記名した場合に、印影を紙に残すこと。名前はなく指定された箇所に印鑑を押す場合も、押印という。
		捺印（なついん）	正確には「署名捺印」といい、署名（氏名を自署）した上で、印影を紙に残すこと。
		タイムスタンプ	ある事実が発生した時間と場所を特定し、それを証明する仕組みのこと。

電子メールの構成の例［発信］

［ビジネスでの電子メール発信の留意事項］

① To、件名、受信者名、主文、署名は、必ず入力する。
② Cc、Bcc、添付ファイルは、必要に応じて入力・添付する。
③ 受取人である宛名、前文の挨拶と自己紹介、末文での結びの挨拶は、マナーとして欠かさないようにする。
④ 半角カタカナや機種依存文字、ＨＴＭＬメール（※）は、相手の環境に配慮して使わないこと。
⑤ 主文は左寄せで書き始めてよい。
⑥ １行30字程度で改行したり適度に空白行をいれて、読みやすいように心掛ける。
機密事項や個人情報は、セキュリティを考慮して、本文に入力しない。
⑦ 添付ファイルは、容量に注意し、相手の了解を得て送る。

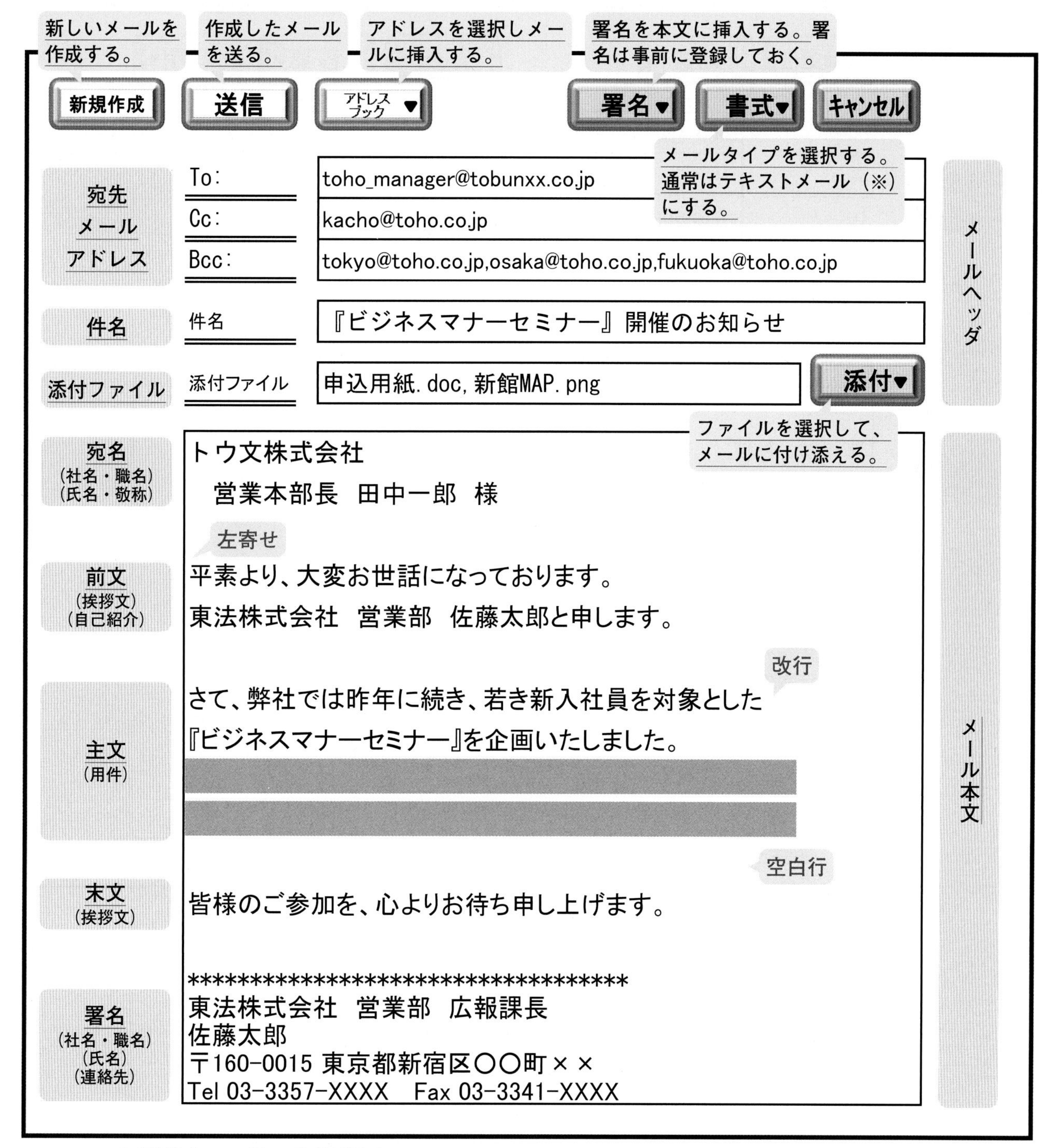

※のついた箇所は、１級の出題範囲。

電子メールの構成の例［受信］ 1級の出題範囲

［電子メール受信の留意事項］

① 日常的に確認し、必要に応じて、できる限りすみやかに受信した旨の返信をする。

② 心当たりの無い発信者や内容の迷惑メールは、返信や問い合わせ、拡散などはせずに削除する。特に添付ファイルをダウンロードしたり、誘導されたサイトを表示してはいけない。

③ フィルターや振り分けの設定を利用して、迷惑メールを受け取らないように工夫する。

④ 全員返信（Reply-All）は、送信者に加え、知ることができるすべてのアドレスに一斉送信される。このため、複数のToとCcが指定されているメールの場合は、特に注意深くチェックする。

⑤ メーリングリストで届けられたメールは、単なる返信でもメンバー全員への返信になるので注意する。

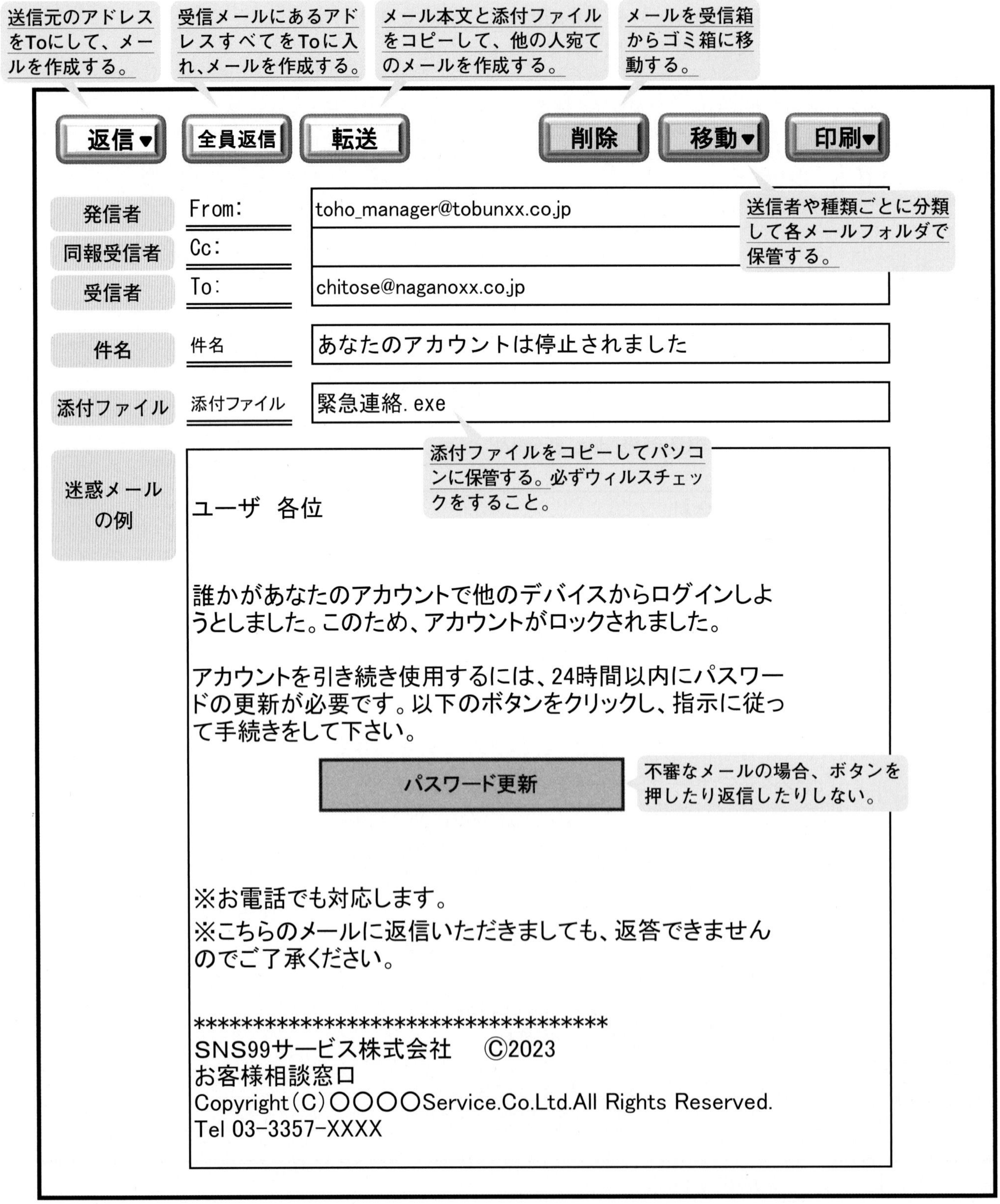

送信元のアドレスをToにして、メールを作成する。

受信メールにあるアドレスすべてをToに入れ、メールを作成する。

メール本文と添付ファイルをコピーして、他の人宛てのメールを作成する。

メールを受信箱からゴミ箱に移動する。

返信▼ 全員返信 転送 削除 移動▼ 印刷▼

送信者や種類ごとに分類して各メールフォルダで保管する。

発信者	From:	toho_manager@tobunxx.co.jp
同報受信者	Cc:	
受信者	To:	chitose@naganoxx.co.jp
件名	件名	あなたのアカウントは停止されました
添付ファイル	添付ファイル	緊急連絡.exe

添付ファイルをコピーしてパソコンに保管する。必ずウィルスチェックをすること。

迷惑メールの例

ユーザ 各位

誰かがあなたのアカウントで他のデバイスからログインしようとしました。このため、アカウントがロックされました。

アカウントを引き続き使用するには、24時間以内にパスワードの更新が必要です。以下のボタンをクリックし、指示に従って手続きをして下さい。

パスワード更新

不審なメールの場合、ボタンを押したり返信したりしない。

※お電話でも対応します。

※こちらのメールに返信いただきましても、返答できませんのでご了承ください。

****

SNS99サービス株式会社 ©2023

お客様相談窓口

Copyright（C）○○○○Service.Co.Ltd.All Rights Reserved.

Tel 03-3357-XXXX

記号・マークの読みと使い方

☆使い方について、下線部の内容は出題で問われることがあります。
青色の網掛けをした区分は出題しません。

区分	記号	読み	使い方
記述記号	?	疑問符	①文末につけ、疑問を表す。 ②（コンピュータ）Windowsの１字のワイルドカード
	!	感嘆符	文末につけ、驚嘆を表す。
	／	スラッシュ	①分数を表す。　②日付けの区切り ③（コンピュータ）除算　④（欧）andまたはor
	～	波形	…から…までの範囲を示し、起点の値を含む。
	ヵ	小書き片仮名カ	数助詞の「か」を表す。 例 三ヵ月、五ヵ所、十ヵ条 （注）ヶ・箇に置き換えられる。
	ヶ	小書き片仮名ケ	①地名で「が」を表す。 例 関ヶ原、戦場ヶ原 ②数助詞の「か」を表す。
	…	三点リーダー	①語句の省略を表す。　②会話文で沈黙を表す。
学術記号	＝	等号	例 Ａ＝Ｂで、ＡとＢは等しいことを表す。
	＜	不等号（より小）	例 Ａ＜Ｂで、ＡはＢ未満を表す。
	＞	不等号（より大）	例 Ａ＞Ｂで、ＡはＢを越えることを表す。
	≦	より小さいか又は等しい	例 Ａ≦Ｂで、ＡはＢ以下を表す。
	≧	より大きいか又は等しい	例 Ａ≧Ｂで、ＡはＢ以上を表す。
	＾	べき乗記号	①（コンピュータ）2^3で、２の３乗を表す。 ②ローマ字で母音に付け長音を表す。
一般記号	☆	白星	①白の星印　②勝ち星
	★	黒星	①黒の星印　②負け星
	※	米印	注釈文など、目立たせたい項目の先頭につける。
	〒	郵便記号	郵便番号
	＃	番号記号	①No. に同じ　②ポンド（重さ）を表す。 （注）シャープ（♯）との誤用に気をつける。
合字	№	ナンバー	番号の意味
	㈱	株式会社	株式会社の意味
	℃	度	摂氏温度の単位記号
	℡	電話	電話番号の意味
	㋿	令和	令和の合字
ギリシャ文字（小文字）	α	アルファ	例 α線、αでんぷん、プラスα、α星
	β	ベータ	例 β線、βカロチン、β酸化、β星
	γ	ガンマ	例 γ線、γ-グロブリン、γ星
	μ	ミュー	例 μs、μm （注）100万分の１を表す単位として使われる場合は、マイクロと読む。

区分	記号	読み	区分	記号	読み
ローマ数字	Ⅰ，ⅰ	1	ローマ数字	Ⅷ，ⅷ	8
	Ⅱ，ⅱ	2		Ⅸ，ⅸ	9
	Ⅲ，ⅲ	3		Ⅹ，ⅹ	10
	Ⅳ，ⅳ	4		Ⅺ，ⅺ	11
	Ⅴ，ⅴ	5		Ⅻ，ⅻ	12
	Ⅵ，ⅵ	6		Ｌ，ｌ	50
	Ⅶ，ⅶ	7			

区分	マーク	読み	意味
マーク	©	著作権マーク	著作権があることを示す。
	®	登録商標マーク	登録商標であることを示す。登録しないで表示すると罰則がある。
	TM	商標マーク	登録の有無に関係なく、商標であることを示す。
	SM	役務商標マーク	サービスに対する商標であることを示す。
	JIS	ＪＩＳマーク	日本産業規格（ＪＩＳ）の基準に適合する製品であることを示す。

実技問題で出題される罫線・記号の種類

区分	名称	種類
下線	一重下線	
	二重下線	
	点線の下線	
	一点鎖線の下線	
	破線の下線	
	波線の下線	
罫線	実線	
	太実線	
	点線	
	一点鎖線	
	破線	
	二重線	
	波線	

区分		記号	読み		記号	読み
記号の読み	括弧記号	『	始め二重かぎ括弧	一般記号	□	四角
	括弧記号	』	終わり二重かぎ括弧	一般記号	■	黒四角
	括弧記号	【	始めすみ付き括弧	一般記号	◇	ひし形
	括弧記号	】	終わりすみ付き括弧	一般記号	◆	黒ひし形
	一般記号	→	右矢印	一般記号	△	三角
	一般記号	←	左矢印	一般記号	▲	黒三角
	一般記号	↑	上矢印	一般記号	▽	逆三角
	一般記号	↓	下矢印	一般記号	▼	黒逆三角
	一般記号	○	まる	一般記号	∞	無限大
	一般記号	●	黒丸	一般記号	①～⑩	丸付き数字
	一般記号	◎	二重丸			

区分	名称		
校正記号	行を起こす	例	お送りいたします。つきましては、
		校正結果	お送りいたします。 つきましては、
	行を続ける	例	サービスさせていただきます。 なにとぞ、
		校正結果	サービスさせていただきます。なにとぞ、
	誤字訂正	例	①私が、原稿を（「が」→「は」） ②私は、現行を（「現行」→「原稿」）
		校正結果	私は、原稿を

校正記号				
余分字を削除し詰める	例	①私がは、原稿を　②私は、新しい原稿を　（トル）（注）「トル」は「トルツメ」でも可		
	校正結果	私は、原稿を		
余分字を削除し空けておく	例	①日本とアメリカ　②日本とかアメリカ　（トルアキ）（注）「トルアキ」は「トルママ」でも可		
	校正結果	①日本　アメリカ　②日本　　アメリカ		
脱字補充	例	①ご注文、色・サイズを（は）　②ご注文は、色サイズを（・）		
	校正結果	ご注文は、色・サイズを		
空け	例	営業課長様	1.日　時 2.場　所	
	校正結果	営業課長　様	1.日　時 2.場　所	
詰め	例	東　西　一郎　様	1.日　時 2.場　所	
	校正結果	東西　一郎　様	1.日　時 2.場　所	
入れ替え	例	社会でのマナー	第２回 第１回	
	校正結果	会社でのマナー	第１回 第２回	
移動	例	用語解説	１００ MB	
	校正結果	用語　　解説	１００MB	
大文字に直す	例	Ｐｒｉｎｔ	ｐｒｉｎｔ	
	校正結果	ＰＲＩＮＴ	Ｐｒｉｎｔ	
書体変更	例	文字の書体（ゴ）　（注）「ゴ」は「ゴシック体」・「ゴチ」でも可		
	校正結果	**文字の書体**		
ポイント変更	例	文字の大きさ（２４ポ）　（注）「ポ」は「ポイント」でも可		
	校正結果	文字の大きさ		
下付き（上付き）文字に直す	例	H2O	m2	
	校正結果	H_2O	m^2	
上付き（下付き）文字を下付き（上付き）文字にする	例	H^2O	m_2	
	校正結果	H_2O	m^2	

プレゼンテーション

分野	用　語	解　　説
プレゼンテーションソフト	プレゼンテーション	企画・提案・研究成果などを説明または発表すること。聞き手に内容を理解してもらい、企画や提案に同意してもらうことを目的とする。
	プレゼンテーションソフト	プレゼンテーションを効率的・効果的に行うことを支援するアプリケーションソフトのこと。
	タイトル	プレゼンテーション全体の内容を示す見出しのこと。
	サブタイトル	タイトルの補足説明をするためにつける見出しのこと。
	スライド	文字や画像などを配置したプレゼンテーション資料のページのこと。
	スライドショー	スライドなどの資料を自動的にページ送りして、連続して提示すること。
	レイアウト	スライド上に表示する、オブジェクトやテキストの配置のこと。スライドマスタとして記憶することで、共通のレイアウトを利用することができる。
	配付資料	聞き手がプレゼンテーションの内容を理解しやすくするために、配付用にスライドを印刷したものなどのこと。メモがとれるように記入欄を設けることもある。
ハードウェア	ツール	プレゼンテーションで活用する資料や道具の総称のこと。配付資料、レジュメ、静止画、動画、プロジェクタ、ホワイトボード、レーザポインタ、ＡＶ機器など。
	ポインタ	１メートル前後の、説明する箇所を指し示す指示棒のこと。
	レーザポインタ	レーザ光線によって、スクリーンに投影した内容を指し示す指示装置のこと。
	プロジェクタ（３級用語）	パソコンやビデオなどからの映像をスクリーンに投影する装置のこと。プレゼンテーションで用いるスライドや映像を提示する。
	スクリーン（３級用語）	ＯＨＰやプロジェクタの提示画面を投影する幕のこと。

筆記問題 3

解答→別冊① P.12

1 次の各文の〔　〕の中から最も適切なものを選び、記号で答えなさい。

① 上級機関が所管の機関・職員に知らせるための文書のことを〔ア．回覧　イ．通知　ウ．通達〕という。

② 〔ア．注文請書　イ．見積書　ウ．注文書〕とは、売主に発注するための文書のことである。

③ 署名（氏名を自署）した上で、印影を紙に残すことを〔ア．捺印　イ．認印　ウ．実印〕という。

④ ローマ数字で９は〔ア．XI　イ．X　ウ．IX〕である。

⑤ 電子メールを送るには、メールを作成した後に、メニューまたはボタンの〔ア．新規作成　イ．送信　ウ．キャンセル〕を実行する。

⑥ Ctrl＋C は、〔ア．コピー　イ．印刷　ウ．ヘルプの表示〕の操作を実行するショートカットキーの組み合わせである。

⑦ １メートル前後の、説明する箇所を指し示す指示棒のことを〔ア．ツール　イ．レーザポインタ　ウ．ポインタ〕という。

⑧ 映像をスクリーンに投影する装置のことを〔ア．レイアウト　イ．プロジェクタ　ウ．スライド〕という。

	①	②	③	④	⑤	⑥	⑦	⑧
1								

2 次の各文の〔　〕の中から最も適切なものを選び、記号で答えなさい。

① 〔ア．祝賀状　イ．礼状〕とは、慶事に際して、その喜びを書面にて表す儀礼的な文書のことである。

② 会社や上司に提出し、その内容の許可を求める文書のことを〔ア．届　イ．依頼状　ウ．願い〕という。

③ ある仕事を他の人にゆだねるための文書のことを〔ア．誓約書　イ．挨拶状　ウ．委嘱状〕という。

④ ゴム印や印刷で記名した場合に、印影を紙に残すことを〔ア．認印　イ．押印　ウ．実印〕という。

⑤ ギリシャ文字でγは〔ア．ベータ　イ．ミュー　ウ．ガンマ〕と読む。

⑥ 「貼り付け」の操作を実行するショートカットキーの組み合わせは、Ctrl＋〔ア．V　イ．X　ウ．Z〕である。

⑦ 〔ア．補足説明をするためにつける見出し　イ．プレゼンテーション資料のページ　ウ．プレゼンテーション全体の内容を示す見出し〕のことをスライドという。

⑧ スライド上に表示する、オブジェクトやテキストの配置のことを〔ア．配付資料　イ．レイアウト　ウ．スライドショー〕という。

	①	②	③	④	⑤	⑥	⑦	⑧
2								

3 **次の各文の〔　　〕の中から最も適切なものを選び、記号で答えなさい。**

① 社内で定められた決まりごとが書かれた文書のことを〔**ア**．通知　**イ**．連絡文書　**ウ**．規定・規程〕という。
② 情報を知らせたり事情を説明するための文書のことを〔**ア**．案内状　**イ**．添え状〕という。
③ 〔**ア**．仕様書　**イ**．確認書　**ウ**．見積書〕とは、お互いに確かめるための文書のことである。
④ 〔**ア**．機種依存文字　**イ**．５Ｗ１Ｈ　**ウ**．常用漢字〕は、相手の環境に配慮して使わない。
⑤ ローマ数字で４は〔**ア**．Ⅳ　**イ**．Ⅵ　**ウ**．Ⅸ〕である。
⑥ Ctrl ＋ P は、〔**ア**．切り取り　**イ**．印刷　**ウ**．コピー〕の操作を実行するショートカットキーの組み合わせである。
⑦ プレゼンテーションを効率的・効果的に行うことを支援するアプリケーションソフトのことを〔**ア**．プレゼンテーション　**イ**．プレゼンテーションソフト　**ウ**．スライドショー〕という。
⑧ プレゼンテーション全体の内容を示す見出しを〔**ア**．タイトル　**イ**．レイアウト　**ウ**．スライド〕という。

	①	②	③	④	⑤	⑥	⑦	⑧
3								

4 **次の各文の〔　　〕の中から最も適切なものを選び、記号で答えなさい。**

① 敬意を書面にて表す儀礼的な文書のことを〔**ア**．祝賀状　**イ**．礼状　**ウ**．挨拶状〕という。
② 〔**ア**．社内で定められた決まりごとが書かれた　**イ**．取引内容を簡潔に記した　**ウ**．会社や上司に提出することで、その内容が成立する〕文書のことを取引伝票という。
③ 〔**ア**．請求書　**イ**．納品書　**ウ**．領収証〕とは、代金を受け取ったことを知らせるための文書のことである。
④ 記号 ！ の名称は、〔**ア**．感嘆符　**イ**．疑問符　**ウ**．アステリスク〕である。
⑤ 〔**ア**．役職印　**イ**．代表者印　**ウ**．捺印〕とは、設立の際に法務局に登録し、会社の実印としての役割を担う印のことである。
⑥ 「切り取り」の操作を実行するショートカットキーの組み合わせは、Ctrl ＋〔**ア**．Z　**イ**．X　**ウ**．V　〕である。
⑦ 企画・提案・研究成果などを説明または発表することを〔**ア**．プレゼンテーション　**イ**．配付資料　**ウ**．スライドショー〕という。
⑧ 〔**ア**．タイトル　**イ**．スライド　**ウ**．ツール〕とは、プレゼンテーションで活用する資料や道具の総称のことである。

	①	②	③	④	⑤	⑥	⑦	⑧
4								

5 次の各文の〔　　〕の中から最も適切なものを選び、記号で答えなさい。

① 仲立ちをするための文書のことを〔ア．招待状　イ．紹介状　ウ．依頼状〕という。

② 〔ア．見積依頼書　イ．仕様書　ウ．見積書〕とは、取引条件を買主に知らせるための文書のことである。

③ 電子メール本文の基本的な構成要素は、宛名・前文・主文・末文・〔ア．添付ファイル　イ．署名　ウ．件名〕である。

④ 印鑑登録をしていない個人印のことを〔ア．実印　イ．認印　ウ．押印〕という。

⑤ 白星の記号は、〔ア．※　イ．＊　ウ．☆〕である。

⑥ 〔ア．Ctrl＋Z　イ．Ctrl＋X　ウ．Shift＋CapsLock〕は、「元に戻す」の操作を実行するショートカットキーのことである。

⑦ 〔ア．プロジェクタ　イ．ポインタ　ウ．レーザポインタ〕とは、レーザ光線によって、スクリーンに投影した内容を指し示す指示装置のことをいう。

⑧ サブタイトルとは、〔ア．補足説明をするためにつける見出し
イ．プレゼンテーション全体の内容を示す見出し
ウ．スライド上に表示する、オブジェクトやテキストの配置情報〕のことである。

	①	②	③	④	⑤	⑥	⑦	⑧
5								

6 次の各文の〔　　〕の中から最も適切なものを選び、記号で答えなさい。

① 順々にまわして伝えるための文書のことを〔ア．回覧　イ．通知　ウ．通達〕という。

② 〔ア．願い　イ．届　ウ．親展〕とは、会社や上司に提出することで、その内容が成立する文書のことである。

③ 代金の支払いを求めるための文書のことを〔ア．請求書　イ．誓約書　ウ．注文書〕という。

④ 個人が市区町村の役所に、印鑑登録の届出をしている個人印のことを〔ア．認印　イ．実印　ウ．代表者印〕という。

⑤ 記号 ＞ の名称は、〔ア．不等号（より小）　イ．等号　ウ．不等号（より大）〕である。

⑥ 〔ア．Ctrl＋V　イ．F1　ウ．Ctrl＋C〕は、「貼り付け」の操作を実行するショートカットキーのことである。

⑦ 〔ア．プレゼンテーション資料のページの
イ．企画・提案・研究成果などを、説明または発表する
ウ．資料を自動的にページ送りして、連続して提示する〕ことをスライドショーという。

⑧ 〔ア．タイトル　イ．配付資料　ウ．レイアウト〕とは、配付用にスライドを印刷したものなどのことをいう。

	①	②	③	④	⑤	⑥	⑦	⑧
6								

筆記問題 4

解答→別冊① P.12

1 次の文書についての各問いの答えとして、最も適切なものをそれぞれのア〜ウの中から選び、記号で答えなさい。

A **料金改定のおしらせ**

来年度から下記の宿泊施設では、宿泊料金が改定されます。従来よりもさらに安く B なりましたので、みなさんのご利用をお待ちしております。

	宿泊施設	県名	特　　　　徴	新宿泊料金
C	横浜マリンホテル	神奈川	中華街まで徒歩で行け観光に便利	9,600円
	ホットスパ草津リゾート	群馬	源泉掛け流しが人気の宿	
	高崎ステーションイン		駅から徒歩３分のホテルビジネス D	6,500円

※　料金は２名利用時の１名分の金額です。詳しくは担当にお聞きください。
E

調査：上川（うえかわ）　涼子 F

① Aに挿入した静止画像ファイルのファイル名はどれか。
　ア．標題.doc　　イ．標題.jpg　　ウ．標題.rtf

② Bに設定されている編集はどれか。
　ア．網掛け　　イ．塗りつぶし　　ウ．透かし

③ Cに設定されている書式はどれか。
　ア．センタリング　　イ．段組み　　ウ．均等割付け

④ Dの校正記号の指示の意味
　ア．入れ替え　　イ．移動　　ウ．行を起こす

⑤ Eを「**２名利用時の１名分**」と校正したい場合の校正記号はどれか。
　ア．２名利用時の１名分　　イ．２４ポ ２名利用時の１名分　　ウ．ゴ ２名利用時の１名分

⑥ Fの作成で利用した機能はどれか。
　ア．テキストボックス　　イ．ルビ　　ウ．インデント

	①	②	③	④	⑤	⑥
1						

2 次の各問いの答えとして、最も適切なものをそれぞれのア〜ウの中から選び、記号で答えなさい。

① 標題のオブジェクトとして静止画像ファイルを挿入したいときに選択するファイル名はどれか。
　ア．標題.rtf　　イ．標題.csv　　ウ．標題.jpg

② 下の例文の作成で利用した機能はどれか。

商品の売り上げを調査するときには、単に売上金額	だけではなく、利益率や売上数などさまざまな視点か	ら捉えることを心がけることが必要である。

　ア．段組み　　イ．均等割付け　　ウ．ルビ

③ 下の校正記号の指示の意味はどれか。

利益率１位は南福岡店（トルアキ）

　ア．余分字を削除し詰める　　イ．誤字訂正　　ウ．余分字を削除し空けておく

④　「*売上金額の高い商品*を調査しました。」で使われている文字修飾はどれか。
　ア．イタリック　　イ．ボールド　　ウ．影付き

⑤　「ｍ２」を「m^2」と校正したい場合の校正記号はどれか。
　ア．ｍ２　　イ．ｍ２　　ウ．ｍ２

⑥　作成した資料の背面に「秘」と文字を配置した。この機能はどれか。
　ア．塗りつぶし　　イ．透かし　　ウ．ルビ

	①	②	③	④	⑤	⑥
2						

3　**次の文書についての各問いの答えとして、最も適切なものをそれぞれのア～ウの中から選び、記号で答えなさい。**

※下の申込用紙に記入のうえ、窓口に提出してください。
A
担当：B 大谷（オオヤ）　健一

きりとりせん

C　参加申込書

D

申込名	茶道・華道・書道・油絵（○で囲む）
申込者氏名	
住　　所	

E
申込受付番号記入欄
何も記入しないこと

◎　記入いただいた住所は、講座に関する資料の送付に理容（利用）いたします。
F

①　Aに設定されている編集はどれか。
　ア．網掛け　　イ．塗りつぶし　　ウ．背景

②　Bの機能はどれか。
　ア．タブ　　イ．文字ピッチ　　ウ．ルビ

③　Cに設定されている文字はどれか。
　ア．全角文字　　イ．半角文字　　ウ．横倍角文字

④　Dを「申込講座名」と校正したい場合の校正記号はどれか。
　ア．申込名（講座）　　イ．申込名（講座）　　ウ．申込名（講座）

⑤　Eのように独自の文字が入力できる枠の名称はどれか。
　ア．文書ファイル　　イ．マルチシート　　ウ．テキストボックス

⑥　Fの校正記号の指示の意味はどれか。
　ア．誤字訂正　　イ．脱字補充　　ウ．余分字を削除し詰める

	①	②	③	④	⑤	⑥
3						

漢字・熟語

検定問題 5 6 7 8 に出題される内容

(1) 漢字の読み（頻出語）

鯵　あじ
小豆　あずき
網戸　あみど
蟻　あり
烏賊　いか
椅子　いす
苺　いちご
委任　いにん
猪　いのしし
依頼　いらい
鰯　いわし
引率　いんそつ
嘘　うそ
鰻　うなぎ
運搬　うんぱん
得手　えて
海老　えび
延滞　えんたい
甥　おい
お彼岸　おひがん
蚊　か
蛾　が
蚕　かいこ
開催　かいさい
該当　がいとう
回覧　かいらん
鏡餅　かがみもち
垣根　かきね
籠・篭　かご
傘　かさ
型番　かたばん
鰹　かつお
合併　がっぺい
稼働　かどう
門松　かどまつ
蟹　かに
兜　かぶと
南瓜　かぼちゃ
粥　かゆ
唐揚　からあげ
為替　かわせ
簡潔　かんけつ
感触　かんしょく
勘違い　かんちがい
完璧　かんぺき
漢方　かんぽう
肝要　かんよう
簡略　かんりゃく
還暦　かんれき
起案　きあん
企画　きかく
貴社　きしゃ
机上　きじょう
喫茶　きっさ
狐　きつね
急騰　きゅうとう
給湯　きゅうとう
胡瓜　きゅうり
脅威　きょうい
餃子　ぎょうざ
恐縮　きょうしゅく
金品　きんぴん
鯨　くじら
靴　くつ
熊　くま
蜘蛛　くも
掲載　けいさい
契約　けいやく
外科　げか
激励　げきれい
決裁　けっさい
月報　げっぽう
下落　げらく
懸案　けんあん
玄関　げんかん
厳重　げんじゅう
検討　けんとう
玄米　げんまい
鯉　こい
交渉　こうしょう
効率　こうりつ
考慮　こうりょ
顧客　こきゃく
胡麻　ごま
独楽回し　こままわし
顧問　こもん
ご利益　ごりやく
懇意　こんい
懇切　こんせつ
催促　さいそく
歳末　さいまつ
財務　ざいむ
鮭　さけ
早急　さっきゅう
刷新　さっしん
薩摩芋　さつまいも
鯖　さば
鮫　さめ
賛否　さんぴ
秋刀魚　さんま
椎茸　しいたけ
至急　しきゅう
事項　じこう
施設　しせつ
自治　じち
自重　じちょう・じじゅう
実施　じっし
実績　じっせき
自負　じふ
始末　しまつ
自慢　じまん
謝罪　しゃざい
若干　じゃっかん
祝儀　しゅうぎ
祝賀　しゅくが
出荷　しゅっか
受領　じゅりょう
循環　じゅんかん
生姜　しょうが
詳細　しょうさい
障子　しょうじ
成就　じょうじゅ
昇進　しょうしん
精進　しょうじん
情勢　じょうせい
状態　じょうたい
笑納　しょうのう
消耗　しょうもう
醤油　しょうゆ
所作　しょさ
処置　しょち
庶務　しょむ
署名　しょめい
審議　しんぎ
腎臓　じんぞう
迅速　じんそく
進退　しんたい
慎重　しんちょう
推移　すいい
西瓜　すいか
推敲　すいこう
出納　すいとう
寿司・鮨　すし
雀　すずめ
硯　すずり
制御　せいぎょ
清祥　せいしょう
背筋　せすじ
節減　せつげん
蝉　せみ
善処　ぜんしょ
煎茶　せんちゃ
煎餅　せんべい
先方　せんぽう
粗悪　そあく
創業　そうぎょう
雑巾　ぞうきん
双肩　そうけん
掃除　そうじ
雑炊　ぞうすい
挿入　そうにゅう
添字　そえじ
遡及　そきゅう
促進　そくしん
粗品　そしな
蕎麦　そば
損益　そんえき
鯛　たい
貸借　たいしゃく
大豆　だいず
鷹　たか
卓越　たくえつ
筍　たけのこ
凧揚げ　たこあげ
狸　たぬき
打撲　だぼく
玉葱　たまねぎ
団子　だんご
田圃　たんぼ
蝶　ちょう
帳簿　ちょうぼ
著名　ちょめい
都度　つど
燕　つばめ
提携　ていけい
丁寧　ていねい
徹底　てってい
伝言　でんごん
天井　てんじょう
伝票　でんぴょう
添付　てんぷ
唐辛子　とうがらし
豆腐　とうふ
当方　とうほう
得意　とくい
内科　ないか
納豆　なっとう
鯰　なまず
賑やか　にぎやか
日報　にっぽう
葱　ねぎ
鼠　ねずみ
狙う　ねらう
捻挫　ねんざ
納期　のうき
納品　のうひん
能率　のうりつ
鋸　のこぎり
海苔　のり
把握　はあく
廃棄　はいき
買収　ばいしゅう
配慮　はいりょ
蠅　はえ
派遣　はけん
鋏　はさみ
端数　はすう
破損　はそん
鳩　はと
派閥　はばつ
蛤　はまぐり
春雨　はるさめ
繁栄　はんえい
反省　はんせい
紐　ひも

表彰	ひょうしょう
便乗	びんじょう
付記	ふき
復旧	ふっきゅう
復興	ふっこう
葡萄	ぶどう
鮒	ふな
振込	ふりこみ
分割	ぶんかつ
分析	ぶんせき
弊社	へいしゃ
別記	べっき
返却	へんきゃく
弁償	べんしょう
返品	へんぴん
帽子	ぼうし
焙じ茶	ほうじちゃ
発足	ほっそく
本来	ほんらい
埋没	まいぼつ
鮪	まぐろ
抹茶	まっちゃ
蜜柑	みかん
眉間	みけん
味噌	みそ
姪	めい
迷惑	めいわく
面識	めんしき
面倒	めんどう
喪中	もちゅう
柚子	ゆず
茹でる	ゆでる
容易	ようい
要旨	ようし
容赦	ようしゃ
要請	ようせい
腰痛	ようつう
蓬	よもぎ
落成	らくせい
履行	りこう
利潤	りじゅん
律儀	りちぎ
略儀	りゃくぎ
略式	りゃくしき
領収	りょうしゅう
履歴	りれき
林檎	りんご
輪番	りんばん
蓮根	れんこん
廊下	ろうか
露骨	ろこつ
肋骨	ろっこつ
山葵	わさび
鷲	わし

(2) 慣用句・ことわざ

あ行

愛想が尽きる
間に立つ
間に入る
相槌を打つ
合いの手を入れる
合間を縫う
阿吽の呼吸
煽りを食う
垢抜ける
明るみに出る
飽きが来る
あぐらをかく
揚げ足を取る
顎を出す
顎で使う
足が出る
足が早い
足並みが揃う
足場を固める
足を奪われる
足をすくわれる
足を伸ばす
足を運ぶ
足を棒にする
頭打ちになる
頭が上がらない
頭が固い
頭が下がる
頭が低い
頭を痛める
頭を抱える
頭を掻く
頭を下げる
頭を絞る
頭をひねる
頭をもたげる
当たりがいい
当たりを付ける
後押しをする
後釜に据える
後釜に座る
後の祭り
穴があく
穴を埋める
脂が乗る
油を売る
網の目をくぐる
荒波に揉まれる
泡を食う
暗礁に乗り上げる
案に相違して
怒り心頭に発する
息が合う
息が切れる
息を抜く
意気が揚がる
意気に燃える
威儀を正す
意気地がない
異彩を放つ
石にかじりつく
意地を張る
板に付く
一も二もなく
一翼を担う
一計を案じる
一考を要する
一刻を争う
一矢を報いる
一石を投じる
一途をたどる
意に介さない
意にかなう
意を決する
否が応でも
意を尽くす
意を用いる
いの一番
意表を突く
色があせる
異を唱える
違和感を覚える
色を付ける
言わざるを得ない
言わずと知れた
言わぬが花
上を下への
浮き彫りにする
受けがいい
後ろ髪を引かれる
疑いを挟む
腕が上がる
腕が立つ
腕が鳴る
腕によりを掛ける
腕を振るう
腕を磨く
打てば響く
鵜呑みにする
馬が合う
有無を言わせず
裏表がない
裏目に出る
雲泥の差
英気を養う
悦に入る
襟を正す
縁起を担ぐ
お伺いを立てる
大台に乗る
大目に見る
お株を奪う
後れを取る
押しが利く
押しが強い
押しも押されもせぬ
お茶を濁す
汚名を返上する
思いも寄らない
重きを置く
重きをなす
表に立つ
重荷を下ろす
及び腰になる
折り合いが付く
尾を引く
折り紙を付ける
音頭を取る
恩に着る

か行

顔が売れる
顔が利く
顔が立つ
顔が広い
顔から火が出る
顔を合わせる
顔を出す
顔を繋ぐ
核心を突く
影を潜める
笠に着る
舵を取る
固唾を呑む
肩で風を切る
肩の荷が下りる
肩を入れる
肩を落とす
肩を貸す
肩をすぼめる
肩を並べる
肩を持つ
片が付く
勝手が違う

勝手が悪い
活路を見いだす
角が立つ
角が取れる
金を食う
株が上がる
兜を脱ぐ
壁に突き当たる
我を折る
我を張る
間隙を縫う
勘定に入れる
歓心を買う
噛んで含める
間髪を入れず
気合いを入れる
気が合う
気が置けない
気が回る
気が休まる
傷を負う
犠牲を払う
機先を制する
機知に富む
機転が利く
軌道に乗る
気は心
肝が据わる
肝を冷やす
肝に銘じる
急場をしのぐ
窮余の一策
岐路に立つ
機を逸する
気を配る
気を許す
釘を刺す
苦言を呈する
口が堅い
口が減らない
口に合う
口にする
口を切る
口を出す
口をついて出る
首を長くする
群を抜く
芸が細かい
首を傾げる
景気を付ける
計算に入れる
桁が違う
けりを付ける
強情を張る
公然の秘密
功成り名遂げる
頭を垂れる
声が弾む
声を落とす
声を掛ける
黒白をつける
心が通う
心が弾む
心に刻む
心を打つ
心を砕く
腰が低い
腰が抜ける
腰を入れる
腰を据える
事が運ぶ
事もなく
言葉を返す
言葉を濁す
小回りが利く
小耳に挟む
根を詰める

さ　行

最後を飾る
幸先がいい
採算がとれる
先が見える
先を争う
匙を投げる
察しが付く
様になる
算段がつく
思案に暮れる
潮時を見る
歯牙にも掛けない
姿勢を正す
舌が肥える
舌が回る
舌鼓を打つ
舌を巻く
尻尾をつかむ
しのぎを削る
自腹を切る
しびれを切らす
始末をつける
示しがつかない
終止符を打つ
衆知を集める
趣向を凝らす
手中に収める
手腕を振るう
焦点を絞る
食が進む
食指が動く
触手を伸ばす
初心に返る
白羽の矢が立つ
尻に火が付く
尻を叩く
時流に乗る
心血を注ぐ
人後に落ちない
寝食を忘れる
心臓が強い
真に迫る
筋が違う
筋を通す
雀の涙
図に乗る
隅に置けない
寸暇を惜しむ
精を出す
精が出る
雪辱を果たす
席を外す
背に腹はかえられない
世話を掛ける
世話を焼く
背を向ける
先見の明
先手を打つ
先頭を切る
造詣が深い
底を突く
そつがない
反りが合わない
算盤が合う
算盤をはじく

た　行

太鼓判を押す
大事を取る
高が知れる
高みの見物
高をくくる
立て板に水
棚に上げる
頼みの綱
駄目を押す
短気は損気
丹精を込める
断を下す
端を発する
知恵を絞る
力になる
力を入れる
力を付ける
注文を付ける
調子に乗る
月とすっぽん
壺にはまる
手が空く
手が込む
手塩に掛ける
手に汗を握る
手に余る
手にする
手に付かない
手に乗る
手も足も出ない
出る杭は打たれる
手を打つ
手をこまねく
手を出す
手を尽くす
手を握る
手を広げる
手を焼く
峠を越す
堂に入る
時を移さず
得心がいく
途方に暮れる
途方もない
取り付く島もない
取りも直さず
度を越す
度が過ぎる

な　行

長い目で見る
名が売れる
波に乗る
名を成す
何の変哲もない
二の足を踏む
二の句が継げない
二の舞を演じる
値が張る
猫の手も借りたい
猫も杓子も
熱に浮かされる
寝覚めが悪い
寝耳に水

音を上げる
念頭に置く
念を入れる
念を押す

は 行

歯が立たない
馬脚をあらわす
歯に衣着せぬ
白紙に戻す
鼻が高い
鼻に掛ける
鼻を並べる
花を持たせる
話を付ける
話が弾む
腸が煮えくり返る
腹をくくる
腹を割る
引き合いに出す
膝を打つ
膝を突き合わせる
膝を交える
瞳を凝らす
人目につく
人目を引く
火に油を注ぐ
日の出の勢い
日の目を見る
火花を散らす
火ぶたを切る
火を見るより明らか
百も承知
秒読みに入る
分がいい
蓋を開ける
物議を醸す
筆が立つ
懐が暖かい
腑に落ちない
不評を買う
平行線をたどる
ベストを尽くす
弁が立つ
棒に振る
矛先を転じる
反故にする
菩提を弔う
歩調が合う
没にする
仏の顔も三度
骨が折れる
骨を折る
骨身を惜しまず
骨身を削る
歩を進める
本腰を入れる

ま 行

枚挙にいとまがない
間が持てない
間が悪い
幕が開く
幕を引く
幕を閉じる
幕が下りる
馬子にも衣装
勝るとも劣らぬ
的が外れる
的を射る
的を外す
的を絞る
まな板に載せる
眉をひそめる
磨きを掛ける
身が入る
右へ倣え
右に出る
微塵もない
水に流す
水の泡になる
水をあける
水を差す
水を向ける
身銭を切る
店を広げる
道が開ける
道を付ける
身に余る
身に付く
身になる
身を入れる
身を粉にする
身を投じる
耳が痛い
耳が早い
耳に付く
耳に入れる
耳にする
耳を疑う
耳を貸す
耳を傾ける
耳を澄ます
脈がある
実を結ぶ
向きになる
胸が痛む
胸がすく
胸に納める
胸に刻む
胸を打つ
無理もない
明暗を分ける
名誉を挽回する
目が利く
目が肥える
目が高い
芽が出る
目が届く
目がない
眼鏡にかなう
目から火が出る
目から鱗が落ちる
目と鼻の先
目に留まる
目も当てられない
目もくれない
目を疑う
目を奪われる
目をかける
目を皿にする
目を通す
目を光らす
目を引く
目を見張る
目先が利く
目鼻が付く
目途が付く
面と向かって
面目を施す
目算を立てる
目算が立つ
持ち出しになる
元も子もない
物ともせず
物になる
物の見事に
物を言う

や 行

野に下る
役者が揃う
躍起になって
山を越える
山場を迎える
止むに止まれぬ
融通が利く
雄弁に物語る
夢を描く
夢を追う
夢を託す
夢を見る
要領がいい
要領を得ない
欲を言えば
横車を押す
装いを新たに
予断を許さない
世に聞こえる
世に出る
余念がない
読みが深い
夜を徹する

ら 行

埒が明かない
埒もない
理屈をこねる
理にかなう
溜飲を下げる
レールを敷く
烈火のごとく
労をとる
労を惜しまない
論陣を張る

わ 行

我が意を得る
脇目も振らず
渡りに船
渡りを付ける
笑いが止まらない
藁にもすがる
割に合わない
割を食う
我を忘れる
輪をかける

(3) 三字熟語

青写真	あおじゃしん	御破算	ごはさん	太公望	たいこうぼう	風物詩	ふうぶつし
居丈高	いたけだか	御母堂	ごぼどう	大黒柱	だいこくばしら	不得手	ふえて
一目散	いちもくさん	子煩悩	こぼんのう	太鼓判	たいこばん	不気味	ぶきみ
一家言	いっかげん	御用達	ごようたし	醍醐味	だいごみ	袋小路	ふくろこうじ
一辺倒	いっぺんとう	御利益	ごりやく	大丈夫	だいじょうぶ	不条理	ふじょうり
違和感	いわかん	金輪際	こんりんざい	大納言	だいなごん	不世出	ふせいしゅつ
内弁慶	うちべんけい	最高潮	さいこうちょう	高飛車	たかびしゃ	仏頂面	ぶっちょうづら
有頂天	うちょうてん	殺風景	さっぷうけい	玉虫色	たまむしいろ	筆無精	ふでぶしょう
絵空事	えそらごと	茶飯事	さはんじ	力不足	ちからぶそく	懐具合	ふところぐあい
往生際	おうじょうぎわ	三文判	さんもんばん	鉄面皮	てつめんぴ	不文律	ふぶんりつ
大袈裟	おおげさ	直談判	じかだんぱん	天王山	てんのうざん	雰囲気	ふんいき
大御所	おおごしょ	試金石	しきんせき	桃源郷	とうげんきょう	分相応	ぶんそうおう
大雑把	おおざっぱ	嗜好品	しこうひん	当事者	とうじしゃ	摩天楼	まてんろう
音沙汰	おとさた	集大成	しゅうたいせい	登竜門	とうりゅうもん	愛弟子	まなでし
十八番	おはこ	修羅場	しゅらば	度外視	どがいし	眉唾物	まゆつばもの
河川敷	かせんしき	松竹梅	しょうちくばい	独壇場	どくだんじょう	身支度	みじたく
過渡期	かとき	常套句	じょうとうく	土壇場	どたんば	未曾有	みぞう
歌舞伎	かぶき	上棟式	じょうとうしき	突拍子	とっぴょうし	無一文	むいちもん
皮算用	かわざんよう	正念場	しょうねんば	泥仕合	どろじあい	無邪気	むじゃき
間一髪	かんいっぱつ	浄瑠璃	じょうるり	生意気	なまいき	無尽蔵	むじんぞう
閑古鳥	かんこどり	処方箋	しょほうせん	生半可	なまはんか	無造作	むぞうさ
看板娘	かんばんむすめ	蜃気楼	しんきろう	並大抵	なみたいてい	無頓着	むとんちゃく
感無量	かんむりょう	真骨頂	しんこっちょう	農作物	のうさくぶつ	胸算用	むなざんよう（むねさんよう）
几帳面	きちょうめん	赤裸々	せきらら	端境期	はざかいき	目論見	もくろみ
金一封	きんいっぷう	世間体	せけんてい	裸一貫	はだかいっかん	門外漢	もんがいかん
金字塔	きんじとう	瀬戸際	せとぎわ	破天荒	はてんこう	役不足	やくぶそく
下剋上	げこくじょう	先駆者	せんくしゃ	繁華街	はんかがい	屋台骨	やたいぼね
下馬評	げばひょう	善後策	ぜんごさく	半可通	はんかつう	理不尽	りふじん
紅一点	こういってん	千秋楽	せんしゅうらく	他人事	ひとごと	錬金術	れんきんじゅつ
好事家	こうずか	選択肢	せんたくし	一筋縄	ひとすじなわ	老婆心	ろうばしん
小細工	こざいく	千里眼	せんりがん	檜舞台	ひのきぶたい		
御尊父	ごそんぷ	走馬灯	そうまとう	披露宴	ひろうえん		

(4) 同訓異字

あ 行

あう	合う	意見が－
	会う	応接室で－
	遭う	事故に－
あける	明ける	夜が－
	空ける	予定を－
	開ける	窓を－
あげる	挙げる	例を－
	上げる	価格を－
	揚げる	天ぷらを－
あし	足	－の裏
	脚	机の－
	葦	人間は考える－である
あたい	価	商品の－
	値	計測の－
あたたかい	温かい	－人柄
	暖かい	今日は－
あたり	当たり	大－
	辺り	－を見回す
あつい	厚い	－壁
	暑い	－夏
	熱い	－湯
あてる	充てる	建築費に－
	当てる	胸に手を－

	宛てる	恋人に－手紙
あと	後	－の祭り
	跡	足－
	痕	傷－
あぶら	脂	－汗
	油	ごま－
あやまる	誤る	操作を－
	謝る	落ち度を－
あらい	荒い	波が－
	洗い	手－
	粗い	網の目が－
あらわす	現す	姿を－
	著す	書物を－
	表す	言葉に－
ある	有る	責任が－
	在る	要職に－
あわせる	合わせる	手を－
	併せる	二つの会社を－
	会わせる	二人を－
いたむ	傷む	家が－
	痛む	手足が－
	悼む	死を－
いる	居る	屋上に－
	射る	的を－
	鋳る	金の仏像を－
	入る	気に－
	要る	人手が－
うえる	飢える	食べ物がなく－
	植える	木を－
うける	受ける	依頼を－
	請ける	工事を－
うつ	撃つ	鉄砲を－
	打つ	くぎを－
	討つ	あだを－
うつす	移す	住まいを－
	映す	鏡に－
	写す	書き－
うむ	産む	卵を－
	生む	新記録を－
うれる	熟れる	果物が－
	売れる	名が－
おう	追う	足取りを－
	負う	傷を－
おかす	侵す	権利を－
	犯す	過ちを－
	冒す	危険を－
おくる	送る	卒業生を－会
	贈る	お祝いの品を－

おくれる	遅れる	飛行機に乗り－
	後れる	先頭集団から－
おこる	起こる	不思議な出来事が－
	怒る	顔を赤くして－
	興る	ＩＴ産業が－
おさえる	押さえる	手で－
	抑える	物価の上昇を－
おさめる	収める	成功を－
	治める	領地を－
	修める	学問を－
	納める	税を－
おす	押す	ベルを－
	推す	会長に－
おどる	躍る	胸が－
	踊る	ダンスを－
おもて	表	はがきの－と裏
	面	－を伏せる
おる	折る	小枝を－
	織る	はたを－
おろす	下ろす	枝を－
	降ろす	乗客を－

か　行

かえす	帰す	家に－
	返す	借金を－
かえりみる	顧みる	過去を－
	省みる	自らを－
かえる	帰る	故郷に－
	返る	我に－
	変える	形を－
	替える	仕事を－
	代える	挨拶に－
	換える	円をドルに－
かかる	掛かる	お目に－
	懸かる	月が－
	架かる	橋が－
	係る	本件に－訴訟
かく	欠く	配慮を－
	書く	日記を－
	掻く	頭を－
かける	掛ける	腰を－
	懸ける	命運を－
	架ける	橋を－
	賭ける	社運を－
	欠ける	歯が－
	駆ける	馬が－
かげ	陰	－ながら応援する
	影	－も形もない

かた	型	−にはまる
	形	剣道の−
	肩	−たたき
	片	−思い
	方	作り−
かたい	堅い	−材木
	固い	−絆
	硬い	−表情
かど	角	曲がり−
	門	−松
かる	刈る	芝を−
	駆る	馬を−
	狩る	狸を−
かわ	革	−の靴
	皮	−をむく
	川	−を渡る
かわく	渇く	のどが−
	乾く	空気が−
きく	効く	薬が−
	聴く	ラジオを−
	聞く	物音を−
	利く	学割が−
きみ	君	僕と−
	気味	−が悪い
	黄身	卵の−
きる	切る	髪を−
	着る	制服を−
	斬る	世相を−
きわめる	究める	学問を−
	極める	山頂を−
	窮める	真理を−
くる	繰る	ページを−
	来る	人が−
こえる	越える	山を−
	超える	人間の能力を−
	肥える	土地が−
こす	越す	峠を−
	超す	四時間を−大接戦
	漉す	煮た小豆を−

さ 行

さがす	捜す	うちの中を−
	探す	落とし物を−
さく	割く	時間を−
	裂く	布を−
	咲く	花が−
さける	避ける	車を−
	裂ける	ズボンが−
さげる	下げる	値段を−
	提げる	手に−
さす	差す	傘を−
	刺す	かんざしを−
	指す	指で−
	挿す	花瓶に花を−
さます	覚ます	目を−
	冷ます	お湯を−
	醒ます	酔いを−
さわる	障る	気に−
	触る	手で−
しお	塩	−をかける
	潮	満ち−
	汐	夕方の−
しずめる	静める	鳴りを−
	鎮める	反乱を−
	沈める	船を−
した	舌	−をまく
	下	机の−
しぼる	絞る	手ぬぐいを−
	搾る	乳を−
しめる	締める	帯を−
	湿る	雨で−
	占める	半分を−
	閉める	ふたを−
すすめる	勧める	入会を−
	進める	時計の針を−
	薦める	候補者として−
すみ	隅	部屋の片−
	炭	−火で焼く
	墨	習字の−
すむ	住む	大都会に−
	済む	用事が−
	澄む	心が−
する	擦る	マッチ棒を−
	刷る	版画を−
すわる	座る	イスに−
	据わる	肝が−
せめる	攻める	敵陣を−
	責める	相手の非を−
そう	沿う	方針に−
	添う	期待に−
そなえる	供える	墓前に花を−
	備える	地震に−

た 行

たえる	堪える	任に−
	絶える	人通りが−

	耐える	痛みに－
たけ	丈	身の－
	竹	－が生える
たずねる	尋ねる	道を－
	訪ねる	実家を－
たたかう	戦う	優勝をかけて－
	闘う	病気と－
たつ	建つ	家が－
	裁つ	生地を－
	絶つ	国交を－
	断つ	退路を－
	立つ	席を－
	経つ	月日が－
	発つ	東京を－
たま	玉	－にきず
	球	外野の投げた－
	弾	ピストルの－
たより	便り	－がある
	頼り	－になる
つかう	遣う	気を－
	使う	機械を－
つく	就く	職に－
	着く	席に－
	付く	身に－
	突く	盾を－
	衝く	鼻を－
	点く	明かりが－
	吐く	息を－
	撞く	鐘を－
つぐ	継ぐ	家業を－
	接ぐ	木を－
	次ぐ	大臣に－ポスト
つくる	作る	米を－
	造る	高速道路を－
	創る	創造的な絵画を－
つける	付ける	足跡を－
	漬ける	大根を－
	着ける	身に－
	就ける	息子を王位に－
つとめる	勤める	会社に－
	努める	解決に－
	務める	部長を－
つむ	積む	経験を－
	摘む	お茶を－
	詰む	あと一手で－
とうとい	尊い	生命は－
	貴い	－身分
とく	解く	結び目を－
	説く	教えを－
	溶く	粉末を水で－
ととのえる	整える	身だしなみを－
	調える	必要な物を－
とめる	止める	息を－
	泊める	来客を家に－
	留める	ボタンを－
とる	採る	決を－
	撮る	写真を－
	執る	事務を－
	取る	手に－
	捕る	獲物を－
	盗る	金を－
	摂る	栄養を－

な　行

なおす	直す	誤りを－
	治す	風邪を－
なか	中	箱の－
	仲	－が良い
ながい	長い	髪が－
	永い	－別れ
なく	泣く	悔しくて－
	鳴く	小鳥が－
ならう	習う	ピアノを－
	倣う	前例に－
ならす	慣らす	肩を－
	鳴らす	鐘を－
なる	成る	水素と酸素から－
	鳴る	鐘が－
におう	匂う	香水が－
	臭う	生ゴミが－
にる	似る	祖母に－
	煮る	大根を－
ねる	寝る	早く－
	練る	作戦を－
のせる	載せる	名簿に名前を－
	乗せる	車に人を－
のぞむ	望む	ヒマラヤを－
	臨む	試合に－
のばす	延ばす	時間を－
	伸ばす	背筋を－
のぼる	昇る	日が－
	上る	話題に－
	登る	山に－

は行

は	歯	－を磨く
	刃	－を研ぐ
	葉	－が広がる
はえる	映える	朝日に－
	生える	ひげが－
はかる	計る	時間を－
	測る	面積を－
	諮る	委員会に－
	図る	合理化を－
	量る	体重を－
はく	掃く	廊下を－
	吐く	毒舌を－
	履く	靴を－
はし	橋	－を渡る
	端	道路の－を歩く
はじめ	始め	－と終わり
	初め	－ての作業
はな	花	－が咲く
	華	－やかな服装
	鼻	目と－の先
はなす	放す	鳥を－
	離す	目を－
	話す	英語で－
はやい	早い	時間が－
	速い	テンポが－
ひ	火	－が燃える
	灯	－がともる
	日	－を数える
	非	－を認める
ひく	引く	綱を－
	弾く	ピアノを－
	退く	軍を－
	惹く	人の気を－
ふえる	殖える	子株が－
	増える	参加者が－
ふく	吹く	風が－
	拭く	床を－
	噴く	鍋が－
ふける	更ける	夜が－
	老ける	急に－
ふる	降る	雨が－
	振る	ラケットを－
ふるう	振るう	料理に腕を－
	奮う	勇気を－
へる	経る	時を－
	減る	人口が－
ほる	掘る	芋を－
	彫る	仏像を－

ま行

まじる	交じる	白髪が－
	混じる	異物が－
まち	町	－役場
	街	若者の－
まわり	回り	身の－
	周り	池の－
みる	見る	景色を－
	診る	患者を－
むね	胸	－の痛み
	旨	訪問する－を伝える
	棟	隣の－
もと	元	ガスの－栓
	下	法の－に平等
	基	資料を－にする
	本	－を正す
もの	者	若－
	物	忘れ－

や行

やさしい	易しい	－問題
	優しい	あの人は－
やぶる	破る	紙を－
	敗る	強豪校を－
やわらかい	柔らかい	体が－
	軟らかい	－肉
よい	善い	－行い
	良い	品質が－
	宵	－の口
よむ	詠む	和歌を－
	読む	本を－
よる	因る	濃霧に－欠航
	寄る	本屋に立ち－

わ行

わかれる	別れる	駅で友人と－
	分かれる	道が二つに－
わざ	技	柔道の－
	業	至難の－
わずらう	患う	胸を－
	煩う	思い－

筆記問題 5

解答→別冊① P.12

1 次の各文の下線部の読みを、ひらがなで答えなさい。

① 事後処理を担当者に**委任**した。
② 念のため契約の**詳細**を確認した。
③ サッカーの試合で**捻挫**をした。
④ 私案を**机上**の空論だと相手から言われた。
⑤ 得意先との取引量の**推移**を調べた。
⑥ メールに資料を**添付**して送信した。
⑦ 条件に**該当**する製品を検索する。
⑧ 旬の**秋刀魚**を夕食で食べた。
⑨ １００円未満の**端数**は切り捨てて計算する。
⑩ **利潤**を高める方法を営業担当者たちが検討する。
⑪ 彼は日ごろから**懇意**にしている人だ。
⑫ 彼女とは全くの**面識**がない。
⑬ **卓越**した技能を彼女は持っている。
⑭ **焙じ茶**を入れてください。
⑮ 販売の**促進**について会議を行う。
⑯ 銀行に**振込**手数料を支払う。

1	①	②	③	④
	⑤	⑥	⑦	⑧
	⑨	⑩	⑪	⑫
	⑬	⑭	⑮	⑯

2 次の各文の下線部の読みを、ひらがなで答えなさい。

① 視察のため社員を**派遣**する。
② 雨が降り始め、町に**傘**の花が咲いた。
③ 今年も**燕**がやって来た。
④ 商品の**損益**分岐点を計算する。
⑤ 長年、**腰痛**で悩まされる。
⑥ 毎年恒例の**歳末**セールに出かける。
⑦ **蚊**に刺されたところが赤くふくらんだ。
⑧ この書類に**署名**してください。
⑨ 現金の出し入れを**出納**帳に記入した。
⑩ 友人の車に**便乗**させてもらった。
⑪ 一日の業務の最後に**日報**を書き上げる。
⑫ すみやかに**善処**することが重要だ。
⑬ 姉の**得意**な種目は、バスケットボールだ。
⑭ **鯨**は私たち人間と同じ哺乳類だ。
⑮ 破損した備品を**弁償**する。
⑯ 正月に**凧揚げ**をする。

2	①	②	③	④
	⑤	⑥	⑦	⑧
	⑨	⑩	⑪	⑫
	⑬	⑭	⑮	⑯

筆記問題 6

解答→別冊① P.13

1　次の＜Ａ＞・＜Ｂ＞の各問いに答えなさい。

＜Ａ＞次の各文の三字熟語について、下線部の読みで最も適切なものを〔　　〕の中から選び、記号で答えなさい。

① また半可**通**な知識で話している。　〔ア．つ　イ．づう　ウ．つう〕
② この神社は商売繁盛の御**利益**がある。　〔ア．りやく　イ．りえき〕
③ 新商品は市場開拓の**試金**石である。　〔ア．しきん　イ．しかね　ウ．しこん〕
④ 彼は**几帳**面な性格だ。　〔ア．くちょう　イ．かちょう　ウ．きちょう〕

＜Ｂ＞次の各文の下線部は、三字熟語の一部として誤っている。最も適切なものを〔　　〕の中から選び、記号で答えなさい。

⑤ 難題を突破して有頂**典**になった。　〔ア．店　イ．天　ウ．転〕
⑥ 様々な**全**後策を試みる。　〔ア．善　イ．前　ウ．禅〕
⑦ 無一**門**から今の財産を築きあげた。　〔ア．問　イ．文　ウ．紋〕
⑧ 並**退廷**の努力では達成できない。　〔ア．大抵　イ．大帝〕
⑨ このコンテストは新人の**東流**門だ。　〔ア．登竜　イ．逗留　ウ．当流〕
⑩ この仕事は君には**約**不足で申し訳ない。　〔ア．訳　イ．役　ウ．厄〕
⑪ 興奮が最高**長**に達した。　〔ア．超　イ．兆　ウ．潮〕
⑫ 友人の披露**園**に招待された。　〔ア．宴　イ．縁　ウ．苑〕
⑬ 過渡**記**のため変更が多い。　〔ア．気　イ．期　ウ．器〕
⑭ 豪快さが彼の演技の**第五**味だ。　〔ア．醍醐　イ．大子　ウ．大胡〕
⑮ **反歌**街はいつも賑わっている。　〔ア．頒価　イ．半価　ウ．繁華〕
⑯ 老後の生活の**碧**写真を考える。　〔ア．蒼　イ．青〕

	①	②	③	④	⑤	⑥	⑦	⑧	⑨	⑩	⑪	⑫	⑬	⑭	⑮	⑯
1																

2　次の＜Ａ＞・＜Ｂ＞の各問いに答えなさい。

＜Ａ＞次の各文の三字熟語について、下線部の読みで最も適切なものを〔　　〕の中から選び、記号で答えなさい。

① 母は世間**体**を気にしすぎだと思う。　〔ア．てい　イ．たい〕
② 議論は袋**小路**にはまった。　〔ア．こみち　イ．こじ　ウ．こうじ〕
③ 理**不尽**な要求は拒否するつもりだ。　〔ア．ふじん　イ．ぶじん　ウ．ふしん〕
④ **上**棟式が明日行われる。　〔ア．あげ　イ．じょう　ウ．うえ〕

＜Ｂ＞次の各文の下線部は、三字熟語の一部として誤っている。最も適切なものを〔　　〕の中から選び、記号で答えなさい。

⑤ 生**委棄**な態度をとらないほうがいい。　〔ア．意気　イ．壱岐　ウ．遺棄〕
⑥ 彼女は職場で**香**一点の存在だ。　〔ア．好　イ．高　ウ．紅〕
⑦ **真**天楼のようなビルが乱立している。　〔ア．磨　イ．魔　ウ．摩〕
⑧ 友人は高飛**舎**なものの言い方をする。　〔ア．社　イ．車　ウ．者〕
⑨ どちらが得なのか胸**山陽**している。　〔ア．山洋　イ．山容　ウ．算用〕
⑩ 土壇**馬**で逆転する。　〔ア．羽　イ．芭　ウ．場〕
⑪ 部下はいつも**王**生際が悪い。　〔ア．往　イ．応　ウ．欧〕
⑫ 法律に関しては門**概観**だ。　〔ア．外漢　イ．外観　ウ．外患〕
⑬ 彼は一**過**言がある人だと言われている。　〔ア．火　イ．家　ウ．化〕
⑭ この決まりは不文**率**で決まっている。　〔ア．律　イ．立〕
⑮ 上司は子煩**能**な人だ。　〔ア．脳　イ．濃　ウ．悩〕
⑯ このプロジェクトは研究の集**耐性**だ。　〔ア．体制　イ．大成　ウ．大勢〕

	①	②	③	④	⑤	⑥	⑦	⑧	⑨	⑩	⑪	⑫	⑬	⑭	⑮	⑯
2																

筆記問題 7

解答→別冊① P.13

1 次の各文の下線部に漢字を用いたものとして、最も適切なものを〔　〕の中から選び、記号で答えなさい。

① 机の位置を窓際に**うつす**。〔ア．移す　イ．映す　ウ．写す〕
② 彼は**すみ**に置けない逸材だ。〔ア．隅　イ．炭　ウ．墨〕
③ 体調が悪く、医者に**みて**もらう。〔ア．見て　イ．診て〕
④ 犬を庭で**はなし**て遊んだ。〔ア．話し　イ．離し　ウ．放し〕
⑤ 新たな事業の責任者に**つく**。〔ア．就く　イ．付く　ウ．着く〕
⑥ この石垣は城の**あと**です。〔ア．後　イ．跡　ウ．痕〕
⑦ 初めて富士山に**のぼる**。〔ア．登る　イ．上る　ウ．昇る〕
⑧ 梅の花が**さく**と春を感じる。〔ア．裂く　イ．割く　ウ．咲く〕
⑨ ウグイスが**なく**声が聞こえた。〔ア．鳴く　イ．泣く〕
⑩ まゆから生糸を**くる**仕事をした。〔ア．来る　イ．繰る〕
⑪ 古傷が**いたむ**ようになった。〔ア．傷む　イ．悼む　ウ．痛む〕
⑫ 障子が**やぶれる**。〔ア．敗れる　イ．破れる〕
⑬ 裏口の戸を**しめる**。〔ア．閉める　イ．占める　ウ．締める〕
⑭ 最後の試合に**のぞむ**。〔ア．望む　イ．臨む〕
⑮ 入試の模擬問題を**とく**。〔ア．解く　イ．説く　ウ．溶く〕
⑯ 実例を**あげる**と理解しやすい。〔ア．挙げる　イ．上げる　ウ．揚げる〕

	①	②	③	④	⑤	⑥	⑦	⑧	⑨	⑩	⑪	⑫	⑬	⑭	⑮	⑯
1																

2 次の各文の下線部に漢字を用いたものとして、最も適切なものを〔　〕の中から選び、記号で答えなさい。

① 深呼吸して気を**しずめる**。〔ア．静める　イ．沈める〕
② もうすぐ夜が**あける**。〔ア．開ける　イ．空ける　ウ．明ける〕
③ 貯金のために出費を**おさえる**。〔ア．抑える　イ．押さえる〕
④ 初舞台のせいか表情が**かたい**。〔ア．固い　イ．硬い　ウ．堅い〕
⑤ 大学で専門的な学問を**おさめる**。〔ア．修める　イ．収める　ウ．治める〕
⑥ 問題解決に**つとめる**。〔ア．勤める　イ．務める　ウ．努める〕
⑦ パンフレットを新たに**する**。〔ア．刷る　イ．擦る〕
⑧ 駅で友人と**わかれた**。〔ア．分かれた　イ．別れた〕
⑨ 書面をもって挨拶に**かえる**。〔ア．変える　イ．替える　ウ．代える〕
⑩ いなくなった猫を**さがす**。〔ア．捜す　イ．探す〕
⑪ 今日は4時まで仕事場に**いる**。〔ア．入る　イ．要る　ウ．居る〕
⑫ 温泉に傷を**なおし**に行く。〔ア．直し　イ．治し〕
⑬ 予想を**こえる**賑わいとなった。〔ア．超える　イ．越える　ウ．肥える〕
⑭ あまりの寒さに**たえる**。〔ア．絶える　イ．堪える　ウ．耐える〕
⑮ 学校の帰りに書店に**よった**。〔ア．因った　イ．寄った〕
⑯ 技術が進み新しい産業が**おこる**。〔ア．怒る　イ．興る　ウ．起こる〕

	①	②	③	④	⑤	⑥	⑦	⑧	⑨	⑩	⑪	⑫	⑬	⑭	⑮	⑯
2																

筆記問題 8

解答→別冊① P.13

1 次の各文の〔　〕の中から、ことわざ・慣用句の一部として最も適切なものを選び、記号で答えなさい。

① ライバルに後れを〔ア．取る　イ．奪う〕。
② 取り付く〔ア．暇　イ．耳　ウ．島〕もない態度では話す気もしない。
③ 自室にいると〔ア．気　イ．顔〕が休まる。
④ 先輩には〔ア．手　イ．鼻　ウ．頭〕が上がらない。
⑤ 注意しないと〔ア．手　イ．足　ウ．腰〕をすくわれるよ。
⑥ 世話を〔ア．利く　イ．出す　ウ．焼く〕ことが好きだ。
⑦ 忠告の最後に念を〔ア．押す　イ．引く　ウ．向ける〕。
⑧ 両者の対決に固唾（かたず）を〔ア．刺す　イ．見る　ウ．呑（の）む〕。
⑨ 将来の夢を〔ア．描く　イ．進める〕。
⑩ 不測の事態も計算に〔ア．なる　イ．入れる　ウ．つく〕。
⑪ 仕事が〔ア．頭　イ．話　ウ．身〕に付く。
⑫ 同僚とは息が〔ア．合う　イ．逢う〕。
⑬ 急なことに〔ア．菩提（ぼだい）　イ．骨身（ほねみ）　ウ．我（われ）〕を忘れる。
⑭ 返答に〔ア．発言　イ．言葉　ウ．呼吸〕を濁す。
⑮ 都合が悪いことを〔ア．棚　イ．机〕に上げる。
⑯ 得意料理に腕を〔ア．打つ　イ．振るう　ウ．許す〕。

	①	②	③	④	⑤	⑥	⑦	⑧	⑨	⑩	⑪	⑫	⑬	⑭	⑮	⑯
1																

2 次の各文の〔　〕の中から、ことわざ・慣用句の一部として最も適切なものを選び、記号で答えなさい。

① 仕事の合間を〔ア．編む　イ．貼る　ウ．縫う〕。
② 議論の的を〔ア．割る　イ．絞る　ウ．差す〕。
③ リレーは最後を〔ア．立てる　イ．飾る　ウ．尽くす〕人気種目だ。
④ 彼女の作品が世に〔ア．渡る　イ．入る　ウ．出る〕。
⑤ これは縁起を〔ア．担ぐ　イ．放つ〕商品だ。
⑥ この感動を〔ア．胸　イ．腹〕に刻む。
⑦ 彼はすぐに〔ア．気　イ．心　ウ．図〕に乗る。
⑧ 同期の社員と営業成績でしのぎを〔ア．削る　イ．切る　ウ．得る〕。
⑨ 事態は〔ア．一考　イ．一刻　ウ．一矢〕を争う。
⑩ これまでの努力を〔ア．幕　イ．物　ウ．棒〕に振る。
⑪ あまりの宿題の多さに〔ア．途方　イ．寝耳〕に暮れる。
⑫ 上司は〔ア．舌　イ．目　ウ．口〕が堅いことで有名だ。
⑬ 原因についての〔ア．理屈　イ．重荷〕をこねる。
⑭ このあたりで手を〔ア．合わせる　イ．打つ〕ことにした。
⑮ 日頃の練習が〔ア．名　イ．実　ウ．割〕を結ぶ。
⑯ ふだんとは勝手が〔ア．鳴る　イ．取れる　ウ．違う〕ため、準備が遅れた。

	①	②	③	④	⑤	⑥	⑦	⑧	⑨	⑩	⑪	⑫	⑬	⑭	⑮	⑯
2																

筆記まとめ問題①

解答用紙→別冊② P.29　解答→別冊① P.13

1

次の各文は何について説明したものか、最も適切な用語を解答群の中から選び、記号で答えなさい。

① プリンタの外部から用紙をセットする装置のこと。
② 横書きの文書の中で、上下に隣接する行の文字の中心から中心までの長さのこと。
③ パソコンの画面や印刷で、文字を構成する一つひとつの点のこと。
④ 写真やイラストなどのデータを保存するファイルのこと。
⑤ メニュー（コマンド）を割り当てたアイコンのこと。
⑥ 新聞や辞書などのように、同一ページ内で文字列を複数段に構成する機能のこと。
⑦ 他の受信者にメールアドレスを知らせないで、同じメールを送る宛先のメールアドレスのこと。
⑧ 罫線の中など、指定した範囲内に色や模様を付けること。

【解答群】

ア．段組み	イ．ドット	ウ．行ピッチ
エ．静止画像ファイル	オ．塗りつぶし	カ．文字ファイル
キ．Bcc	ク．文字ピッチ	ケ．ツールボタン
コ．用紙カセット	サ．手差しトレイ	シ．Cc

2

次の文中の下線部について、正しい場合には○を、誤っている場合は最も適切な用語を解答群の中から選び、記号で答えなさい。

① 横書きの中で、左右に隣り合う全角文字の外側から半角文字の外側までの長さのことを**文字間隔**という。
② **予測入力**とは、ツールボタンを機能別にまとめた部分のことである。
③ 一つの文書やウィンドウで、複数の文書（シート）を同時に取り扱う機能のことを**ワークシートタブ**という。
④ メールの最後に付ける送信者の氏名や、アドレスなどの連絡先をまとめた領域のことを**件名**という。
⑤ 行中における文字列の開始位置と終了位置を変えることを**インデント**という。
⑥ ユーザが使い勝手をよくするため、新たな単語とその読みを辞書ファイルに記憶することを**定型句登録**という。
⑦ 新聞紙などから作った再生パルプを混入してある用紙のことを**再生紙**という。
⑧ 余白も含めた、文字が入力される用紙全体に設定される色や画像、またはその領域のことを**透かし**という。

【解答群】

ア．感熱紙	イ．背景	ウ．タブ
エ．ツールバー	オ．マルチシート	カ．ルビ
キ．テキストボックス	ク．署名	ケ．単語登録
コ．行間隔	サ．和欧文字間隔	シ．バックアップ

3

次の各文の〔　　〕の中から最も適切なものを選び、記号で答えなさい。

① 上級機関が所管の機関・職員に知らせるための文書のことを〔**ア**．通達　**イ**．回覧　**ウ**．通知〕という。

② 〔**ア**．依頼状　**イ**．案内状　**ウ**．添え状〕とは、取引先などに対して、用件をまとめて説明し、それを遂行するようにお願いするための文書のことである。

③ 売買に関する取引条件を売主に問い合わせるための文書のことを〔**ア**．見積書　**イ**．見積依頼書　**ウ**．注文請書〕という。

④ 記号 ！ は、〔**ア**．感嘆符　**イ**．疑問符〕である。

⑤ 預金を引き出す払い出し票などに使う印のことを〔**ア**．銀行印　**イ**．役職印　**ウ**．実印〕という。

⑥ 〔**ア**．ツール　**イ**．プレゼンテーションソフト〕とは、プレゼンテーションを効率的・効果的に行うことを支援するアプリケーションソフトのことである。

⑦ 「貼り付け」の操作を実行するショートカットキーの組み合わせは、[Ctrl]＋〔**ア**．[P]　**イ**．[X]　**ウ**．[V]〕である。

⑧ スライドなどの資料を自動的にページ送りして、連続して提示することを〔**ア**．スライドショー　**イ**．サブタイトル〕という。

4

次の各問いの答えとして、最も適切なものをそれぞれのア～ウの中から選び、記号で答えなさい。

① 文字（フォント）の大きさなどが表示できない「メモ帳」によって作成したファイル形式はどれか。

ア．jpg　　**イ**．txt　　**ウ**．png

② 著作権があることを示すマークはどれか。

ア．®　　**イ**．TM　　**ウ**．©

③ コード表から「JIS X 0208」のように入力して、漢字や記号などが入力される機能はどれか。

ア．コード入力　　**イ**．手書き入力　　**ウ**．予測入力

④ 下記の校正記号の指示の意味はどれですか。

m₂（校正記号）

ア．下付き文字に直す　　**イ**．下付き文字を上付き文字に直す

ウ．上付き文字を下付き文字に直す

⑤
追加させていただきます。
　つきましては、－－－－－
と校正したい場合の校正記号はどれか。

ア．追加させていただきます。（つなぐ記号）つきましては、－－－－－

イ．追加させていただきます。（改行記号）つきましては、－－－－－

ウ．（〉記号）追加させていただきます。つきましては、－－－－－

⑥ 網掛けの機能を利用している文はどれか。

ア．五月動物園では、（「五月」に網掛け）　　**イ**．五月（さつき）動物園では、　　**ウ**．五月動物園では、（「五月」に下線）

5

次の各文の下線部の読みを、ひらがなで答えなさい。

① お金の無駄遣いは**自重**しよう。
② 使い方は**懇切**丁寧に解説いたします。
③ 彼は寝る間も惜しんで研究に**精進**した。
④ 彼女は、いつも**丁寧**に説明してくれる。
⑤ 挨拶の中で社長は社員を**激励**した。
⑥ 冬至の日にちなみ**柚子**湯を用意した。

6

次の＜Ａ＞・＜Ｂ＞の各問いに答えなさい。

＜Ａ＞次の文の三字熟語について、下線部の読みで最も適切なものを〔　　〕の中から選び、記号で答えなさい。

① 次は私の**十八番**の歌を歌います。　〔ア．おはこ　イ．とくい　ウ．じゅうはち〕

＜Ｂ＞次の各文の下線部は、三字熟語の一部として誤っている。最も適切なものを〔　　〕の中から選び、記号で答えなさい。

② 生**反**可な努力では、この検定は合格できない。　〔ア．判　イ．半〕
③ 思い出が**草摩**灯のように過ぎていった。　〔ア．走馬　イ．相馬〕
④ 釣りをする人、釣り好きな人を太**工房**という。　〔ア．興亡　イ．鋼棒　ウ．公望〕

7

次の各文の下線部に漢字を用いたものとして、最も適切なものを〔　　〕の中から選び、記号で答えなさい。

① 目を**さます**ようなビッグニュースだ。　〔ア．醒ます　イ．覚ます　ウ．冷ます〕
② 火山から溶岩が**ふき**でた。　〔ア．吹き　イ．噴き〕
③ 先生に**あてる**手紙を出す。　〔ア．充てる　イ．当てる　ウ．宛てる〕
④ やせるために食を**たつ**のは、健康的ではない。〔ア．断つ　イ．立つ〕
⑤ 川に新しい橋を**かける**。　〔ア．架ける　イ．掛ける　ウ．懸ける〕
⑥ 記念樹として桜の木を**うえて**みた。　〔ア．飢えて　イ．植えて〕

8

次の各文の〔　　〕の中から、ことわざ・慣用句の一部として最も適切なものを選び、記号で答えなさい。

① この作品は何か違和感を〔ア．覚える　イ．感じる〕。
② 私たちは優勝を狙って火花を〔ア．切って　イ．散らして〕練習している。
③ この前の試合の二の舞を〔ア．踏む　イ．演じる〕ようなことはしない。
④ 突然、友人が〔ア．人目　イ．目安　ウ．意表〕を突く行動に出た。

筆記まとめ問題②

解答用紙→別冊② P.29　解答→別冊① P.13

1

次の各用語に対して、最も適切な説明文を解答群の中から選び、記号で答えなさい。

①　ＪＩＳ第１水準　②　行ピッチ　③　トナー
④　単語登録　⑤　拡張子　⑥　アドレスブック
⑦　タブ　⑧　画面サイズ

【解答群】

ア．ユーザが使い勝手をよくするため、新たな単語とその読みを辞書ファイルに記憶すること。
イ．ファイル名の次に、ピリオドに続けて指定する文字や記号のこと。
ウ．横書きの１行の中で、左右に隣り合う文字の中心から中心までの長さのこと。
エ．横書きの文書の中で、上下に隣接する行の文字の中心から中心までの長さのこと。
オ．レーザプリンタやコピー機などで使う粉末状のインクのこと。
カ．マウスなどを使い、文字や記号の線の形をトレースし（なぞっ）て入力する方法のこと。
キ．知人や取引先の名前やメールアドレスを登録・保存した一覧のこと。
ク．ワープロソフトなどで、あらかじめ設定した位置に文字やカーソルを移動させる機能のこと。
ケ．電子メールの宛先となる住所に相当する文字列のこと。
コ．ＪＩＳで定められた漢字の規格で、常用漢字を中心に2965字が50音順に並んでいる。
サ．対角線で測られるディスプレイの大きさのこと。
シ．ＪＩＳで定められた漢字の規格で、通常の国語の文章の表記に用いる漢字のうち第１水準を除いた、3390字が部首別に並んでいる。

2

次の各文の下線部について、正しい場合は○を、誤っている場合は最も適切な用語を解答群の中から選び、記号で答えなさい。

①　新聞紙などから作った再生パルプを混入してある用紙のことを<u>**ＰＰＣ用紙**</u>という。
②　受け取った電子メールの送信元を表示するのは<u>**Cc**</u>である。
③　<u>**バックアップ**</u>とは、データの破損や紛失などに備え、別の記憶装置や記憶媒体にまったく同じデータを複製し、保存することである。
④　<u>**ドット**</u>とは、ディスプレイやプリンタ、スキャナなどで入出力される、文字や画像のきめの細かさを意味する尺度のことである。
⑤　文字の背景に配置する模様や文字、画像のことを<u>**背景**</u>という。
⑥　漢字などに付けるふりがなのことを<u>**dpi**</u>という。
⑦　<u>**網掛け**</u>とは、範囲指定した部分を強調するため、その範囲に網目模様を掛ける機能のことである。
⑧　ページの任意の位置に、あらかじめ設定した書式とは別に、独自に文字が入力できるように設定する枠のことを<u>**ツールバー**</u>という。

【解答群】

ア．ファイリング　**イ**．感熱紙　**ウ**．再生紙
エ．文書ファイル　**オ**．To　**カ**．From
キ．ルビ　**ク**．ツールボタン　**ケ**．テキストボックス
コ．解像度　**サ**．透かし　**シ**．予測入力

3

次の各文の〔　　〕の中から最も適切なものを選び、記号で答えなさい。

① 〔**ア**．注文請書　**イ**．納品書　**ウ**．物品受領書〕とは、売主に商品などを受け取ったことを知らせるための文書のことである。

② ある事実が発生した時間と場所を特定し、それを証明する仕組みのことを〔**ア**．電子印鑑　**イ**．タイムスタンプ〕という。

③ 人と会社、または会社と会社の仲立ちをするための文書のことを〔**ア**．紹介状　**イ**．挨拶状　**ウ**．招待状〕という。

④ 記号 > は、〔**ア**．等号　**イ**．より大　**ウ**．より小〕である。

⑤ セキュリティを考慮して、〔**ア**．連絡先　**イ**．個人情報　**ウ**．用件〕はメール本文に入力しない。

⑥ ショートカットキー［Ctrl］+［Z］で実行されるのは、〔**ア**．元に戻す　**イ**．切り取り　**ウ**．貼り付け〕である。

⑦ タイトルとは、〔**ア**．プレゼンテーション全体の内容を示す見出しのこと　**イ**．プレゼンテーション資料のページのこと〕である。

⑧ スライド上に表示する、オブジェクトやテキストの配置のことを〔**ア**．ポインタ　**イ**．スライド　**ウ**．レイアウト〕という。

4

次の各問いの答えとして、最も適切なものをそれぞれのア～ウの中から選び、記号で答えなさい。

① 登録商標であることを示すマークはどれか。

ア．®　　**イ**．©　　**ウ**．TM

② 文書中に静止画像を挿入する時に、選択する正しい拡張子のファイルはどれか。

ア．画像.csv　　**イ**．画像.rtf　　**ウ**．画像.gif

③ 下の文の作成で利用した機能はどれか。

世界遺産とは、地球の生成と人類の歴史により生まれた、過去から現在へと引き継がれてきた宝物である。今を生きる世界中の人々が過去から引き継ぎ、未来へ伝えていくべき人類共通の遺産である。

ア．塗りつぶし　　**イ**．背景　　**ウ**．透かし

④ 校正後の結果が「Ａ４　　Ｂ５」となるのはどれか。

ア．Ａ４Ｂ５　　**イ**．Ａ４Ｂ５　　**ウ**．Ａ４Ｂ５

⑤ 下の校正記号の意味はどれか。

ア．空け　　**イ**．脱字補充　　**ウ**．詰め

⑥ 文書のデータを保存する時の正しい拡張子はどれか。

ア．文書.bmp　　**イ**．文書.txt　　**ウ**．文書.jpg

5

次の各文の下線部の読みを、ひらがなで答えなさい。

① **山葵**をつけ過ぎて、涙が出た。
② お祝いの席に**蛤**のお吸い物が出た。
③ 彼に会長就任を**要請**した。
④ 会社の未来は若手社員の**双肩**にかかっている。
⑤ 書き初めをするので筆と**硯**を用意する。
⑥ 工場の**稼働**が再開した。

6

次の＜Ａ＞・＜Ｂ＞の各問いに答えなさい。

＜Ａ＞次の各文の三字熟語について、下線部の読みで最も適切なものを〔　〕の中から選び、記号で答えなさい。

① 私は計算が不**得手**だ。〔ア．とくしゅ　イ．とくて　ウ．えて　〕
② 突**拍子**もないことを言うので驚いた。〔ア．びょうし　イ．ぴょうし　ウ．ひょうし〕

＜Ｂ＞次の各文の下線部は、三字熟語の一部として誤っている。最も適切なものを〔　〕の中から選び、記号で答えなさい。

③ 大雑**派**でよいから見積もりを出してほしい。〔ア．把　イ．葉　ウ．波〕
④ お金は無尽**増**にない。〔ア．造　イ．蔵　〕

7

次の各文の下線部に漢字を用いたものとして、最も適切なものを〔　〕の中から選び、記号で答えなさい。

① 彼は仕事で成功を**おさめた**。〔ア．収めた　イ．治めた　ウ．修めた〕
② 花瓶に花を**さす**。〔ア．差す　イ．挿す〕
③ 資料を**もと**にプレゼンテーションした。〔ア．元　イ．本　ウ．基〕
④ 候補者として**すすめて**よいでしょうか。〔ア．勧めて　イ．薦めて〕
⑤ このたび事務を**とる**ことになった。〔ア．摂る　イ．撮る　ウ．執る〕
⑥ 的を**いた**回答だ。〔ア．射た　イ．鋳た〕

8

次の各文の〔　〕の中から、ことわざ・慣用句の一部として最も適切なものを選び、記号で答えなさい。

① 君に〔ア．腕　イ．肩〕を貸すほど余裕はない。
② 〔ア．身　イ．心〕に余る光栄です。
③ 暑さを〔ア．意　イ．物〕ともせず走り続けた。
④ 心配ごとで仕事も〔ア．地　イ．目　ウ．手〕に付かない。

4 模擬問題編

■ 模擬問題　速度１回 ■

１行の文字数を30字に設定して入力しなさい。ただし、フォントの種類は明朝体とし、プロポーショナルフォントは使用しないこと。なおヘッダーには学年、組、番号、名前を入力し、１行目から作成しなさい。（制限時間　10分）

生物は、地球上の空間や時間を縦横に利用して勢力を伸ばしてい	30
る。地上や地中、水中など、その生活をする場所は空間的に余すと	60
ころがない。また、時間的にも昼行性と夜行性とがあるように、そ	90
れぞれ時間をずらしながら生活している。	110
一方、食性については、肉食、草食、雑食などに分けられる。東	140
アフリカのビクトリア湖に生息するシグリッド類という魚類は、唇	170
の厚さや口の大きさ、歯の形状など実に多くの違いがある。この理	200
由としては、異なるえさを求めているうちに、一つの種が複雑に分	230
化して発達した結果であると考えられる。	250
このように、生物は、ほかの生物と生活場所や利用する資源、時	280
間等を違えることで競争を避け、その環境に適合するように分化し	310
てきた。これは、生物群が意識的にほかとは違う発達を志したので	340
はなく、競合しないように発達できた生物群が、結果として生き残	370
り、発展したということだ。そして、これが生物の多様性を生み出	400
す結果となったのである。さらに、それぞれが互いに有機的に絡み	430
合って影響を及ぼし合い、地球の生態系を形作ってきたのである。	460

■ 模擬問題　実技１回 ■ （制限時間　15分）

【書式設定】余白は上下左右それぞれ25㎜。指示のない文字のフォントは、明朝体の全角で入力し、サイズは12ポイントに統一。プロポーショナルフォントは使用不可。１行36字（問題文は１ページ24行で作成されていますが、解答にあたっては、行数を調整すること）。

【注意事項】ヘッダーに左寄せで年組、番号、氏名を入力する。

【問　題】

次の指示に従い、右のような文書を作成しなさい。

【指　示】

１．右の問題文を校正記号に従って入力すること。

２．表は、行頭・行末を越えずに作成し、行間は、2.0とすること。

３．罫線は、右の表のように太実線と細実線とを区別すること。

４．表の枠内の文字は１行で入力し、上下のスペースが同じであること。

５．表内の「講座内容」、「講座受講費用」は下の資料を参照して作成すること。

資料

コース名	講座受講費用	講座内容
ベーシックコース	8,400円	初心者の方を対象に基礎から行います
ウェディングコース	21,000円	将来ブライダルの仕事に付（就）きたい方に
ブーケコース	8,400円	さまざまなブーケの作成方法を学びます

６．表内の「講座受講費用」の数字は、明朝体の半角で入力し、３桁ごとにコンマを付けること。

７．出題内容に合った画像のオブジェクトを、用意されたフォルダなどから選び、指示された位置に挿入すること。ただし、適切な大きさで、他の文字や線などにかからないこと。

８．①～⑦の処理を行うこと。

９．右の問題文にない空白行を入れないこと。

フラワーアレンジメント教室のご案内 ←①フォントサイズは２４ポイントのゴシック体で、センタリングする。

レッスンは少人数制で行います。アレンジの基本から色彩学、インテリアとのコーディネイトにもふれ、花装飾を［トータルで］学ぶことができます。

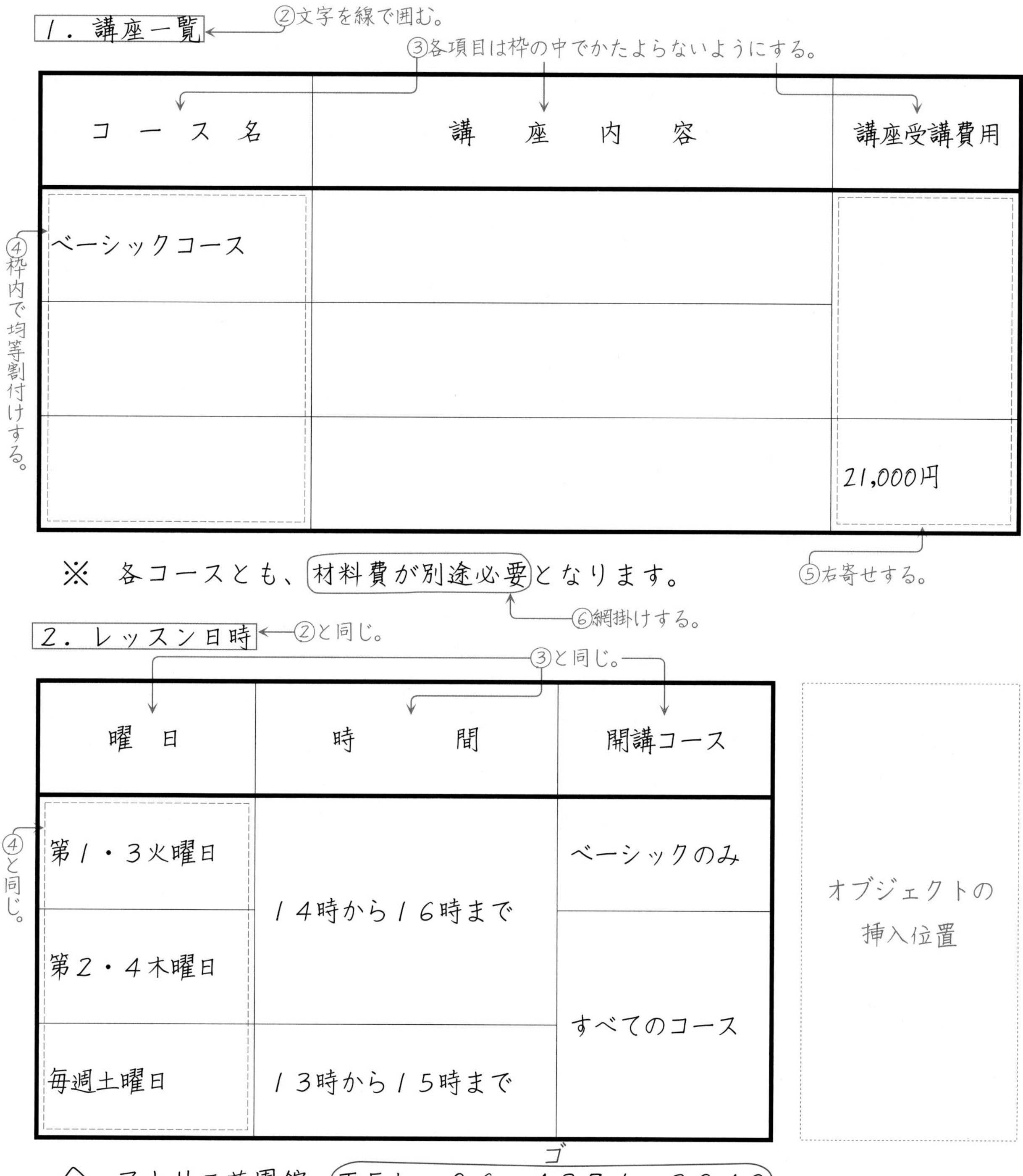

１．講座一覧 ←②文字を線で囲む。

③各項目は枠の中でかたよらないようにする。

コ　ー　ス　名	講　　座　　内　　容	講座受講費用
ベーシックコース		
		21,000円

④枠内で均等割付けする。

⑤右寄せする。

※　各コースとも、材料費が別途必要となります。 ←⑥網掛けする。

２．レッスン日時 ←②と同じ。

③と同じ。

曜　日	時　　間	開講コース
第１・３火曜日	１４時から１６時まで	ベーシックのみ
第２・４木曜日		すべてのコース
毎週土曜日	１３時から１５時まで	

④と同じ。

オブジェクトの挿入位置

◇　アトリエ花園館　ＴＥＬ　０６－４３７１－２９４８（ゴ）

担当　宮園（みやぞの）　かおり

←⑦明朝体のひらがなでルビをふり、右寄せする。

模擬問題編

解答→別冊①　P.14

■ 模擬問題　筆記１回 ■ （制限時間　15分）１～８計50問各２点　合計100点

1

次の各文は何について説明したものか、最も適切な用語を解答群の中から選び、記号で答えなさい。

① 一つの文書やウィンドウで、複数の文書（シート）を同時に取り扱う機能のこと。
② コピー機での使用に最適の特徴を持つ用紙のこと。
③ あらかじめ設定した位置に文字やカーソルを移動させる機能のこと。
④ 新しい入力の際に予想される変換候補を優先して表示する方式のこと。
⑤ 行中における文字列の開始位置と終了位置を変えること。
⑥ 横書きの１行の中で、左右に隣り合う文字の外側から外側までの長さのこと。
⑦ ディスプレイやプリンタ、スキャナなどで入出力される、文字や画像のきめの細かさを意味する尺度のこと。
⑧ 複数の文字や記号を組み合わせ、一文字としてデザインした文字のこと。

【解答群】

ア．予測入力	**イ**．フォト用紙	**ウ**．文字間隔
エ．異体字	**オ**．ＰＰＣ用紙	**カ**．インデント
キ．合字	**ク**．マルチシート	**ケ**．文字ピッチ
コ．タブ	**サ**．解像度	**シ**．学習機能

2

次の各文の下線部について、正しい場合は○を、誤っている場合は最も適切な用語を解答群の中から選び、記号で答えなさい。

① 熱を感じると黒く変色する印刷用紙のことを**再生紙**という。
② **ＪＩＳ第２水準**とは、通常の国語の文章の表記に用いる漢字のうち、3390字が部首別に並んでいる規格のことである。
③ **メールアカウント**とは、メールや情報発信をする際に、ルールを守り他の人の迷惑になる行為を慎むことである。
④ ページの任意の位置に、あらかじめ設定した書式とは別に、独自に文字が入力できるように設定する枠のことを**オブジェクト**という。
⑤ **手書き入力**とは、16進数で表されたＪＩＳコードやUnicodeにより、漢字や記号を入力する方法のことである。
⑥ １インチあたりの点の数で示される解像度の単位のことを**ドット**という。
⑦ 表示する文書（シート）を切り替えるときにクリックする部分のことを**ワークシートタブ**という。
⑧ 写真やイラストなどのデータを保存するファイルのことを**フォルダ**という。

【解答群】

ア．コード入力	**イ**．デスクトップ	**ウ**．静止画像ファイル
エ．文書ファイル	**オ**．感熱紙	**カ**．タブ
キ．テキストボックス	**ク**．ＪＩＳ第１水準	**ケ**．インクジェット用紙
コ．アドレスブック	**サ**．dpi	**シ**．ネチケット

3

次の各文の〔　　〕の中から最も適切なものを選び、記号で答えなさい。

① 上級機関が所管の機関・職員に指示するための文書のことを〔**ア**．通知　**イ**．通達　**ウ**．規定・規程〕という。

② 〔**ア**．案内状　**イ**．紹介状　**ウ**．添え状〕とは、同封した各種の文書を説明するための文書のことである。

③ やり方や手順、順序などを記した文書のことを〔**ア**．確認書　**イ**．仕様書　**ウ**．連絡文書〕という。

④ 署名（氏名を自署）した上で、印影を紙に残すことを〔**ア**．認印　**イ**．押印　**ウ**．捺印〕という。

⑤ ローマ数字で１１は、〔**ア**．Ⅺ　**イ**．Ⅸ　**ウ**．Ⅵ〕である。

⑥ 「コピー」の操作を実行するショートカットキーの組み合わせは、[Ctrl]と〔**ア**．[C]　**イ**．[Z]　**ウ**．[X]〕である。

⑦ 〔**ア**．補足説明をするためにつける見出し　**イ**．プレゼンテーション資料のページ　**ウ**．プレゼンテーション全体の内容を示す見出し〕のことをスライドという。

⑧ ＯＨＰやプロジェクタの提示画面を投影する幕のことを〔**ア**．スライド　**イ**．ツール　**ウ**．スクリーン〕という。

4

次の文書についての各問いの答えとして、最も適切なものをそれぞれのア～ウの中から選び、記号で答えなさい。

A　市民講座のご案内

下記の市民講座の受講生を募集しております。ふるってご参加ください。

講　座　名	会　　場	開催日	受講料
デジタルカメラ入門	中央運動公園	１１月２４日・２５日	1,500
いきいき健康運動教室		１１月１８日・２５日	
フラワーアレンジメント講座	文化ホール		3,000

（B：講座名の各行）

○各講座とも定員３０名です。詳細はパンフレットをご覧ください。（C：定員３０名）

連絡先　D 0100-021-134

E 担当窓口：木内（こうち）　春香（F：木内）

① Aに挿入した静止画像ファイルのファイル名はどれか。
ア．標題.rtf　　**イ**．標題.csv　　**ウ**．標題.jpg

② Bに設定されている書式はどれか。
ア．段組み　　**イ**．センタリング　　**ウ**．均等割付け

③ Cを「**定員３０名**」と校正したい場合の校正記号はどれか。
ア．定員３０名（二重下線）　　**イ**．定員３０名（ゴ）　　**ウ**．定員３０名（２４ポ）

④ Dに入力する最も適切な合字はどれか。
ア．℡　　**イ**．㋿　　**ウ**．№

⑤ Eの校正記号の指示の意味はどれか。
ア．誤字訂正　　**イ**．移動　　**ウ**．入れ替え

⑥ Fの作成で利用した機能はどれか。
ア．ルビ　　**イ**．テキストボックス　　**ウ**．インデント

5

次の各文の下線部の読みを、ひらがなで答えなさい。

① **網戸**を修理する。
② 清掃当番は**輪番**で担当している。
③ 海外企業と**提携**を結ぶ。
④ 意見を**簡潔**に述べる。
⑤ 商品を**出荷**する。
⑥ 講義の**要旨**をまとめる。

6

次の<A>・<B>の各問いに答えなさい。

<A>次の文の三字熟語について、下線部の読みで最も適切なものを〔　　〕の中から選び、記号で答えなさい。

① **分**相応な生活を送る。　〔ア．ぶ　イ．ぶん　ウ．ふん〕

<B>次の各文の下線部は、三字熟語の一部として誤っている。最も適切なものを〔　　〕の中から選び、記号で答えなさい。

② 討論が白熱し泥**自愛**になった。　〔ア．試合　イ．地合　ウ．仕合〕
③ 採算を度**碍子**した計画だ。　〔ア．外視　イ．外資〕
④ 大袈**差**な反応を見せる。　〔ア．鎖　イ．裟　ウ．唆〕

7

次の各文の下線部に漢字を用いたものとして、最も適切なものを〔　　〕の中から選び、記号で答えなさい。

① 試験が**すむ**まで遊びは控える。　〔ア．住む　イ．澄む　ウ．済む〕
② 水に異物が**まじる**。　〔ア．交じる　イ．混じる〕
③ **あたたかい**布団を買ってきた。　〔ア．暖かい　イ．温かい〕
④ 友人を自宅に**とめる**。　〔ア．止める　イ．泊める　ウ．留める〕
⑤ 少子化により人口が**へる**。　〔ア．減る　イ．経る〕
⑥ 文明が栄華を**きわめる**。　〔ア．窮める　イ．究める　ウ．極める〕

8

次の各文の〔　　〕の中から、ことわざ・慣用句の一部として最も適切なものを選び、記号で答えなさい。

① 怒り心頭に〔ア．発する　イ．達する　ウ．燃える〕勢いで叱責した。
② 彼は友人が多く〔ア．体　イ．顔　ウ．額〕が広い。
③ 疲れたときは無理せずに大事を〔ア．置く　イ．外す　ウ．取る〕ことも大切だ。
④ つまらないことに〔ア．意地　イ．意気　ウ．知恵〕を張る。

解答用紙→別冊②　P.30　解答→別冊①　P.14

■ 模擬問題　速度２回 ■

１行の文字数を30字に設定して入力しなさい。ただし、フォントの種類は明朝体とし、プロポーショナルフォントは使用しないこと。なおヘッダーには学年、組、番号、名前を入力し、１行目から作成しなさい。（制限時間　10分）

我が国では、戦後、日本国憲法の中で個人の尊重と法の下の平等	30
がうたわれて以来、男女平等の実現に向けてさまざまな取り組みが	60
進められてきた。しかし、今日においても、男は外で仕事、女は家	90
で家事・育児といった、男女の性差による役割分担の意識が、人々	120
の中に根強く残っているのが現実だ。例えば、職場で、女性だから	150
駄目と言われて自分が本当にやりたいことができなかったり、家庭	180
で、女性だから当たり前と言われ、自分が望まない役割を無理やり	210
押しつけられたりということが、まだまだ少なからずある。	238
このような日本の社会状況を改めていこうと、男女共同参画社会	268
基本法が施行された。この新しい法律が目指している男女共同参画	298
社会とは、女性だからとか、男性だからとかいった固定的な性によ	328
る役割分担にこだわらずに、職場、学校、地域、家庭などあらゆる	358
分野で、男女とも個人として、それぞれの個性や能力が発揮できる	388
ような社会である。	398
今、男女共同参画社会の実現のための環境づくりが、国、都道府	428
県、市町村などの行政機関によって、いろいろな形で進められてい	458
る。	460

■ 模擬問題　実技２回 ■（制限時間　15分）

【書式設定】余白は上下左右それぞれ25㎜。指示のない文字のフォントは、明朝体の全角で入力し、サイズは12ポイントに統一。プロポーショナルフォントは使用不可。１行35字（問題文は１ページ25行で作成されていますが、解答にあたっては、行数を調整すること）。

【注意事項】ヘッダーに左寄せで年組、番号、氏名を入力する。

【問　題】

次の指示に従い、右のような文書を作成しなさい。

【指　示】

１．右の問題文を校正記号に従って入力すること。

２．問題文に合った標題のオブジェクトを、用意されたフォルダなどから選び、指示された位置に挿入しセンタリングすること。

３．表は、行頭・行末を越えずに作成し、行間は、2.0とすること。

４．罫線は、右の表のように太実線と細実線とを区別すること。

５．表の枠内の文字は１行で入力し、上下のスペースが同じであること。

６．表内の「宿泊先」、「代金（大人）」は下の資料を参照して作成すること。

資料

予約コード	おもな見どころ	代金（大人）	36,980　宿泊先
ＮＨ４	小岩井農場・八幡平	~~39,680~~円	網張温泉ホテル
ＣＫ１２	中尊寺・陸中海岸	31,520円	シーサイドリゾート三陸
ＹＲ５	北山崎・龍泉洞	36,980円	シーサイドリゾート三陸

７．表内の「代金（大人）」の数字は、明朝体の半角で入力し、３桁ごとにコンマを付けること。

８．切り取り線「・・・・・・」の部分は、行頭、行末を越えないように作成すること。また、「ツアー申込書」の表より短くしないこと。

９．切り取り線には、右の問題文のように「切　り　取　り　線」の文字を入力し、センタリングすること。

10．「ツアー申込書」の表は、センタリングすること。

11．①～⑦の処理を行うこと。

12．右の問題文にない空白行を入れないこと。

オブジェクト（標題）の挿入・センタリング

岩手県内の観光名所をめぐるとともに、各地の料理郷土を味わうことのできる２泊３日のバス旅行です。昨年は、多くのお客様からご好評をいただいた、人気のコースです。ぜひ、早めにお申し込みください。

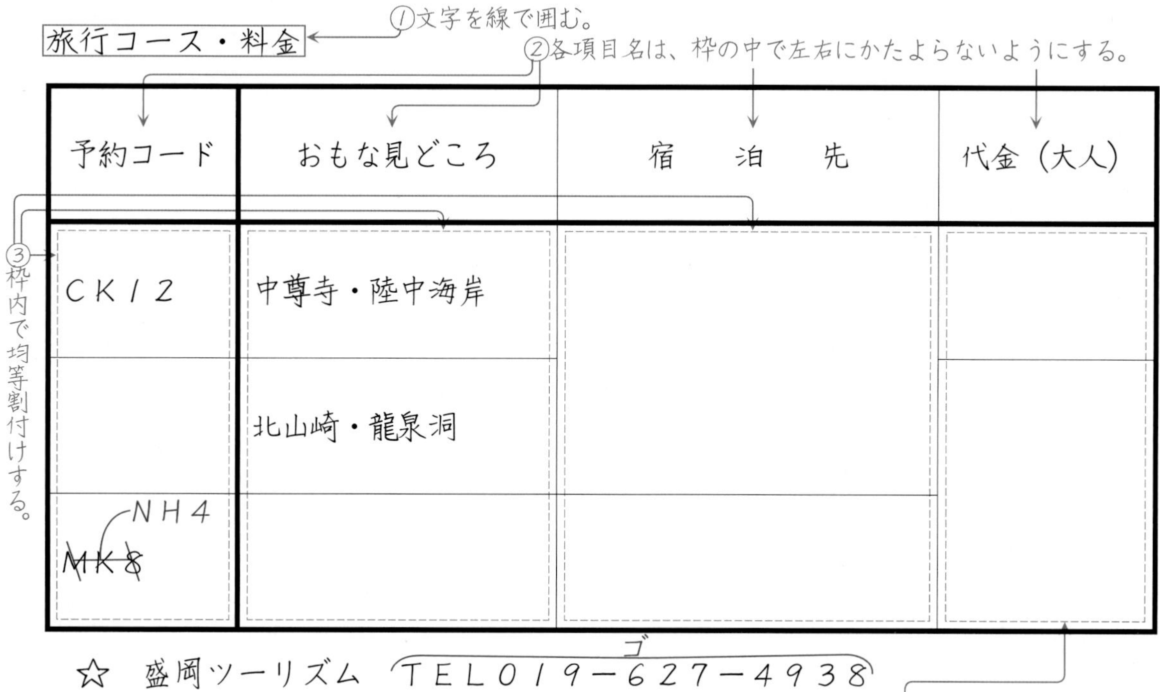
旅行コース・料金
①文字を線で囲む。
②各項目名は、枠の中で左右にかたよらないようにする。
③枠内で均等割付けする。
④右寄せする。

予約コード	おもな見どころ	宿　泊　先	代金（大人）
ＣＫ１２	中尊寺・陸中海岸		
	北山崎・龍泉洞		
~~ＭＫ８~~ ＮＨ４			

☆　盛岡ツーリズム　ＴＥＬ０１９－６２７－４９３８

担当　上川（かみかわ）　理恵 ←⑤明朝体のひらがなでルビをふり、右寄せする。

・・・・・・・・・・・・・　切　り　取　り　線　・・・・・・・・・・・・・

ツアー申込書 ←⑥横倍角（横２００％）で、センタリングする。

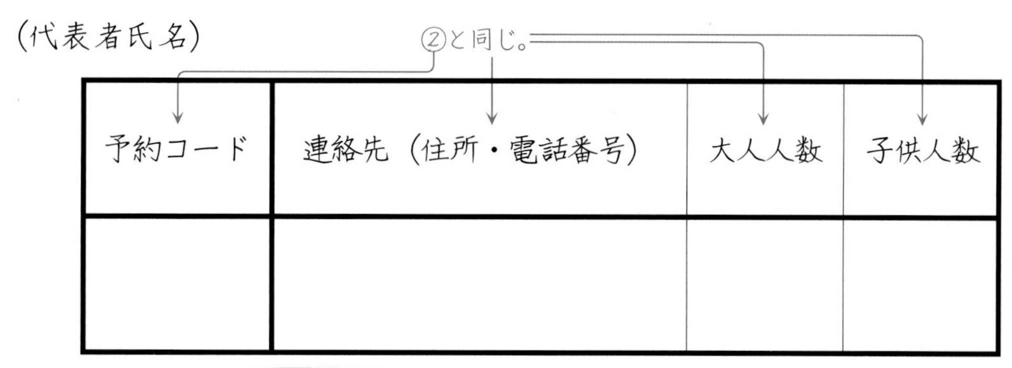
（代表者氏名）
②と同じ。

予約コード	連絡先（住所・電話番号）	大人人数	子供人数

子供料金は、大人料金の半額となります。

⑦網掛けする。

模擬問題編

解答→別冊①　P.15

■ 模擬問題　筆記２回 ■ （制限時間　15分）［1］～［8］計50問各２点　合計100点

1

次の各用語に対して、最も適切な説明文を解答群の中から選び、記号で答えなさい。

① オブジェクト　② 用紙カセット　③ 拡張子
④ 袋とじ印刷　⑤ ワークシートタブ　⑥ 手書き入力
⑦ ドット　⑧ ルーラー

【解答群】
ア． マウスなどを使い、文字や記号の線の形をトレースし（なぞっ）て入力する方法のこと。
イ． 独自に文字が入力できるように設定する枠のこと。
ウ． レーザプリンタやコピー機などで使う粉末状のインクのこと。
エ． プリンタの外部から用紙をセットする装置のこと。
オ． 余白や行頭・行末などを変更するため、画面の上部と左側に用意された目盛のこと。
カ． 文書の連続したページを、１枚の用紙に二つ折りにしてとじられるように印刷すること。
キ． プリンタの内部に用紙をセットする装置のこと。
ク． 画像やグラフなど、文書の中に貼り付けるデータのこと。
ケ． パソコンの画面や印刷で、文字を構成する一つひとつの点のこと。
コ． 表示する文書（シート）を切り替えるときにクリックする部分のこと。
サ． ファイル名の次に、ピリオドに続けて指定する文字のことで、ファイルの種類を表示する。
シ． １インチあたりの点の数で示される解像度の単位のこと。

2

次の各文の下線部について、正しい場合は○を、誤っている場合は最も適切な用語を解答群の中から選び、記号で答えなさい。

① データの破損などに備え、まったく同じデータを保存することを**上書き保存**という。
② あらかじめ設定した位置に文字やカーソルを移動させる機能のことを**インデント**という。
③ 横書きの１行の中で、左右に隣り合う文字の中心から中心までの長さのことを**文字ピッチ**という。
④ **Bcc**とは、本来の受信者と同時に、同じメールを送る宛先のメールアドレスのことである。
⑤ よく利用する文や語句などを、通常の「読み」よりも少ないタッチ数で辞書ファイルに記憶させることを**定型句登録**という。
⑥ **Aサイズ**とは、8.5インチ×11インチ＝215.9mm×279.4mmの用紙サイズのことで、アメリカ国内のローカル基準である。
⑦ 主にワープロソフトで扱うファイルのことを**静止画像ファイル**という。
⑧ **アイコン**とは、漢字などに付けるふりがなのことである。

【解答群】
ア． インデント　**イ．** フォーマット　**ウ．** レターサイズ
エ． タブ　**オ．** Cc　**カ．** ルビ
キ． 文書ファイル　**ク．** 文字間隔　**ケ．** 単語登録
コ． Bサイズ　**サ．** バックアップ　**シ．** 行間隔

3

次の各文の〔　　〕の中から最も適切なものを選び、記号で答えなさい。

① 取引条件を記し、買主の発注を了承したことを知らせるための文書のことを〔**ア**．注文書　**イ**．確認書　**ウ**．注文請書〕という。

② 〔**ア**．招待状　**イ**．紹介状　**ウ**．依頼状〕とは、自社の式やイベントに顧客や取引先などを招くための文書のことである。

③ 必要な情報や事項をやりとりするための文書のことを〔**ア**．回覧　**イ**．案内状　**ウ**．連絡文書〕という。

④ ファイルを選択して、メールに付け添えるときは、メニューまたはボタンの〔**ア**．書式　**イ**．添付　**ウ**．アドレスブック〕を実行する。

⑤ パソコン上で書類に押印ができるシステムのことを〔**ア**．電子印鑑　**イ**．タイムスタンプ　**ウ**．捺印〕という。

⑥ [Ctrl]＋[X]は〔**ア**．元に戻す　**イ**．切り取り　**ウ**．貼り付け〕を実行するショートカットキーである。

⑦ スライド上に表示する、オブジェクトやテキストの配置を〔**ア**．ポインタ　**イ**．プレビュー　**ウ**．レイアウト〕という。

⑧ 〔**ア**．配付資料　**イ**．スライド　**ウ**．タイトル〕とは、配付用にスライドを印刷したものなどのことをいう。

4

次の各問いの答えとして、最も適切なものをそれぞれのア～ウの中から選び、記号で答えなさい。

① 著作権があることを示すマークはどれか。

ア．®　　**イ**．TM　　**ウ**．©

② 下の例文の作成で利用した機能はどれか。

受講者の９０％以上は、受講した講座内容に満足がいっているようである。	しかし、申込み方法や受講者への連絡方法については改善の要望が多く、来年	度の実施に向けて改善を行う準備が今後必要となる。

ア．センタリング　　**イ**．段組み　　**ウ**．均等割付け

③ オブジェクトとして静止画像ファイルを挿入したいときに選択するファイル名はどれか。

ア．標題.jpg　　**イ**．標題.txt　　**ウ**．標題.csv

④ 「開講講座」を「**開講講座**」と校正したい場合の校正記号はどれか。

ア．開講講座（ゴ）　　**イ**．開講講座（三重下線）　　**ウ**．開講講座（22ポ）

⑤ 下の校正記号の指示の意味はどれか。

講座の受講者は増加傾向である。⌐なお、来年度は

ア．行を起こす　　**イ**．入れ替え　　**ウ**．行を続ける

⑥ 作成した文書を保存する文書ファイル名はどれか。

ア．公開講座.bmp　　**イ**．公開講座.doc　　**ウ**．公開講座.png

5

次の各文の下線部の読みを、ひらがなで答えなさい。

① **完璧**な演技だ。
② **面倒**なことに巻き込まれる。
③ 製品の**納期**に間に合わせる。
④ 昇給分は４月に**遡及**して支給する。
⑤ 会議までに**懸案**となる事項を洗い出す。
⑥ 購入代金を**分割**で支払う。

6

次の<Ａ>・<Ｂ>の各問いに答えなさい。

<Ａ>次の各文の三字熟語について、下線部の読みで最も適切なものを〔　　〕の中から選び、記号で答えなさい。

① 予定していた**目論**見が外れる。　〔ア．めろん　イ．もくろん　ウ．もくろ〕
② とても**他人**事とは思えない。　〔ア．ひと　イ．たにん　ウ．たじん〕

<Ｂ>次の各文の下線部は、三字熟語の一部として誤っている。最も適切なものを〔　　〕の中から選び、記号で答えなさい。

③ 業界に**近時**塔を打ち立てた。　〔ア．金地　イ．金字〕
④ ここが成功への**勝**念場だ。　〔ア．正　イ．小　ウ．生〕

7

次の各文の下線部に漢字を用いたものとして、最も適切なものを〔　　〕の中から選び、記号で答えなさい。

① 庭の芝生を**かる**。　〔ア．刈る　イ．駆る　ウ．狩る〕
② 大根をぬか床に**つける**。　〔ア．着ける　イ．漬ける　ウ．付ける〕
③ 家業を**つぐ**ことを決めた。　〔ア．次ぐ　イ．継ぐ　ウ．接ぐ〕
④ 彼は頭角を**あらわす**ようになった。　〔ア．表す　イ．著す　ウ．現す〕
⑤ 子供部屋に本棚を**そなえる**予定だ。　〔ア．備える　イ．供える〕
⑥ 正確な土地の面積を**はかる**。　〔ア．計る　イ．量る　ウ．測る〕

8

次の各文の〔　　〕の中から、ことわざ・慣用句の一部として最も適切なものを選び、記号で答えなさい。

① 行進の〔ア．足場　イ．足並み　ウ．目鼻〕が揃う。
② 思ったよりも割を〔ア．食う　イ．押す　ウ．散らす〕ことになった。
③ 今日の試合に勝って汚名を〔ア．挽回　イ．回復　ウ．返上〕した。
④ 話に〔ア．火　イ．水　ウ．日〕を差す発言をした。

解答用紙→別冊②　P.30　解答→別冊①　P.15

ビジネス文書部門（筆記）出題範囲　※下位級のものは上位級で出題されることもある。

1．筆記１（機械・文書）

(1)機械・機械操作

	第３級	第２級	第１級
一般	ワープロ（ワードプロセッサ） 書式設定 余白（マージン） 全角文字 半角文字 横倍角文字 アイコン フォントサイズ フォント プロポーショナルフォント 等幅フォント 言語バー ヘルプ機能 テンプレート	ルビ 文字ピッチ 行ピッチ 和欧文字間隔 文字間隔 行間隔 マルチシート ワークシートタブ	ＤＴＰ プロパティ デフォルトの設定 ユーザの設定 ＶＤＴ障害 ＵＳＢポート ＵＳＢハブ
入力	ＩＭＥ クリック ダブルクリック ドラッグ タッチタイピング 学習機能 グリッド（グリッド線） デスクトップ ウィンドウ マウスポインタ（マウスカーソル） カーソル プルダウンメニュー ポップアップメニュー	コード入力 手書き入力 タブ インデント ツールボタン ツールバー テキストボックス 単語登録 定型句登録 オブジェクト 予測入力	
キー操作	ショートカットキー ファンクションキー テンキー Ｆ1 Ｆ6 Ｆ7 Ｆ8 Ｆ9 Ｆ10 NumLock Shift＋CapsLock BackSpace Delete Insert Tab Shift＋Tab Esc Alt Ctrl PrtSc	Ctrl＋C Ctrl＋P Ctrl＋V Ctrl＋X Ctrl＋Z Ctrl＋Y	Ctrl＋A Ctrl＋B Ctrl＋I Ctrl＋N Ctrl＋O Ctrl＋S Ctrl＋U Ctrl＋Shift Alt＋F4 Alt＋X
出力	インクジェットプリンタ レーザプリンタ ディスプレイ スクロール プリンタ プリンタドライバ プロジェクタ スクリーン 用紙サイズ 印刷プレビュー Ａサイズ（Ａ３・Ａ４） Ｂサイズ（Ｂ４・Ｂ５） インクジェット用紙 フォト用紙 デバイスドライバ	dpi ドット 画面サイズ 解像度 ルーラー 用紙カセット 手差しカセット トナー インクカートリッジ 袋とじ印刷 レターサイズ 再生紙 ＰＰＣ用紙 感熱紙	マルチウィンドウ 文頭（文末）表示 ヘッダー フッター 差し込み印刷 バックグラウンド印刷 部単位印刷 ローカルプリンタ ネットワークプリンタ 裏紙（反故紙） 偽造防止用紙 和文フォント 欧文フォント
編集	右寄せ（右揃え） センタリング（中央揃え） 左寄せ（左揃え） 禁則処理 均等割付け 文字修飾 カット＆ペースト コピー＆ペースト	網掛け 段組み 背景 塗りつぶし 透かし	置換 段落 ドロップキャップ

記憶	保存 名前を付けて保存 上書き保存 フォルダ フォーマット（初期化） 単漢字変換 文節変換 辞書 ごみ箱 互換性 ファイル ドライブ ファイルサーバ ハードディスク ＵＳＢメモリ	ＪＩＳ第１水準 ＪＩＳ第２水準 常用漢字 合字 機種依存文字 異体字 文字化け バックアップ ファイリング 拡張子 文書ファイル 静止画像ファイル	組み文字 外字 文書の保管 文書の保存 文書の履歴管理 専門辞書 標準辞書 Unicode ＪＩＳコード シフトＪＩＳコード
電子メール		メールアドレス メールアカウント アドレスブック To Cc Bcc From 添付ファイル 件名 メール本文 署名 ネチケット	ＨＴＭＬメール リッチテキストメール テキストメール 受信箱 送信箱 ゴミ箱 メールボックス メーラ メーリングリスト Fw PS Re Reply

⑵文書の種類

			第３級	第２級	第１級
通信文書（一般文書）	社内文書		ビジネス文書 信書 通信文書 帳票 社内文書	通達 通知 連絡文書 回覧 規定・規程	報告書 稟議書 起案書
	社内文書／社外文書				企画書 提案書
	社外文書	社交文書	社外文書 社交文書	挨拶状 招待状 祝賀状 紹介状 礼状	推薦状 弔慰状 見舞状
		取引文書	取引文書	添え状 案内状 依頼状	照会状、契約書、承諾書 苦情状、通知状、督促状 詫び状、回答状、目論見書
		その他			公告
帳票	社内文書			願い、届	帳簿
	社外文書／取引文書			取引伝票、見積依頼書 見積書、注文書、注文請書 納品書、物品受領書 請求書、領収証、委嘱状 誓約書、仕様書、確認書	委任状、申請書
	印鑑の種類			電子印鑑、代表者印 銀行印、役職印、認印 実印、押印、捺印 タイムスタンプ	

⑶文書の作成と用途

	第３級	第２級	第１級
文書の構成・作成	社外文書の構成 前付け 本文 後付け ビジネス文書の構成の例 ビジネス文書で扱う語彙の意味と使い分け	電子メール［発信］の構成と注意	５Ｗ１Ｈ ７Ｗ２Ｈ 文書主義 短文主義 簡潔主義 一件一葉主義 箇条書き 忌み言葉 重ね言葉 禁句 電子メール［受信］の構成と注意 ビジネス文書で扱う語彙の意味と使い分け
校正記号	行を起こす、行を続ける、誤字訂正、余分字を削除し詰める 余分字を削除し空けておく、脱字補充、空け、詰め 入れ替え、移動、大文字に直す、書体変更、ポイント変更 下付き（上付き）文字に直す 上付き（下付き）を下付き（上付き）にする		
記号・罫線・マーク	記号の読みと使用例 マーク・ランプの呼称と意味	記号・マークの読みと使い方	
文書の受発信	受信簿、発信簿、書留 簡易書留、速達、親展		

⑷プレゼンテーション

	第２級	第１級		
プレゼンテーション	プレゼンテーション プレゼンテーションソフト タイトル サブタイトル スライド スライドショー レイアウト 配付資料 ツール ポインタ レーザポインタ スクリーン（３級用語参照） プロジェクタ（３級用語参照）	クライアント キーパーソン プレゼンター 知識レベル ストーリー フレームワーク 起承転結 三段論法 結論先出し法 リード アニメーション効果 サウンド効果 プレゼンテーションの流れ	発表準備 プランニングシート チェックシート 聴衆分析（リサーチ） プレビュー リハーサル 評価（レビュー） フィードバック スライドマスタ プレースホルダ 背景デザイン アウトラインペイン スライドペイン	ノートペイン デリバリー技術 発問 アイコンタクト ボディランゲージ ハンドアクション ＨＤＭＩ ＶＧＡ ＵＳＢ ５Ｗ１Ｈ（１級文書参照） ７Ｗ２Ｈ（１級文書参照）

⑸電子メール

	第３級	第２級	第１級
電子メール		⑴機械・機械操作に統合して解説	

２．筆記２（ことばの知識）

	第３級	第２級	第１級
漢字・熟語	常用漢字の読み 現代仮名遣い 熟字訓とあて字の読み 慣用句・ことわざ	頻出語 三字熟語 同訓異字 慣用句・ことわざ	難読語 四字熟語 同音異義語

筆記問題　検定試験出題回数のまとめ【２級】

※第68回（令和４年７月実施）～第71回（令和５年11月実施）までの出題

●機械・機械操作

分類	項目	回数
一般	ルビ	2回
	文字ピッチ	1回
	行ピッチ	1回
	和欧文字間隔	0回
	文字間隔	1回
	行間隔	1回
	マルチシート	1回
	ワークシートタブ	1回
入力	コード入力	1回
	手書き入力	1回
	タブ	2回
	インデント	0回
	ツールボタン	1回
	ツールバー	2回
	テキストボックス	1回
	単語登録	1回
	定型句登録	1回
	オブジェクト	1回
	予測入力	2回
キー操作	Ctrl＋C	0回
	Ctrl＋P	1回
	Ctrl＋V	1回
	Ctrl＋X	1回
	Ctrl＋Z	0回
	Ctrl＋Y	1回

分類	項目	回数
出力	dpi	1回
	ドット	1回
	画面サイズ	2回
	解像度	1回
	ルーラー	1回
	用紙カセット	1回
	手差しトレイ	2回
	トナー	1回
	インクカートリッジ	1回
	袋とじ印刷	1回
	レターサイズ	1回
	再生紙	1回
	ＰＰＣ用紙	1回
	感熱紙	1回
編集	網掛け	2回
	段組み	2回
	背景	1回
	塗りつぶし	2回
	透かし	2回

分類	項目	回数
記憶	ＪＩＳ第１水準	1回
	ＪＩＳ第２水準	1回
	常用漢字	1回
	合字	0回
	機種依存文字	0回
	異体字	1回
	文字化け	1回
	バックアップ	2回
	ファイリング	1回
	拡張子	2回
	文書ファイル	2回
	静止画像ファイル	2回
電子メール	メールアドレス	1回
	メールアカウント	1回
	アドレスブック	1回
	To	1回
	Cc	0回
	Bcc	2回
	From	0回
	添付ファイル	1回
	件名	2回
	メール本文	1回
	署名	0回
	ネチケット	1回

●文書の種類

分類	項目	回数
通信文書（一般文書）	通達	1回
	通知	1回
	連絡文書	0回
	回覧	1回
	規定・規程	0回
	挨拶状	1回
	招待状	0回
	祝賀状	0回
	紹介状	0回
	礼状	1回
	添え状	0回
	案内状	1回
	依頼状	1回

分類	項目	回数
帳票	願い	0回
	届	0回
	取引伝票	0回
	見積依頼書	0回
	見積書	0回
	注文書	0回
	注文請書	1回
	納品書	1回
	物品受領書	0回
	請求書	1回
	領収証	0回
	委嘱状	0回
	誓約書	1回

項目	回数
仕様書	1回
確認書	0回
電子印鑑	0回
代表者印	0回
銀行印	0回
役職印	0回
認印	1回
実印	1回
押印	0回
捺印	1回
タイムスタンプ	1回

●文書の作成と用途

分類	項目	回数
校正記号	行を起こす	1回
	行を続ける	1回
	誤字訂正	0回
	余分字を削除し詰める	1回
	余分字を削除し空けておく	0回
	脱字補充	0回
	空け	0回
	詰め	0回
	入れ替え	0回
	移動	1回
	大文字に直す	1回
	書体変更	0回
	ポイント変更	1回
	下付き（上付き）文字に直す	0回
	上付き（下付き）文字を下付き（上付き）文字にする	1回
記号・罫線・マーク	疑問符（？）	1回
	感嘆符（！）	0回
	スラッシュ（／）	0回
	波形（～）	0回
	小書き片仮名ヵ	0回
	小書き片仮名ヶ	0回
	三点リーダー（…）	0回
	等号（＝）	0回
	不等号　より小さい（<）	0回
	不等号　より大きい（>）	0回
	より小さいか又は等しい（≦）	0回
	より大きいか又は等しい（≧）	0回
	べき乗記号（＾）	0回
	白星（☆）	0回
	黒星（★）	0回
	米印（※）	0回

項目	回数
郵便記号（〒）	0回
番号記号（＃）	1回
ナンバー（No.）	0回
株式会社（㈱）	0回
度（℃）	0回
電話（℡）	0回
令和（㋿）	0回
アルファ（α）	0回
ベータ（β）	0回
ガンマ（γ）	1回
ミュー（μ）	0回
1（Ⅰ，ⅰ）	0回
2（Ⅱ，ⅱ）	0回
3（Ⅲ，ⅲ）	0回
4（Ⅳ，ⅳ）	1回
5（Ⅴ，ⅴ）	0回
6（Ⅵ，ⅵ）	0回
7（Ⅶ，ⅶ）	0回
8（Ⅷ，ⅷ）	0回
9（Ⅸ，ⅸ）	0回
10（Ⅹ，ⅹ）	0回
11（Ⅺ，ⅺ）	0回
12（Ⅻ，ⅻ）	0回
50（Ⅼ，ⅼ）	0回
著作権マーク（©）	1回
登録商標マーク（®）	1回
商標マーク（™）	1回
役務商標マーク（℠）	0回
ＪＩＳマーク（〄）	0回
一重下線（　　）	0回
二重下線（　　）	1回
点線の下線（　　）	0回

項目	回数
一点鎖線の下線（　　）	0回
破線の下線（　　）	0回
波線の下線（　　）	0回
実線（──）	0回
太実線（━━）	0回
点線（……）	0回
一点鎖線（－・－）	0回
破線（－－－）	0回
二重線（══）	0回
波線（～～）	0回
始め二重かぎ括弧（『）	0回
終わり二重かぎ括弧（』）	0回
始めすみ付き括弧（【）	0回
終わりすみ付き括弧（】）	0回
右矢印（→）	0回
左矢印（←）	0回
上矢印（↑）	0回
下矢印（↓）	0回
まる○	0回
黒丸●	0回
二重丸◎	0回
四角□	0回
黒四角■	0回
ひし形◇	0回
黒ひし形◆	0回
三角△	0回
黒三角▲	0回
逆三角▽	0回
黒逆三角▼	0回
無限大∞	0回
丸付き数字①～⑩	0回

●プレゼンテーション

項目	回数	項目	回数	項目	回数
プレゼンテーション	1回	スライド	1回	ツール	1回
プレゼンテーションソフト	1回	スライドショー	1回	ポインタ	0回
タイトル	0回	レイアウト	1回	レーザポインタ	0回
サブタイトル	1回	配付資料	1回		

学習記録表　＿＿＿級

＿＿年＿＿組＿＿番＿＿＿＿＿＿＿＿

＜速度問題＞

日付	問題番号	総字数	エラー数	純字数	備考	確認欄
／						
／						
／						
／						
／						
／						
／						

日付	問題番号	総字数	エラー数	純字数	備考	確認欄
／						
／						
／						
／						
／						
／						
／						

＜実技問題＞

日付	問題番号	得点	間違えた箇所	確認欄
／				
／				
／				
／				
／				
／				
／				

日付	問題番号	得点	間違えた箇所	確認欄
／				
／				
／				
／				
／				
／				
／				

＜筆記問題＞

日付	問題番号	間違えた用語・漢字	確認欄
／			
／			
／			
／			
／			
／			
／			

日付	問題番号	間違えた用語・漢字	確認欄
／			
／			
／			
／			
／			
／			
／			

学習記録表　＿＿級

年　組　番

＜速度問題＞

日付	問題番号	総字数	エラー数	純字数	備考	確認欄
／						
／						
／						
／						
／						
／						
／						

日付	問題番号	総字数	エラー数	純字数	備考	確認欄
／						
／						
／						
／						
／						
／						
／						

＜実技問題＞

日付	問題番号	得点	間違えた箇所	確認欄
／				
／				
／				
／				
／				
／				
／				

日付	問題番号	得点	間違えた箇所	確認欄
／				
／				
／				
／				
／				
／				
／				

＜筆記問題＞

日付	問題番号	間違えた用語・漢字	確認欄
／			
／			
／			
／			
／			
／			
／			

日付	問題番号	間違えた用語・漢字	確認欄
／			
／			
／			
／			
／			
／			
／			

学習記録表 ____級

____年____組____番____________

＜速度問題＞

日付	問題番号	総字数	エラー数	純字数	備考	確認欄
／						
／						
／						
／						
／						
／						
／						

日付	問題番号	総字数	エラー数	純字数	備考	確認欄
／						
／						
／						
／						
／						
／						
／						

＜実技問題＞

日付	問題番号	得点	間違えた箇所	確認欄
／				
／				
／				
／				
／				
／				
／				

日付	問題番号	得点	間違えた箇所	確認欄
／				
／				
／				
／				
／				
／				
／				

＜筆記問題＞

日付	問題番号	間違えた用語・漢字	確認欄
／			
／			
／			
／			
／			
／			
／			

日付	問題番号	間違えた用語・漢字	確認欄
／			
／			
／			
／			
／			
／			
／			